高等职业教育系列教材

组态软件应用技术项目式教程

主　编　刘　勇

副主编　范丽玲

机械工业出版社

本书以介绍北京亚控科技发展有限公司的组态王软件为主，采用项目化模式进行编写。全书由 9 个项目组成，其内容遵循认知规律，循序渐进、由易到难。项目的选取都与实际应用联系密切，重要的知识点分散在各任务中逐次展开。为了展现各类型职业技能大赛对于组态软件的使用要求，本书的项目 7～项目 9 分别介绍了 WinCC、力控和 MCGS 组态软件的使用。

本书编者具有丰富的教学经验和工程实践经验，教学任务设计充分考虑了高职院校的现有实训条件，便于各院校的实际应用。本书可作为职业院校电气自动化类、机电一体化类及相关专业的教材，也可供相关工程技术人员参考。

为配合教学，本书配有电子课件，读者可以登录机械工业出版社教材服务网 www.cmpedu.com 免费注册后下载，或联系编辑索取（QQ：1239258369，电话（010）88379739）。

图书在版编目（CIP）数据

组态软件应用技术项目式教程 / 刘勇主编．—北京：机械工业出版社，2015.10（2022.2 重印）
高等职业教育系列教材
ISBN 978-7-111-51493-0

Ⅰ．①组…　Ⅱ．①刘…　Ⅲ．①软件开发－高等职业教育－教材
Ⅳ．①TP311.52

中国版本图书馆 CIP 数据核字（2015）第 206457 号

机械工业出版社（北京市百万庄大街 22 号　邮政编码 100037）
责任编辑：李文轶　　责任校对：张艳霞
责任印制：张　博

涿州市般润文化传播有限公司印刷

2022 年 2 月第 1 版・第 7 次印刷
184mm×260mm・12.5 印张・307 千字
标准书号：ISBN 978-7-111-51493-0
定价：39.90 元

电话服务
客服电话：010-88361066
010-88379833
010-68326294

网络服务
机　工　官　网：www.cmpbook.com
机　工　官　博：weibo.com/cmp1952
金　　书　　网：www.golden-book.com
机工教育服务网：www.cmpedu.com

高等职业教育系列教材机电专业
编委会成员名单

出 版 说 明

《国家职业教育改革实施方案》（又称“职教20条”）指出：到2022年，职业院校教学条件基本达标，一大批普通本科高等学校向应用型转变，建设50所高水平高等职业学校和150个骨干专业（群）；建成覆盖大部分行业领域、具有国际先进水平的中国职业教育标准体系；从2019年开始，在职业院校、应用型本科高校启动“学历证书+若干职业技能等级证书”制度试点（即1+X证书制度试点）工作。在此背景下，机械工业出版社组织国内80余所职业院校（其中大部分院校入选“双高”计划）的院校领导和骨干教师展开专业和课程建设研讨，以适应新时代职业教育发展要求和教学需求为目标，规划并出版了“高等职业教育系列教材”丛书。

该系列教材以岗位需求为导向，涵盖计算机、电子、自动化和机电等专业，由院校和企业合作开发，多由具有丰富教学经验和实践经验的“双师型”教师编写，并邀请专家审定大纲和审读书稿，致力于打造充分适应新时代职业教育教学模式、满足职业院校教学改革和专业建设需求、体现工学结合特点的精品化教材。

归纳起来，本系列教材具有以下特点：

1）充分体现规划性和系统性。系列教材由机械工业出版社发起，定期组织相关领域专家、院校领导、骨干教师和企业代表召开编委会年会和专业研讨会，在研究专业和课程建设的基础上，规划教材选题，审定教材大纲，组织人员编写，并经专家审核后出版。整个教材开发过程以质量为先，严谨高效，为建立高质量、高水平的专业教材体系奠定了基础。

2）工学结合，围绕学生职业技能设计教材内容和编写形式。基础课程教材在保持扎实理论基础的同时，增加实训、习题、知识拓展以及立体化配套资源；专业课程教材突出理论和实践相统一，注重以企业真实生产项目、典型工作任务、案例等为载体组织教学单元，采用项目导向、任务驱动等编写模式，强调实践性。

3）教材内容科学先进，教材编排展现力强。系列教材紧随技术和经济的发展而更新，及时将新知识、新技术、新工艺和新案例等引入教材；同时注重吸收最新的教学理念，并积极支持新专业的教材建设。教材编排注重图、文、表并茂，生动活泼，形式新颖；名称、名词、术语等均符合国家有关技术质量标准和规范。

4）注重立体化资源建设。系列教材针对部分课程特点，力求通过随书二维码等形式，将教学视频、仿真动画、案例拓展、习题试卷及解答等教学资源融入到教材中，使学生学习课上课下相结合，为高素质技能型人才的培养提供更多的教学手段。

由于我国高等职业教育改革和发展的速度很快，加之我们的水平和经验有限，因此在教材的编写和出版过程中难免出现疏漏。恳请使用本系列教材的师生及时向我们反馈相关信息，以利于我们今后不断提高教材的出版质量，为广大师生提供更多、更适用的教材。

机械工业出版社

前　言

随着计算机的普及，为了提高控制过程的直观性及编程的快速性，目前在工控机上利用组态软件直接对工业工程进行显示、存储、控制并在网络上进行数据共享已成为大势所趋。国内外市场主流组态软件主要分为两类：一类是由国外厂商设计提供的组态软件，如 FIX、Intouch、WinCC、LabView 等；另一类是由国内厂商提供的组态软件，如力控、组态王、世纪星等。本书以北京亚控科技发展有限公司开发的“组态王 6.55”为基础，结合具体工作任务讲解“组态王 6.55”在工程实践中关键的知识点和技能点，采用实际的工程项目，在有限的时间内使读者能掌握制作组态监控的一般过程。

本书是“高等职业教育系列教材机电编委会”成员共同研讨的成果，它遵循“以就业为导向、以能力为本位”的教育理念，根据专业职业能力培养的要求，采用项目化教学的方法进行内容设计，坚持在“做中学”。全书分为 3 篇共 9 个项目，内容包括水位控制系统的制作、组态王软件的基本操作、交通信号灯控制系统的设计与调试、双容水箱液位串级控制系统的设计与调试、35t/h 工业链条炉计算机控制系统设计与调试、泵站计算机监控系统的制作、变频调速与五自由度机械手控制、风光互补发电系统安装与调试、自动化生产线安装与调试。

本书由山东职业学院刘勇担任主编，北京亚控科技发展有限公司范丽玲工程师担任副主编，山东职业学院陈海燕参与编写。其中项目 1～5、7、8 由刘勇编写，项目 6 由范丽玲编写，项目 9 由陈海燕编写。全书由刘勇统稿。本书在编写过程中得到了南京康尼科技实业有限公司钱建银经理、高金祥工程师和山东职业学院赵振老师的大力支持，在此表示衷心感谢。在编写过程中，编者参阅了许多同行专家编著的文献，在此一并表示真诚的感谢。

限于编者经验与水平有限、书中难免存在不足之处，恳请读者批评指正。

编　者

目　录

第二篇 组态王软件进阶

第三篇　组态软件拓展篇

绪　论

组态的概念最早来自英文 configuration，含义是使用软件工具对计算机及软件的各种资源进行配置，达到使计算机或软件按照预先设置，自动执行特定任务，满足使用者要求的目的。在工程实践中所谓的组态，就是工程技术人员按照应用要求，选择所需的功能模块，确定其运行方式，结合相关信息组成合适的应用系统。

"组态"的概念是伴随着集散控制系统（Distributed Control System，DCS）的出现才开始被广大的生产过程自动化技术人员所熟知的。由于每一套 DCS 都是比较通用的控制系统，可以应用到很多领域中，为了使用户在不需要编写代码程序的情况下，便可以生成适合自己需求的应用系统，每个 DCS 厂商在 DCS 中都预装了系统软件和应用软件，而其中的应用软件实际上就是组态软件，但一直没有人给出明确的定义，只是将使用这种应用软件设计生成目标应用系统的过程称为"组态（Configure）"或"做组态"。

组态软件，又称为组态监控系统软件，译自英文 Supervisory Control and Data Acquisition（数据采集与监视控制），即 SCADA。它是指一些数据采集与过程控制的专用软件。它们处在自动控制系统监控层一级的软件平台和开发环境，使用灵活的组态方式，为用户提供快速构建工业自动控制系统监控功能的、通用层次的软件工具。组态软件的应用领域很广，可以应用于电力系统、给水系统、石油、化工等领域的数据采集与监视控制以及过程控制等诸多领域。在电力系统以及电气化铁道上又称为远动系统（Remote Terminal Unit System）。

组态软件在国内是一个约定俗成的叫法，并没有明确的定义，它可以理解为"组态式监控软件"。"组态（Configure）"的含义是"配置""设定""设置"等，是指用户通过类似"搭积木"的简单方式来完成自己所需要的软件功能，而不需要编写计算机程序。它有时也称为"二次开发"，组态软件则称为"二次开发平台"。"监控（Supervisory Control）"，即"监视和控制"，是指通过计算机信号对自动化设备或过程进行监视、控制和管理。

监控组态软件现已成为工业自动化系统的必要组成部分，即"基本单元"或"基本元件"，因此吸引了大型自动化公司纷纷投资开发自有知识产权的组态软件，以期依靠强大的市场促进大批量的销售，从中获取利润。作为自动化通用型工具软件，组态软件在自动化系统中始终处于"承上启下"的地位。用户在涉及工业信息化的项目中，如果涉及实时数据采集，首先会考虑使用组态软件。因此，组态软件几乎应用于所有的工业信息化项目当中。应用的多样性，给组态软件的性能指标、使用方式、接口方式都提出了很多新的要求，也存在一些挑战。这些需求对组态软件系统结构带来的冲击是巨大的，对组态软件的技术发展起到了关键的促进作用。

目前在国内外市场占有率较高的监控组态软件分别是 GE Fanuc 的 iFix、Wonderware 的 Intouch、西门子 WinCC、Citect 和 LabView 等。国内厂商以力控、亚控、MCGS 等为主，除此以外尚有 5～10 个厂商从事监控组态软件业务，在国内市场上，高端市场仍被国外产品垄断，但国内产品已经开始抢占一些高端市场，并且所占比例在逐渐增长。

第一篇　组态王软件基本知识

项目1　水位控制系统的制作

项目引入

本项目采用组态王软件自带的仿真 PLC 中的自动加 1 寄存器控制液位的变化，通过一个简单的水位控制，详细介绍了利用组态软件制作水位控制系统的一般过程。通过本项目的学习，使读者了解组态王软件的构成和各部分的使用，掌握制作工程的一般过程。

任务 1.1　组态王软件的介绍

1.1.1　组态王软件概述

组态王软件是一种通用的工业监控软件，它融过程控制设计、现场操作以及工厂资源管理于一体，将一个企业内部的各种生产系统和应用以及信息交流汇集在一起，实现最优化管理。它基于 Microsoft Windows XP 操作系统，用户在企业网络的所有层次的各个位置上都可以及时获得系统的实时信息。采用组态王软件开发工业监控工程系统，可以极大地增强用户生产控制能力、提高工厂的生产力和效率、提高产品的质量、减少成本及原材料的消耗。它适用于从单一设备的生产运营管理和故障诊断，到网络结构分布式大型集中监控管理系统的开发。

组态王软件结构由工程管理器、工程浏览器及运行系统三部分构成。

1）工程管理器。工程管理器用于新工程的创建和已有工程的管理，对已有工程进行搜索、添加、备份、恢复以及实现数据词典的导入和导出等功能。

2）工程浏览器。工程浏览器是一个工程开发设计工具，用于创建监控画面、监控设备及相关变量、动画链接、命令语言以及设定运行系统配置等。

3）运行系统。工程运行界面，从采集设备中获得通信数据，并依据工程浏览器的动画设计显示动态画面，实现人与控制设备的交互操作。

1.1.2　组态王与 I/O 设备

组态王软件作为一个开放型的通用工业监控软件，支持与国内外常见的 PLC、智能模块、智能仪表、变频器、数据采集板卡（如西门子 PLC、莫迪康 PLC、欧姆龙 PLC、 三菱 PLC、研华模块等）通过常规通信接口（如串口方式、USB 接口方式、以太网、总线、

GPRS 等）进行数据通信。

组态王软件与 I/O 设备进行通信一般是通过调用*.dll 动态库来实现的，不同的设备、协议对应不同的动态库。工程开发人员无须关心复杂的动态库代码及设备通信协议，只要使用组态王提供的设备定义向导，即可定义工程中使用的 I/O 设备，并通过变量的定义实现与 I/O 设备的关联，对用户来说既简单又方便。

1.1.3 上位机与下位机的通信

上位机是指可以直接发出操控命令的计算机，一般是 PC，屏幕上显示各种信号变化（液压、水位、温度等）。下位机是直接控制设备获取设备状况的计算机，一般是 PLC/单片机一类。上位机发出的命令首先给下位机，下位机再根据此命令解释成相应的时序信号直接控制相应设备。下位机不时读取设备状态数据（一般为模拟量），转换成数字信号反馈给上位机。

上位机和下位机通信可以采用不同的通信协议，如采用 RS-232C 的串口通信，或者采用 RS-485 串行通信。当用计算机和 PLC 通信的时候不但可以采用传统的 D 形式的串行通信，还可以采用更适合工业控制的双线 PROFIBUS-DP 通信，采用封装好的程序开发工具就可以实现 PLC 和上位机的通信。当然也可以自己编写驱动类的接口协议控制上位机和下位机的通信。

1.1.4 建立应用工程的一般步骤

建立新组态王工程的一般过程如下。

1）设计图形界面（定义画面）。

2）定义设备。

3）构造数据库（定义变量）。

4）建立动画连接。

5）运行与调试。

需要说明的是，这 5 个步骤并不是完全独立的，事实上，前 4 个步骤常常是交错进行的。在用组态王画面开发系统编制工程时，要按照此过程考虑如下 3 个方面。

1）图形。用户希望得到怎样的图形界面？也就是怎样用抽象的图形界面来模拟实际的工业现场和相应的工控设备。

2）数据。怎样用数据来描述工控对象的各种属性？也就是创建一个具体的数据库，此数据库中的变量反映了工控对象的各种属性，比如温度、压力等。

3）连接。数据和图形界面中图素的连接关系是什么？也就是画面上的图素以怎样的动画来模拟现场设备的运行，以及怎样让操作者输入控制设备的指令。

任务 1.2 熟悉组态王工程管理器、浏览器和开发系统

1.2.1 组态王工程管理器

双击桌面上的组态王快捷图标，就进入如图 1-1 所示的组态王“工程管理器”窗口。

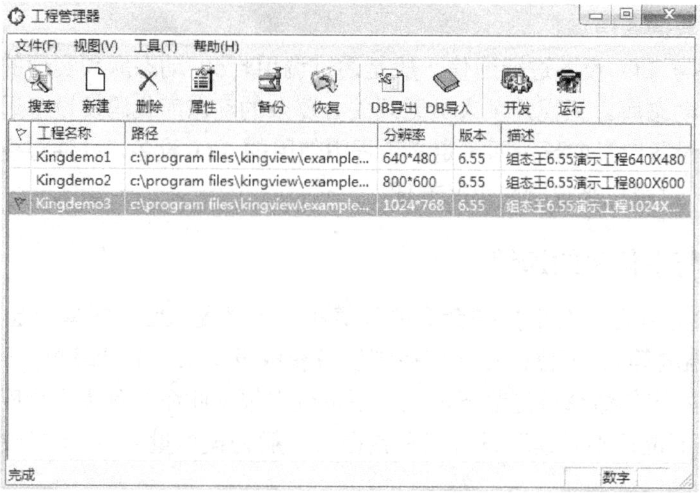

图 1-1　组态王“工程管理器”窗口

对于系统集成商和用户来说，一个系统开发人员可能保存有很多个组态王工程，对于这些工程的集中管理以及新开发工程中的工程备份等都是比较繁琐的事情。工程管理器实现了对组态王各种版本工程的集中管理，使用户在进行工程开发和工程的备份、数据词典的管理上方便了许多。其主要作用就是为用户集中管理本机上的所有组态王工程。工程管理器的主要功能包括：新建工程、删除工程、搜索指定路径下的所有组态王工程、修改工程属性、工程的备份和恢复、数据词典的导入导出、切换到组态王开发或运行环境等。

1.2.2　组态王工程浏览器

组态王软件安装以后，在工程管理器中就自动带有“kingdemo3”示例工程。双击工程管理器中的“kingdemo3”，进入“工程浏览器”窗口，如图 1-2 所示。

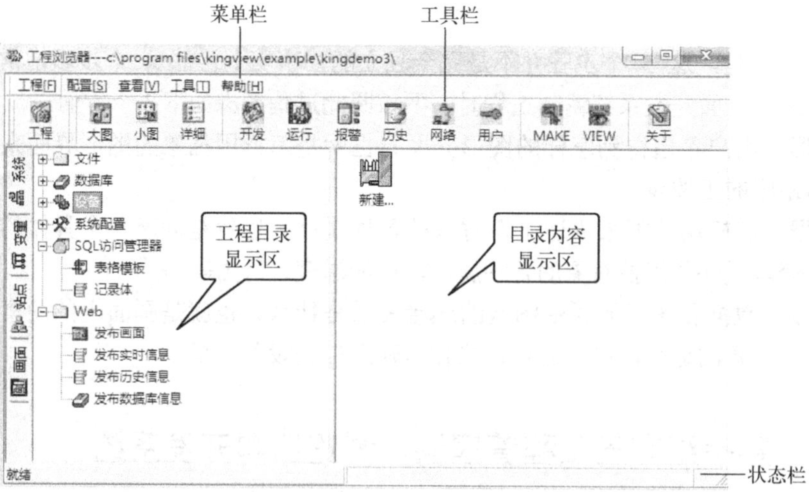

图 1-2　组态王“工程浏览器”窗口

工程浏览器是组态王的一个重要组成部分，它将图形画面、命令语言、设备驱动程序、配方、报警、网络等工程元素集中管理，工程人员可以一目了然地查看工程的各个组成部分。工程浏览器简便易学，操作界面和 Windows 中的资源管理器非常类似，为工程的管理提供了方便高效的手段。

1.2.3 组态王工程开发系统

在浏览器的工程目录显示区，单击文件前的“+”，单击“画面”，然后在目录内容显示区双击任意一个图标，就显示该画面，进入组态王“开发系统”窗口，如图 1-3 所示。

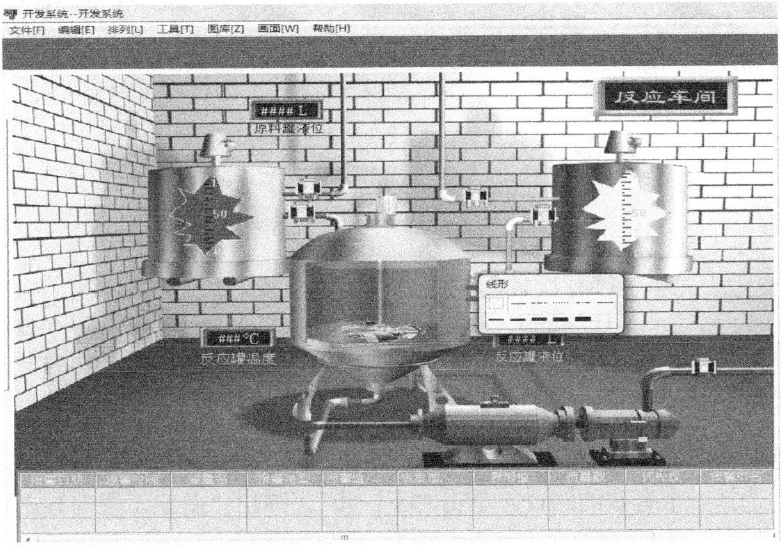

图 1-3 组态王“开发系统”窗口

进入组态王开发系统后，就可以为每个工程建立数目不限的画面，在每个画面上根据用户的要求建立相应的静态或动态图形对象。组态王采用面向对象的编程技术，使用户可以方便地建立画面的图形界面。用户构图时可以像搭积木那样利用系统提供的图形对象完成画面的生成。同时，组态王支持画面之间图形对象复制，可重复使用以前的开发结果。

任务 1.3 水位控制系统的制作

1.3.1 水位控制系统的要求

本系统要求利用组态王 6.55 自身拥有的硬件仿真 PLC 作为硬件设备，采用仿真 PLC 的自加 1 寄存器实现液位在 0～100 范围内循环反复。要求监控画面能显示储液罐液位的变化情况和液位的实际值。

1.3.2 水位控制系统的建立过程

1. 建立组态王新工程

建立新的组态王工程，需首先为工程指定工作目录（或称为“工程路径”）。

“组态王”用工作目录标识工程，不同的工程应置于不同的目录下。工作目录下的文件由组态王自动管理。

启动组态王工程管理器（ProjManager），选择主菜单“文件→新建工程”或单击“新建”按钮，弹出“新建工程向导之一”对话框，如图 1-4 所示。单击“下一步”，弹出“新建工程向导之二”对话框，如图 1-5 所示。

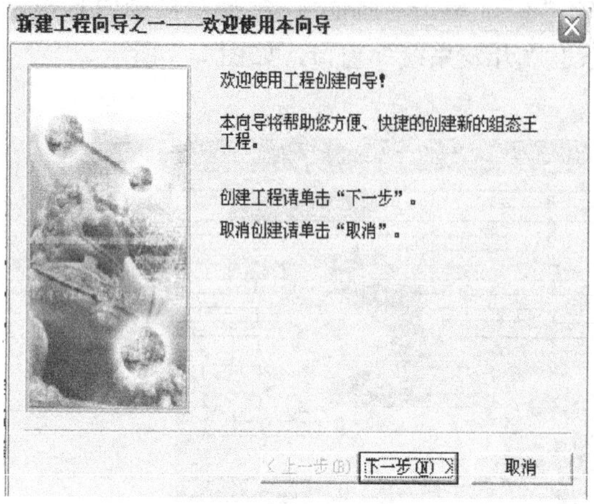

图 1-4 “新建工程向导之一”对话框

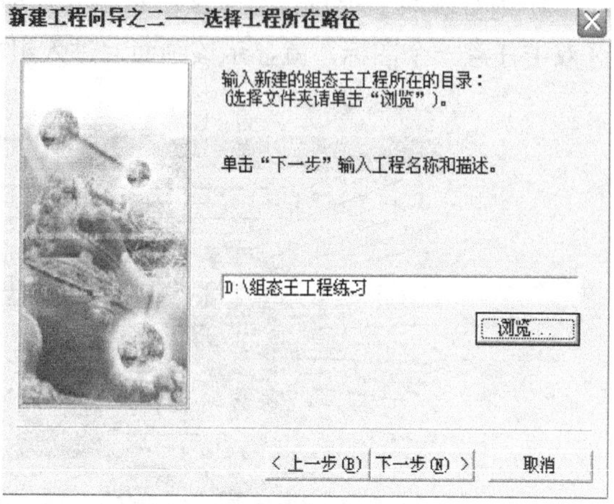

图 1-5 “新建工程向导之二”对话框

在工程路径文本框中输入一个有效的工程路径，或单击“浏览...”按钮，在弹出的路径选择对话框中选择一个有效的路径。单击“下一步”，弹出“新建工程向导之三”对话框，如图 1-6 所示。

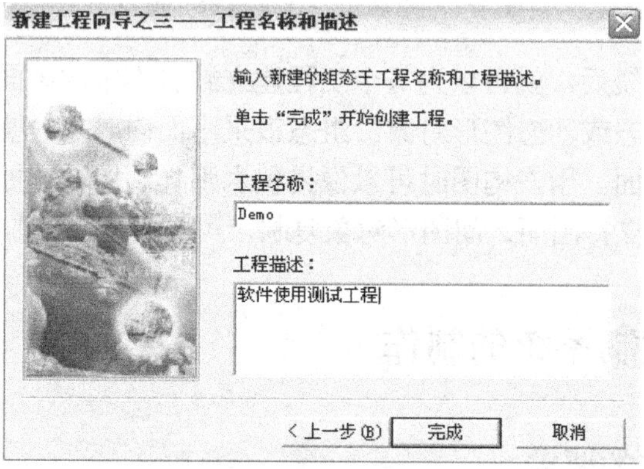

图 1-6 “新建工程向导之三”对话框

在“工程名称”文本框中输入工程的名称，该工程名称同时将被作为当前工程的路径名称。在“工程描述”文本框中输入对该工程的描述性文字。工程名称长度应小于 32B，工程描述长度应小于 40B。单击“完成”，即完成工程的新建。

2．创建组态画面

进入组态王开发系统后，就可以为每个工程建立数目不限的画面，在每个画面上生成互相关联的静态或动态图形对象。这些画面都是由“组态王”提供的类型丰富的图形对象组成的。系统为用户提供了矩形（圆角矩形）、直线、椭圆、扇形（圆弧）、点位图、多边形、文本等基本图形对象，以及按钮、趋势曲线窗口、报警窗口、报表等复杂图形对象；提供了对窗口内图形对象任意移动、缩放、改变形状、复制、删除、对齐等编辑操作；全面支持键盘、鼠标绘图，并可提供对图形对象的颜色、线型、填充属性进行改变的操作工具。

组态王采用面向对象的编程技术，使用户可以方便地建立画面的图形界面。创建图形画面的过程如下。

第一步：定义新画面。

进入新建的组态王工程，选择工程浏览器左侧工程目录显示区“文件→画面”，在工程浏览器右侧用鼠标双击“新建”图标，弹出对话框如图 1-7 所示。

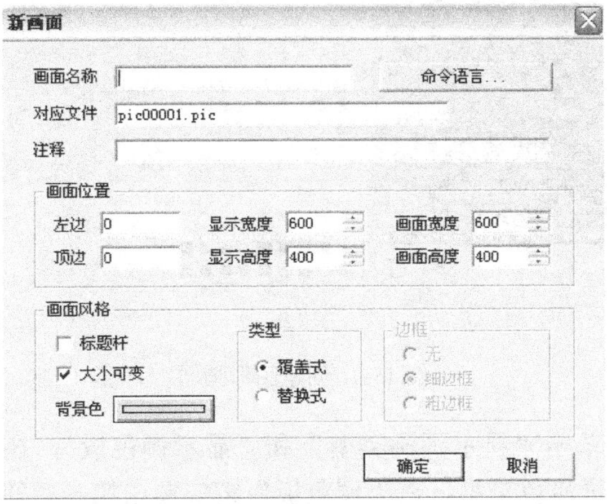

图 1-7 “新画面”对话框

在“画面名称”处输入新的画面名称，如 test，其他属性不用更改。单击“确定”按钮进入内嵌的组态王画面开发系统，如图 1-8 所示。

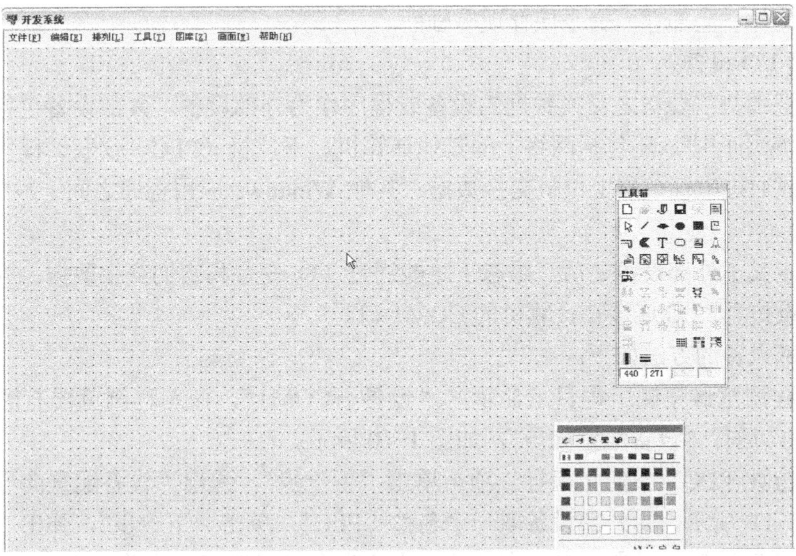

图 1-8 组态王画面开发系统

第二步：在组态王画面开发系统中从“工具箱”中分别选择“矩形”和“文本”图标，绘制一个矩形对象和一个文本对象，在工具项中选中“圆角矩形”，拖动鼠标在画面上画一矩形，如图 1-9 所示。

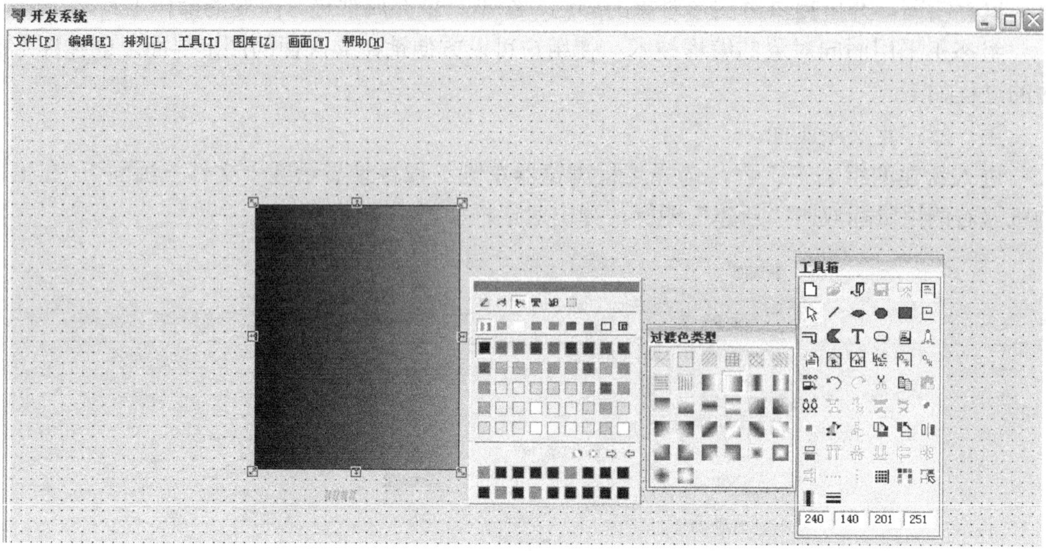

图 1-9　创建图形画面

用鼠标在工具箱中单击“显示画刷类型”和“显示调色板”，在弹出的“过渡色类型”窗口单击第二行第四个过渡色类型；在“调色板”窗口单击第一行第二个填充色按钮，从下面的色块中选取红色作为填充色，然后单击第一行第三个背景色按钮，从下面的色块中选取黑红色作为背景色。此时就构造好了一个使用过渡色填充的矩形图形对象。

在工具箱中选中“文本”，此时鼠标变成“I”形状，在画面上单击鼠标左键，输入“###”文字。

选择“文件→全部存”命令保存现有画面。

3．定义 I/O 设备

组态王把那些需要与之交换数据的设备或程序作为外部设备。外部设备包括下位机和其他 Windows 应用程序，还包括网络上的其他计算机。下位机（PLC、仪表、模块、板卡、变频器等）一般通过串行口和上位机交换数据；其他 Windows 应用程序之间一般通过 DDE 交换数据。

只有在定义了外部设备之后，组态王才能通过 I/O 变量和它们交换数据。为方便定义外部设备，假设仿真 PLC 连接在计算机的 COM1 口。

定义外部设备的方法如下。

选择工程浏览器左侧工程目录显示区“设备→COM1”，在工程浏览器右侧用鼠标双击“新建”图标，运行“设备配置向导”，如图 1-10 所示。

选择“仿真 PLC”下的“串行”项，单击“下一步”，弹出“设备配置向导——逻辑名称”，如图 1-11 所示。为外部设备取一个名称“PLC”，单击“下一步”，弹出“设备配置向导——选择串口号”，如图 1-12 所示。为设备选择连接串口，设为 COM1，单击“下一步”，弹出“设备配置向导——设备地址设置指南”，如图 1-13 所示，填写设备地址，设为 1，单击“下一步”，弹出“通信参数”。

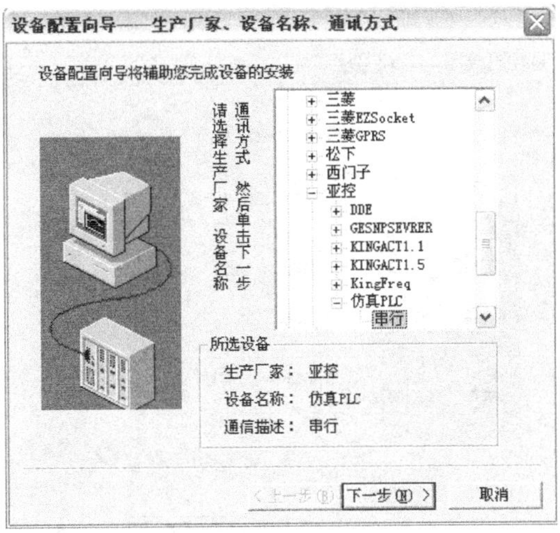

图 1-10　设备配置向导一

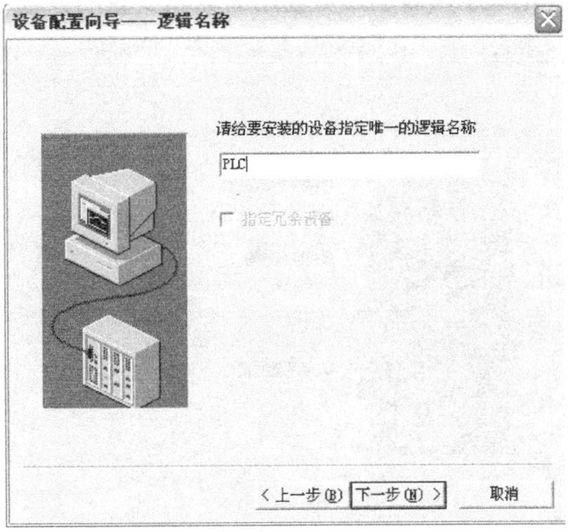

图 1-11　设备配置向导二

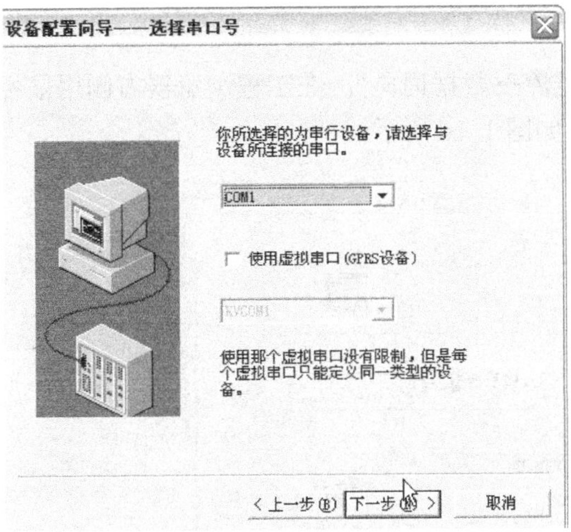

图 1-12　设备配置向导三

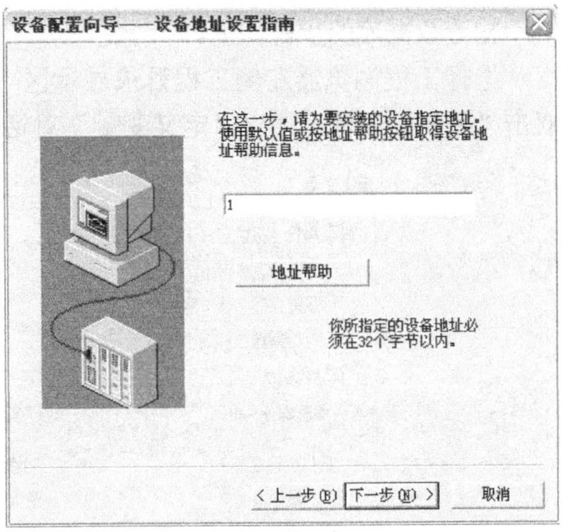

图 1-13　设备配置向导四

设置通信故障恢复参数（一般情况下使用系统默认设置即可），如图 1-14 所示。单击“下一步”，弹出“设备安装向导——信息总结”，如图 1-15 所示。

检查各项设置是否正确，确认无误后，单击“完成”。设备定义完成后，可以在工程浏览器的右侧看到新建的外部设备“PLC”。在定义数据库变量时，只要把 I/O 变量连接到这台设备上，它就可以和组态王交换数据了。

4．构造数据库

数据库是组态王软件的核心部分，工业现场的生产情况要以动画的形式反映在屏幕上，操作者在计算机前发布的指令也要迅速送达生产现场，所有这一切都是以实时数据库为中介环节，所以说数据库是联系上位机和下位机的桥梁。在组态王 TouchView 运行时，它含有全部数据变量的当前值。变量在画面制作系统中定义，定义时要指定变量名和变量类型，某些类型的变量还需要一些附加的信息。信息库中变量的集合形象地称为“数据词典”，数据词典记录了所有用户可使用的数据变量的详细信息。

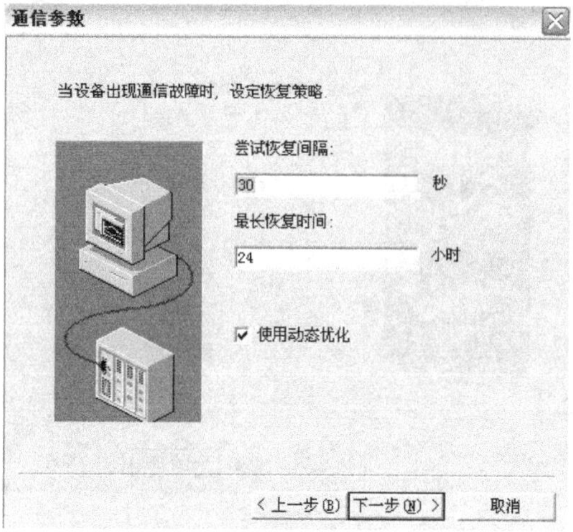

图 1-14　设备配置向导五

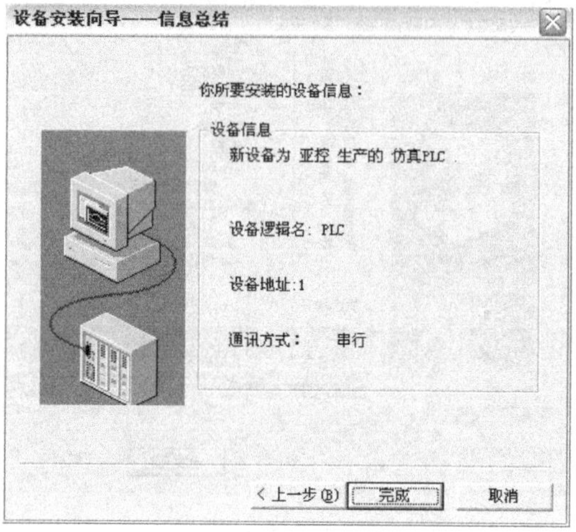

图 1-15　设备安装向导

构造数据库的步骤如下。

选择工程浏览器左侧工程目录显示区“数据库→数据词典”，在工程浏览器右侧用鼠标双击“新建”图标，弹出“定义变量”对话框，如图 1-16 所示。

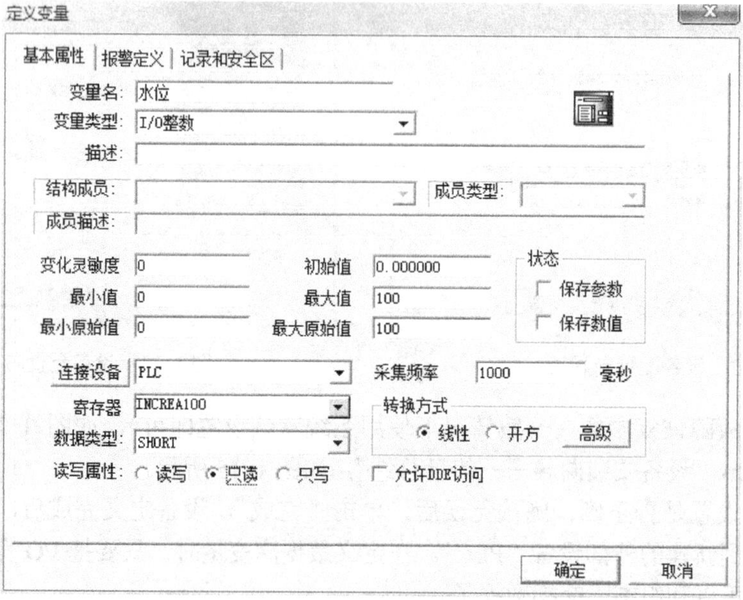

图 1-16　水位变量定义对话框

此对话框可以对数据变量完成定义、修改等操作，以及数据库的管理工作。在“变量名”处输入变量名，如“水位”；在“变量类型”处选择变量类型为“I/O 整数”；在“连接设备”中选择定义好的 I/O 设备“PLC”；在“寄存器”中定义为“INCREA100”，此处的100 表示定义的变量在 0～100 范围内自动加 1；在“数据类型”中定义“SHORT”类型。其他属性不用更改，单击“确定”即可。

5．建立动画连接

双击图形对象——即矩形，可弹出“动画连接”对话框，如图 1-17 所示。

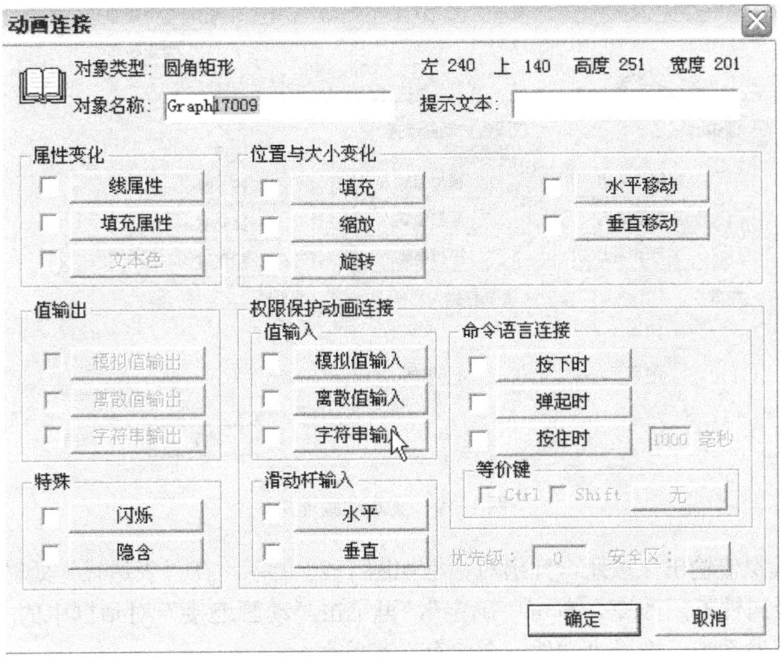

图 1-17 “动画连接”对话框

用鼠标单击“填充”按钮，弹出对话框如图 1-18 所示。在“表达式”处输入“\\本站点\水位”，“缺省填充画刷”的颜色设为黄色，其余属性不用更改。单击“确定”按钮，再单击“动画连接”对话框中的“确定”按钮返回组态王开发系统。

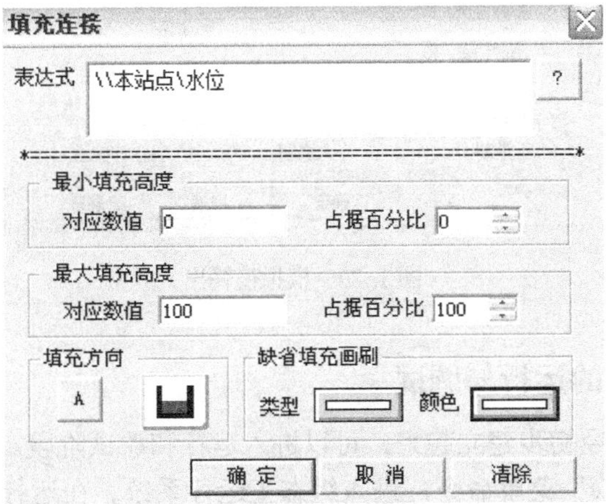

图 1-18 “填充连接”对话框

双击文本对象“###”，可弹出“动画连接”对话框，如图 1-19 所示。

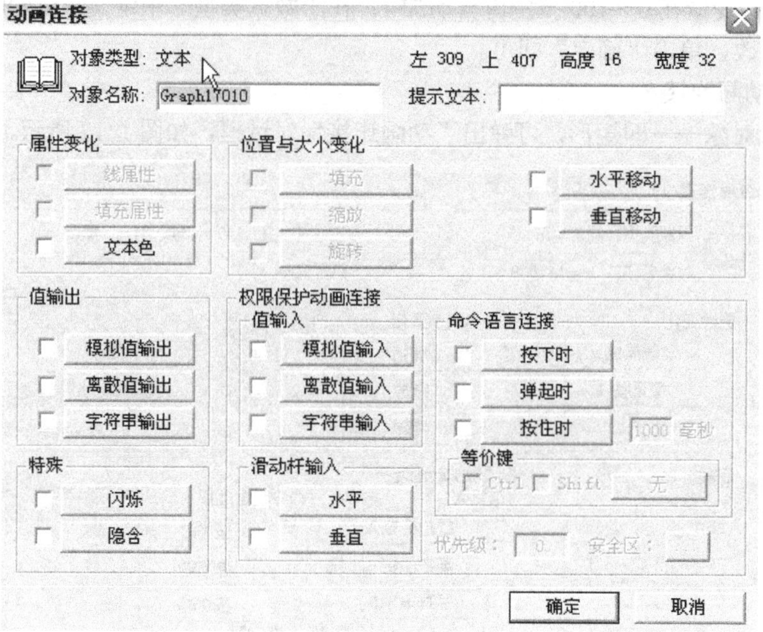

图 1-19　文本动画连接

单击“模拟值输出”按钮，弹出对话框如图 1-20 所示。在“表达式”处输入“\\本站点\水位”，其余属性不用改变。单击“确定”，再单击“动画连接”对话框中的“确定”按钮返回组态王开发系统。选择“文件→全部存”菜单命令。

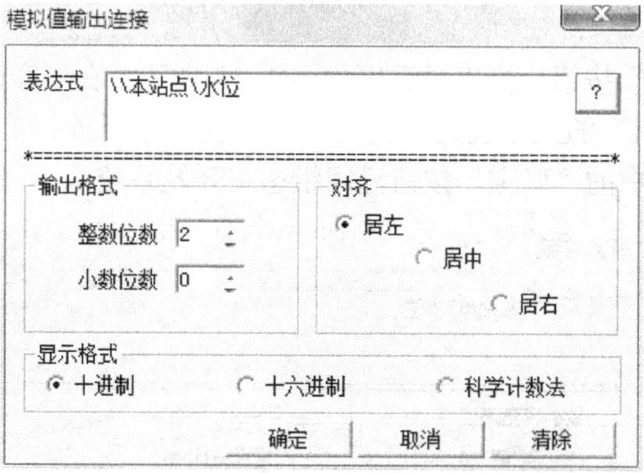

图 1-20　模拟值输出

1.3.3　水位控制系统的运行与调试

此时组态王工程已经初步建立起来，可以进入运行和调试阶段。在组态王开发系统中选择“文件→切换到 View”菜单命令，进入组态王运行系统。在运行系统中选择“画面→打开”命令，从打开画面窗口选择“test”画面，显示出组态王运行系统画面，即可看到矩形和文本在动态变化，如图 1-21 所示。

图 1-21 运行系统画面

项目 2　组态王软件的基本操作

任务 2.1　变量的定义与管理

2.1.1　变量的类型

1．变量的基本类型

变量的基本类型有内存变量和 I/O 变量两种。I/O 变量是指可与外部数据采集程序直接进行数据交换的变量，如下位机数据采集设备（如 PLC、仪表等）或其他应用程序（如 DDE、OPC 服务器等）。这种数据交换是双向的、动态的，就是说，在组态王系统运行过程中，每当 I/O 变量的值改变时，该值就会自动写入下位机或其他应用程序；每当下位机或应用程序中的值改变时，组态王系统中的变量值也会自动更新。所以，那些从下位机采集来的数据、发送给下位机的指令，比如项目 1 的“水位”变量，需要设置成“I/O 变量”。

内存变量是指那些既不需要和其他应用程序交换数据，也不需要从下位机得到数据，只在“组态王”内需要的变量，比如计算过程的中间变量，就可以设置成“内存变量”。

2．变量的数据类型

组态王中变量的数据类型与一般程序设计语言中的变量类似，主要有以下几种。

（1）实型变量

类似一般程序设计语言中的浮点型变量，用于表示浮点（float）型数据，取值范围为-3.40E+38～3.40E+38，有效值为 7 位。

（2）离散变量

类似一般程序设计语言中的布尔（BOOL）变量，只有 0、1 两种取值，用于表示一些开关量。

（3）字符串型变量

类似一般程序设计语言中的字符串变量，可用于记录一些有特定含义的字符串，如名称、密码等，该类型变量可以进行比较运算和赋值运算。字符串长度最大值为 128。

（4）整数变量

类似一般程序设计语言中的有符号长整型变量，用于表示带符号的整型数据，取值范围为-2147483648～2147483647。

（5）结构变量

当组态王工程中定义了结构变量时，在变量类型的下拉列表框中会自动列出已定义的结构变量，一个结构变量作为一种变量类型，结构变量下可包含多个成员，每一个成员就是一个基本变量，成员类型可以为：内存离散、内存整型、内存实型、内存字符串、I/O 离散、

I/O 整型、I/O 实型和 I/O 字符串。

2.1.2 变量的定义

组态王工程中变量的类型是通过“变量属性”对话框定义的，同时在“变量属性”对话框的属性卡片中设置它们的部分属性。

在工程浏览器左侧工程目录显示区中选择“数据词典”项，右侧的内容显示区会显示当前工程中所定义的变量。双击“新建”图标，弹出“定义变量”对话框。组态王的变量属性由基本属性、报警定义、记录和安全区 3 个属性页组成。采用这种卡片式管理方式，用户只要用鼠标单击顶部的属性标签，则该属性卡片有效，用户可以定义相应的属性。“定义变量”对话框如图 2-1 所示。

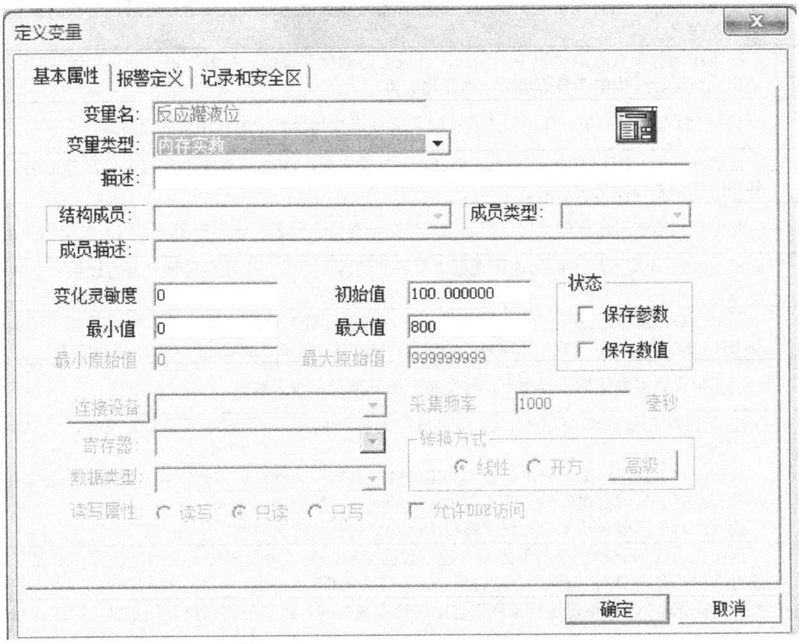

图 2-1 “定义变量”对话框

单击“确定”按钮后，工程人员定义的有效变量的变量名保存到数据库的数据词典中。若变量名不合法，会弹出提示对话框提醒工程人员修改变量名。单击“取消”按钮，工程人员定义的变量无效，并返回。

“定义变量”对话框的基本属性卡片中的各项用来定义变量的基本属性，各项意义解释见表 2-1。

表 2-1 “定义变量”中基本属性各项意义说明表

选 项 名 称	项 目 含 义
变量名	标识一个应用程序中数据变量的名字，同一应用程序中的数据变量不能重名，数据变量名区分大小写，最长不能超过 31 个字符，第一个字符不能是数字
变量类型	在对话框中只能定义 8 种变量类型（内存离散、内存实型、内存长整数、内存字符串、I/O 离散、I/O 实型、I/O 长整数、I/O 字符串）中的一种

（续）

选 项 名 称	项 目 含 义
描述	用于输入对变量的描述信息
变化灵敏度	数据类型为模拟量或整型时此项有效。只有当该数据变量的值变化幅度超过“变化灵敏度”时，组态王才更新与之相连接的画面显示（默认为0）
最小值	指该变量值在数据库中的下限
最大值	指该变量值在数据库中的上限
最小原始值	变量为I/O模拟变量时，驱动程序中输入原始模拟值的下限
最大原始值	变量为I/O模拟变量时，驱动程序中输入原始模拟值的上限
保存参数	在系统运行中修改变量的域值（可读可写型）时，系统会自动保存这些参数值，系统退出后，其参数值不会发生变化。当再次启动系统时，变量的域的参数值为上次系统运行时最后一次的设置值，无需用户再去重新定义
保存数值	在系统运行中变量的值发生变化后，系统会自动保存该值。当系统退出后再次运行时，变量的初始值为上次系统运行过程中变量值最后一次变化的值
连接设备	只对I/O类型的变量起作用，工程人员只需从下拉列表框中选择相应的设备即可
项目名	连接设备为DDE（Dynamic Data Exchange）设备时，DDE会话中的项目名可参考组态王软件自带帮助文件中的“动态数据交换的概念”
寄存器	指定要与组态王定义的变量进行连接通信的寄存器变量名，该寄存器与工程人员指定的连接设备有关
转换方式	规定I/O模拟量输入原始值到数据库使用值的转换方式。有线性转换、开方转换、非线性表和累计等转换方式
数据类型	只对I/O类型的变量起作用，定义变量对应的寄存器的数据类型，共有9种数据类型供用户使用，分别是BIT、BYTE、SHORT、USHORT、BCD、LONG、LONGBCD、FLOAT、STRING
采集频率	用于定义数据变量的采样频率，与组态王的基准频率设置有关
读写属性	定义数据变量的读写属性，工程人员可根据需要定义变量为“只读”属性、“只写”属性、“读写”属性。 只读：对于只进行采集而不需要人为手动修改其值，并输出到下位设备的变量，一般定义属性为只读； 只写：对于只需要进行输出而不需要读回的变量一般定义属性为只写； 读写：对于需要进行输出控制又需要读回的变量一般定义属性为读写
允许DDE访问	组态王内置的驱动程序与外围设备进行数据交换，为了方便工程人员用其他程序对该变量进行访问，可通过选中“允许DDE访问”，这样组态王就作为DDE服务器，可与DDE客户程序进行数据交换

注：填充色为灰色的4项是对I/O模拟量进行工程值自动转换所需要的。组态王将采集到的数据按照这4项的对应关系自动转为工程值

2.1.3 变量域

变量的属性用专门术语称为“变量的域”。对每个变量域的引用就是把变量名和域名用“.”号连接起来即可，类似于高级语言（C++）中的“结构”，比如变量“反应罐温度”的报警组名（Group）域，写成“反应罐温度.Group”。

变量的域越多，表明属性越丰富。不同类型的变量具有不同的域，限于篇幅，本书只详细介绍变量的报警域和历史趋势曲线的域。

（1）变量的基本属性域

变量的基本属性域包括Name，Comment，质量戳相关域，时间戳相关域。

（2）变量的报警域

变量的报警域见表2-2。

表 2-2　变量的报警域

变量域的名称	变量域的含义	备　注
Ack	表示变量报警是否被应答，离散型，只读	离散变量只具有这些变量域。整型、实型变量还包括下面几种
Alarm	表示变量是否有报警，离散型，只读	
AlarmEnable	表示变量的报警使能状态，离散型，可读写	
DataChanged	表示变量的变化状态，当变量值变化时，该域置 1，用户可以手动赋值为 0，离散型，可读写	
DataUpDate	表示变量的状态变化，离散型，只读。默认状态为 false。当从设备上采集数据，填充实时库时（不管数据是否变化），该值置为 true，需要手动复位	
Group	表示变量所属的报警组 ID，模拟型，可读写	
Priority	表示变量的报警优先级，模拟型，可读写	
ExtendFieldString1	表示报警变量的扩展域 1，字符串型，可读写	
ExtendFieldString2	表示报警变量的扩展域 2，字符串型，可读写	
HiHiLimit	高高报警限，模拟型，可读写	
HiHiStatus	高高报警状态，离散型，只读	
HiLimit	高报警限，模拟型，可读写	
Histatus	高报警状态，离散型，只读	
LoLimit	低报警限，模拟型，可读写	
LoStatus	低报警状态，离散型，只读	
LoLoLimit	低低报警限，模拟型，可读写	
LoLoStatus	低低报警状态，离散型，只读	
F_ALARMDELAYTIME	越限或偏差报警延时，模拟型，可读写	
MajorDevPct	大偏差报警限，模拟型，可读写	
MajorDevStatus	大偏差报警状态，离散型，只读	
MinorDevPct	小偏差报警限，模拟型，可读写	
MinorDevStatus	小偏差报警状态，离散型，只读	
DevTarget	偏差报警限的目标值，模拟型，可读写	
RocPct	变化率报警限，模拟型，可读写	
RocStatus	变化率报警状态，离散型，只读	

（3）变量的历史记录起停控制域

变量的历史记录起停控制域 RecLogEnable 表示变量的历史记录状态，可读写：0 表示该变量停止记录历史数据，1 表示该变量记录历史数据，默认为记录历史数据。字符串变量没有 RecLogEnable 域。

（4）报警窗口的域

和报警窗口相关的域有如下两种：

Group：表示报警窗口显示的变量的报警组名，组变量，只写。

Priority：表示报警窗口显示的变量的报警优先级，模拟型，可读写。

（5）历史趋势曲线的域

历史趋势曲线的域见表 2-3。

表 2-3　历史趋势曲线的域

域 的 名 称	域的具体含义
ChartLength	历史趋势曲线的时间长度，长整型，可读写，单位为 s
ChartStart	历史趋势曲线的起始时间，长整型，可读写，单位为 s
ValueStart	历史趋势曲线的纵轴起始值，模拟型，可读写
ValueSIze	历史趋势曲线的纵轴量程，模拟型，可读写
ValueEnd	历史趋势曲线的纵轴结束值，模拟型，可读写
ScooterPosLeft	左指示器的位置，模拟型，可读写
ScooterPosRight	右指示器的位置，模拟型，可读写
Pen1～Pen8	历史趋势曲线显示的变量，变量 ID 号，可读写，用于改变绘出曲线所用的变量

任务 2.2　图形及动画连接

1．组态王工具箱简介

图形编辑工具箱是绘图菜单命令的快捷方式。每次打开一个原有画面或建立一个新画面时，图形编辑工具箱都会自动出现，如图 2-2 所示。

在主菜单“工具→显示工具箱”的左端有“√”号，表示选中菜单；没有“√”号，屏幕上的工具箱也同时消失，再一次选择此菜单，“√”号出现，工具箱又显示出来。或使用〈F10〉键来切换工具箱的显示/隐藏。工具箱提供了许多常用的菜单命令，也提供了菜单中没有的一些操作。当鼠标放在工具箱任一按钮上时，立刻出现一个提示条表明此工具按钮的功能，如图 2-3 所示。

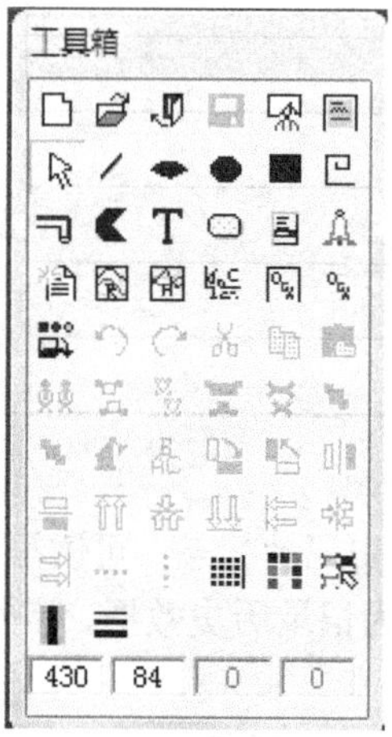

图 2-2　图形编辑工具箱

图 2-3　工具箱提示

用户在每次修改工具箱的位置后，组态王会自动记忆工具箱的位置，当用户下次进入组态王时，工具箱返回上次用户使用时的位置。

2．工具箱详解

工具箱中的工具大致分为4类。

（1）画面类　提供对画面的常用操作，包括新建、打开、关闭、保存、删除、全屏显示等。

（2）编辑类　包括绘制各种图素（矩形、椭圆、直线、折线、多边形、圆弧、文本、点位图、按钮、菜单、报表窗口、实时趋势曲线、历史趋势曲线、控件、报警窗口等）的工具；剪切、粘贴、复制、撤销、重复等常用编辑工具；合成、分裂组合图素，合成、分裂单元；对图素的前移、后移、旋转、镜像等操作工具。

（3）对齐方式类　这类工具用于调整图素之间的相对位置，能够以上、下、左、右、水平、垂直等方式把多个图素对齐；或者把它们水平等间隔、垂直等间隔放置。

（4）选项类　提供其他一些常用操作，比如全选、显示调色板、显示画刷类型、显示线形、网格显示/隐藏、激活当前图库、显示调色板等。

工具箱的部分工具介绍见表2-4，其余各项将在后续任务中介绍。

表2-4　工具箱部分工具介绍

工具图标	工具名称	用途
	新画面	与主菜单“文件→新画面”效果相同，它用于定义新画面的名称、大小、位置、风格等，以及画面在磁盘上对应的文件名
	打开画面	与主菜单“文件→打开”效果相同，它用于打开指定的一个或几个已经存在的画面
	关闭画面	与主菜单“文件→关闭”效果相同，它用于关闭指定的一个或几个已经存在的画面
	保存画面	与主菜单“文件→存入”效果相同，它用于保存指定的一个或几个已经存在的画面
	删除画面	与主菜单“文件→删除”效果相同，它用于删除指定的一个或几个已经存在的画面
	全屏显示	与主菜单“编辑→全屏显示”效果相同，它用于全屏显示当前画面
	选中图素	与主菜单“工具→选中图素”效果相同，它用于对象的选择、移动和重定尺寸。这是鼠标的默认工作方式，大多数工具在完成操作后自动返回到此方式。比如选用“直线”工具画完一条直线后，“直线”工具按钮自动弹起，“选中图素”按钮自动压下，表明鼠标自动恢复到“选中图素”状态
	画直线	与主菜单“工具→直线”效果相同，以当前线型绘制一条直线
	画扇形或弧形	与主菜单“工具→扇形（弧形）”效果相同，以当前线型和填充模式绘制一个扇形。绘制弧形还要选择适当的填充模式
	画椭圆	与主菜单“工具→椭圆”效果相同，选中本工具可画出一个与鼠标拖曳的矩形相内切的椭圆
	画圆角矩形	与主菜单“工具→圆角矩形”效果相同，选中本工具可画出直角矩形。若要画圆角矩形还需选用“改变图素形状”工具加以修改
	画折线	与主菜单“工具→折线”效果相同，以当前线型绘制一条折线
	画立体管道	与主菜单“工具→立体管道”效果相同，选中本工具可画出立体管道
	画多边形	与主菜单“工具→多边形”效果相同，以当前线型和填充模式绘制一个多边形
T	输入文本	与主菜单“工具→文本”效果相同，以当前字体输入文本
	画按钮	与主菜单“工具→按钮”效果相同，若输入按钮文本可选择主菜单“工具→按钮文本”
	画菜单	与主菜单“工具→菜单”效果相同，用于在画面上建立菜单
	定义报警窗口	与主菜单“工具→报警窗口”效果相同，在选定区域内绘制报警窗口
	画报表窗口	与主菜单“工具→报表窗口”效果相同，在选定区域内绘制报表窗口

（续）

工具图标	工具名称	用　途
	画实时趋势图	与主菜单“工具→实时趋势曲线”效果相同，在选定区域内绘制实时趋势曲线
	画历史趋势图	与主菜单“工具→历史趋势曲线”效果相同，在选定区域内绘制历史趋势曲线
	画点位图	与主菜单“工具→点位图”效果相同，本工具只能确定点位图的位置和大小，若输入点位图需选择主菜单“编辑→粘贴点位图”
	插入控件	与主菜单“编辑→插入控件”效果相同
	插入通用控件	与主菜单“编辑→插入通用控件”效果相同

2.2.1　温度计的制作

温度计是生活、生产中常用的测温装置。下面利用图形制作工具制作如图 2-4 所示的温度计。

1. 绘制静态图素

打开项目 1 中制作的“水位控制系统”工程，选中工程浏览器左侧工程目录显示区的“画面”，双击右侧窗口的“新建”图标，弹出“新画面”对话框，将画面名称命名为“温度计的制作”，如图 2-5 所示。单击“确定”按钮，在新建的画面上绘制温度计。温度计是由“圆角矩形”“直线”“椭圆”和“文字”等基本图素组成的。为了实现刻度线在温度计体上的均匀分布，组态王工具箱中有一个方便图素对齐的“图素垂直等间隔”工具。首先用“圆角矩形”工具绘制温度计体，用“椭圆”工具绘制温度计头，用“直线”工具绘制一条刻度线，然后用“复制”的方法，生成其余的刻度线，把一条刻度线放置在温度计体的底部，另一条刻度线放置在温度计体的顶部，其余的刻度线放置在中间。全部选中这些刻度线，如图 2-6 所示，然后单击工具箱中的“图素垂直等间隔”，这些刻度线在垂直方向就能等间隔地分布了，再单击“图素左对齐”工具，制作好的刻度线如图 2-7 所示。最后用“文本”工具标上刻度线所代表的具体数值。

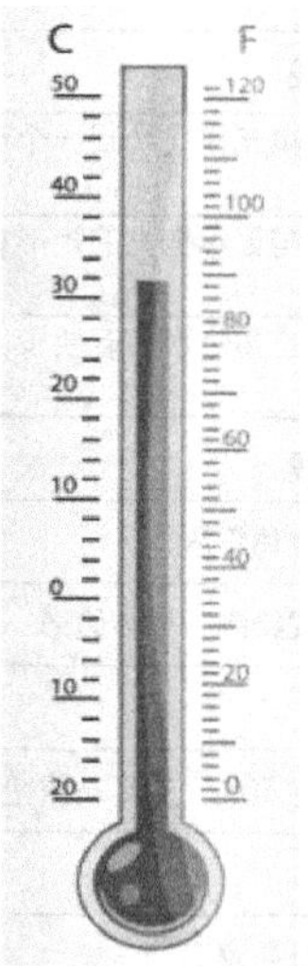

图 2-4　温度计

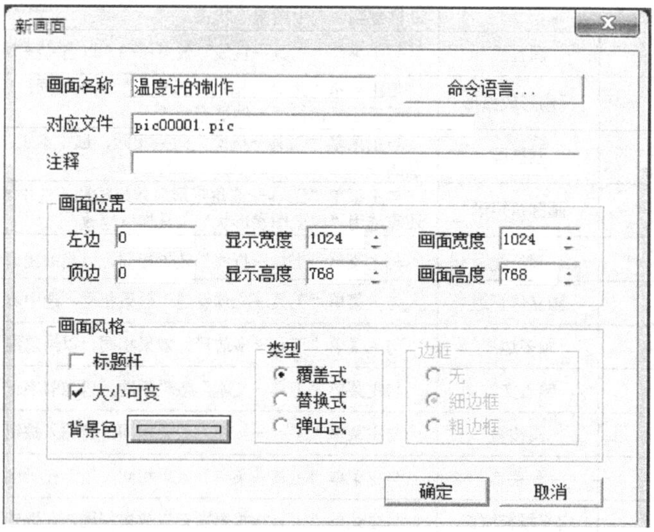

图 2-5　新建画面

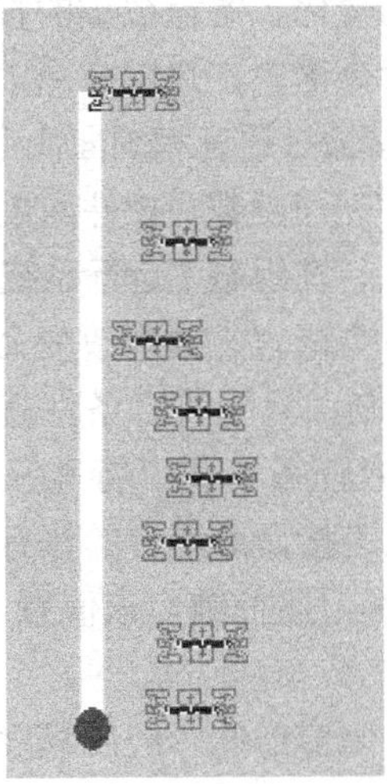

图 2-6　选中全部刻度线

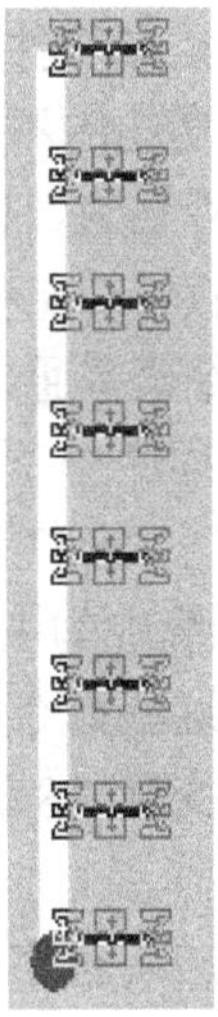

图 2-7　绘制好的刻度线

2. 动画连接

温度显示在温度计体上需要采用动画连接来实现。双击“圆角矩形”图素，弹出“动画连接”对话框，选择“位置与大小变化”选项组中的“填充”，弹出“填充连接”对话框，单击“？”按钮，弹出“选择变量名”对话框，单击“新建变量”，定义一个变量名为“温度”的内存实型变量，最大值是 50，最小值是-20。然后单击“温度”变量，单击“确定”按钮，返回到“填充连接”对话框，将最小填充高度“对应数值”改为-20，最大填充高度“对应数值”改为 50，填充方向为“由下到上”，填充颜色设置为“红色”，如图 2-8 所示，单击“确定”按钮，回到“动画连接”对话框，再单击“确定”按钮，动画连接完成。

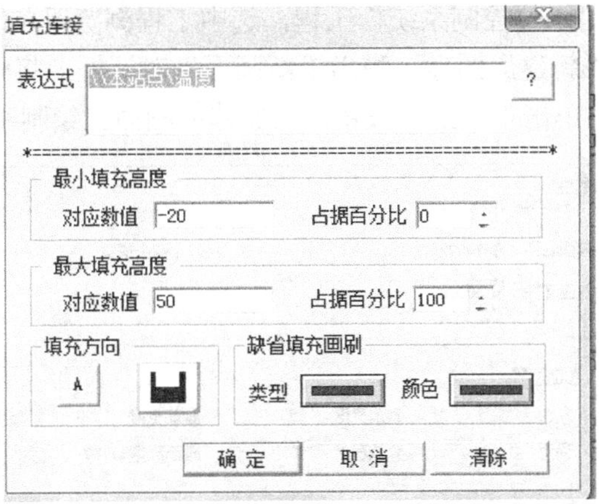

图 2-8 “填充连接”对话框

3. 命令语言

由于“温度”变量是内存实数，变量值的改变必须通过组态王的命令语言。组态王中的命令语言是一种在语法上类似 C 语言的程序，工程人员可以利用这些程序来增强应用程序的灵活性、处理一些算法和操作等。

命令语言都是靠事件触发执行的，如定时、数据的变化、键盘按键的按下、鼠标的单击等。根据事件和功能的不同，命令语言包括应用程序命令语言、热键命令语言、事件命令语言、数据改变命令语言、自定义函数命令语言、动画连接命令语言和画面命令语言等。它具有完备的词法语法查错功能和丰富的运算符、数学函数、字符串函数、控件函数、SQL 函数和系统函数。各种命令语言通过“命令语言编辑器”编辑输入，在组态王运行系统中被编译执行。

其中，应用程序命令语言、热键命令语言、事件命令语言、数据改变命令语言可以称为“后台命令语言”，它们的执行不受画面打开与否的限制，只要符合条件就可以执行。另外可以使用运行系统中的主菜单的“特殊→开始执行后台任务”和“特殊→停止执行后台任务”来控制所有这些命令语言是否执行，而画面和动画连接命令语言的执行不受影响。也可以通过修改系统变量“$启动后台命令语言”的值来实现上述控制，该值置 0 时停止执行，置 1 时开始执行。

本任务采取应用程序命令语言，双击工程浏览器左侧窗口的“应用程序命令语言”，弹出“应用程序命令语言”对话框，在“运行时”界面中输入以下命令语言

```
If(温度>=-20 && 温度<50)
温度=温度+2;
Else
温度=-20;
```

将应用程序命令语言的刷新周期改为“1000ms”，单击“确定”按钮，完成命令语言组态。

2.2.2 时钟的制作

时钟是生活中必不可少的工具，通过制作时钟，能够掌握“旋转”动画连接的应用。

打开项目 1 制作的“水位控制系统”工程，选中工程浏览器左侧工程目录显示区的“画面”，双击右侧窗口的“新建”图标，弹出“新画面”对话框，将画面名称命名为“时钟的制作”，如图 2-9 所示。单击“确定”按钮，在新建的画面上绘制时钟。

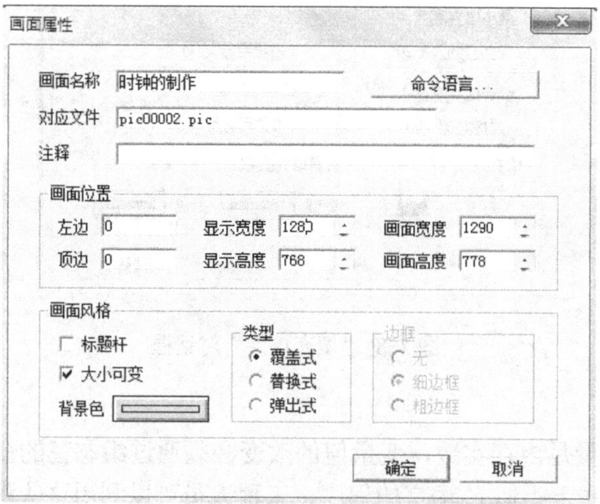

图 2-9 新建“时钟的制作”画面

为了使制作的时钟更规范，先参照一下组态王软件自身图库中的“时钟”图库精灵。选择组态王开发系统中的主菜单“图库→打开图库”，弹出“图库管理器”对话框，单击“图库管理器”左侧的“时钟”，双击右侧的第三个图标。返回到新建的“时钟的制作”画面，鼠标在画面中变为直角符号“┍”，单击鼠标左键，将时钟放置在画面合适的位置，拖动时钟图素四周的矩形柄，设置为合适的大小，注意图库精灵不能单独改变它的长度或者宽度，只能通过拖动对角线同时改变它的长和宽。图库精灵内嵌的动画连接和逻辑控制是组态软件开发人员事先定义好的，用户要想进行其他的动画连接，就必须将其转换为普通图素。单击组态王开发系统中的主菜单“图库→转换成普通图素”，这样“时钟”图库精灵就转变成普通图素了，如图 2-10 所示。双击时钟的秒针，弹出“动画连接”对话框，单击“位置与大小变化”选项组的“旋转”，弹出“旋转连接”对话框，单击表达式右边的“?”按钮，选择系统变量“$秒”，对话框中其他各项的设置如图 2-11 所示。注意：“垂直方向”数值的大小是由图素本身的高度来决定的。对于“分针”和“时针”的动画连接，请读者自己完成，本书不再赘述。

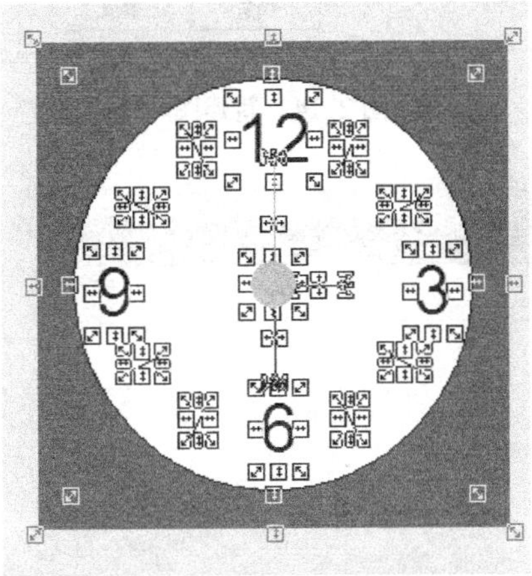

图 2-10　图库精灵转换成普通图素

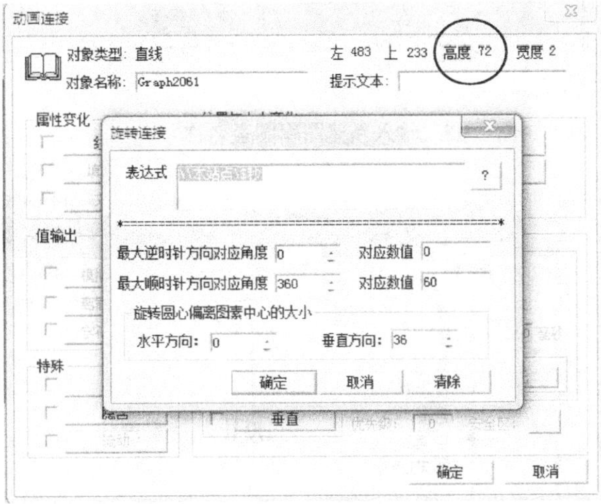

图 2-11　秒针的旋转动画连接

2.2.3　图库精灵的制作

1. 认识图库精灵

图库中的元素称为“图库精灵”。之所以称为“精灵”，是因为它们具有自己的“生命”。图库精灵在外观上类似于组合图素，但内嵌了丰富的动画连接和逻辑控制，工程人员只需把它放在画面上，做少量的文字修改，就能动态控制图形的外观，同时能完成复杂的功能。

用户可以根据自己工程的需要，将一些需要重复使用的复杂图形做成图库精灵，加入到图库管理器中。组态王提供两种方式供用户自制图库。一种是编制程序方式，即用户利用北京亚控科技发展有限公司提供的图库开发包，利用 VC 开发工具和组态王开发系统中生成的精灵描述文本制作，生成*.dll 文件。关于该种方式，详见北京亚控科技发展有限公司提供的图库开发包。另一种是利用组态王开发系统中建立动画连接并合成图素的方式直接创建图库精灵。

本书对第二种方式将作详细说明。

2. 图库精灵的制作

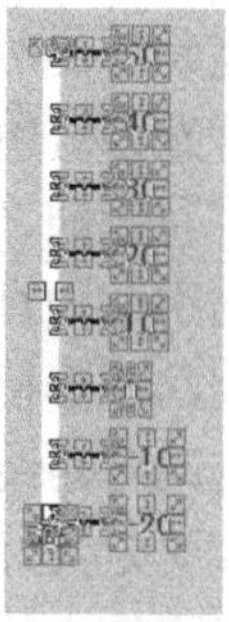

图 2-12　选中全部温度计图素

打开已制作好的“温度计的制作”画面，全部选中制作好的温度计图素，如图 2-12 所示，在组态王开发系统中选择主菜单“图库→创建图库精灵”，弹出“输入新的图库图素名称”对话框，如图 2-13 所示，取名为“温度计”，单击“确定”按钮，鼠标变为“ ┌”，自动打开“图库管理器”，单击“创建新图库”按钮，弹出“定义新图库”对话框，如图 2-14 所示，取名为“自建图库”。将新建的“温度计”图库精灵放在“自建图库”下，如图 2-15 所示。

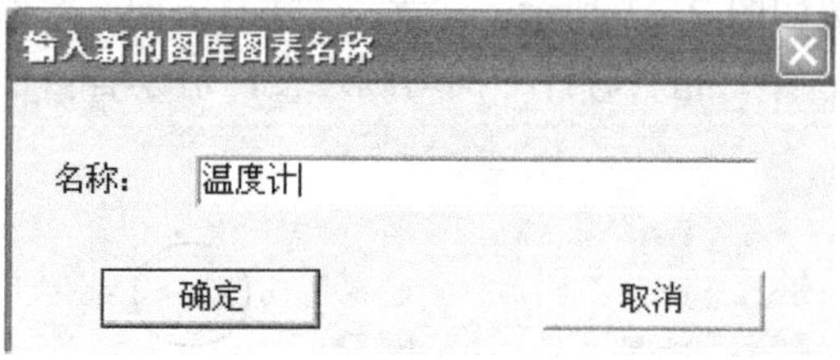

图 2-13　输入新建图库图素名称

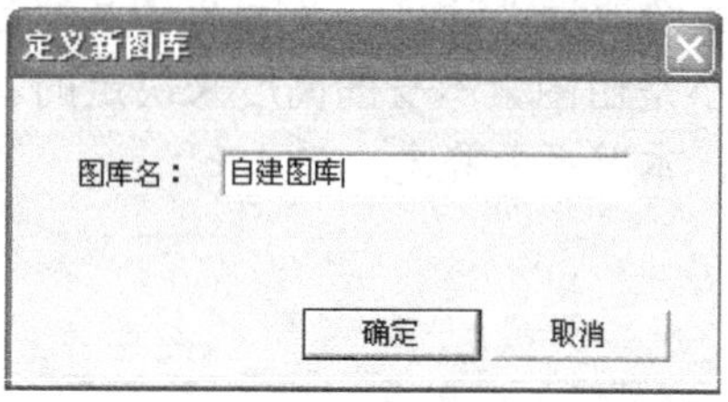

图 2-14　新建图库

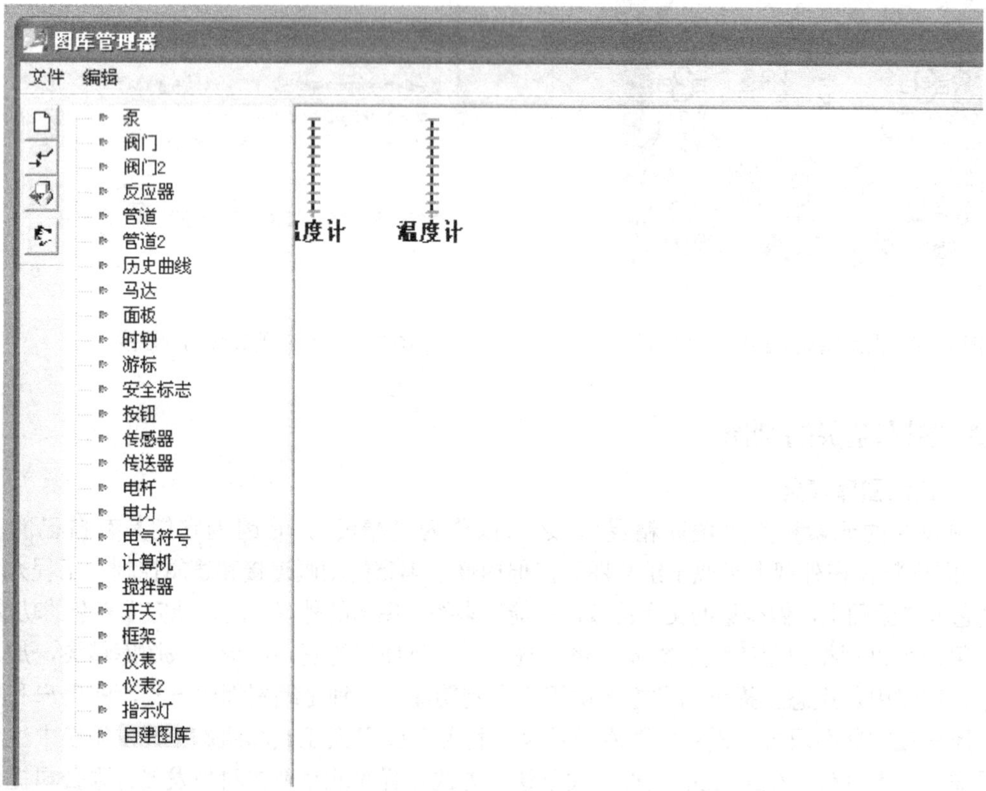

图 2-15　图库管理器

任务 2.3　趋势曲线的制作

趋势分析是控制软件必不可少的功能，组态王对该功能提供了强有力的支持和简单的控制方法。趋势曲线有实时趋势曲线和历史趋势曲线两种。曲线外形类似于坐标纸，X 轴代表时间，Y 轴代表变量值。

2.3.1　实时趋势曲线的制作

组态王提供两种形式的实时趋势曲线：工具箱中的组态王内置实时趋势曲线和实时趋势曲线 Active X 控件。

1. 组态王内置实时趋势曲线的使用

组态王内置实时趋势曲线绘制命令位于组态王工具箱中，最多支持 4 条曲线。

（1）创建实时趋势曲线

在组态王开发系统中制作画面时，选择主菜单“工具→实时趋势曲线”或单击工具箱中的“实时趋势曲线”按钮，此时鼠标在画面中变为十字形，拖曳鼠标画出一个矩形，实时趋势曲线就在这个矩形中绘出，如图 2-16 所示。

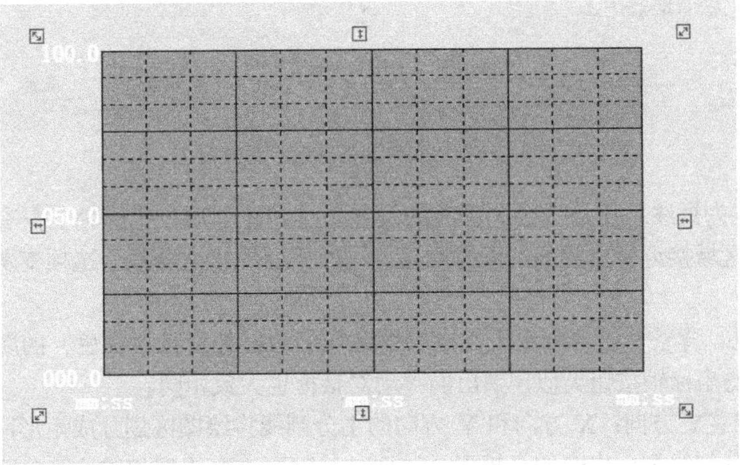

图 2-16　实时趋势曲线绘制

实时趋势曲线对象的中间有一个带有网格的绘图区域，表示曲线将在这个区域中绘出，网格左方和下方分别是 X 轴（时间轴）和 Y 轴（数值轴）的坐标标注。可以通过选中实时趋势曲线对象（周围出现 8 个小矩形）来移动位置或改变大小。在画面运行时实时趋势曲线对象由系统自动更新。

（2）实时趋势曲线的设置

双击“实时趋势曲线”对象，弹出“实时趋势曲线”对话框，如图 2-17 所示。

“实时趋势曲线”对话框分为两个选项卡，即“曲线定义”选项卡和“标识定义”选项卡。

1）“曲线定义”选项卡的选项。

① 坐标轴：用于选择曲线图表坐标轴的线型和颜色。选择“坐标轴”复选框后，坐标

轴的线型和颜色选择按钮变为有效，通过单击线型按钮或颜色按钮，在弹出的列表中选择坐标轴的线型或颜色。用户可以根据图表绘制需要，选择是否显示坐标轴。

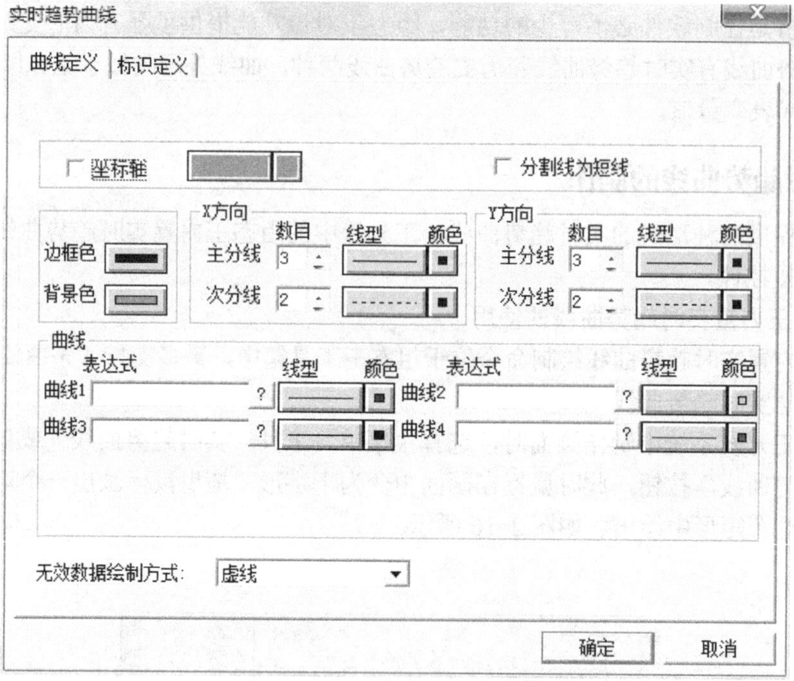

图 2-17 “实时趋势曲线”对话框

② 分割线为短线：用于选择分割线的类型。选中此项后在坐标轴上只有很短的主分割线，整个图纸区域接近空白状态，没有网格，同时下面的“次分线”选项变灰，图表上不显示次分割线。

③ 边框色、背景色：分别用于规定绘图区域的边框和背景（底色）的颜色。按下这两个按钮的方法与坐标轴按钮类似，弹出的浮动对话框也大致相同。

④ X 方向、Y 方向：X 方向和 Y 方向的主分割线将绘图区划分成矩形网格，次分割线将再次划分主分割线划分出来的小矩形。这两种线都可改变线型和颜色。分割线的数目可以通过文本框右边“加减”按钮增加或减小，也可直接输入文本框。工程人员可以根据实时趋势曲线的大小决定分割线的数目，分割线最好与标识定义（标注）相对应。

⑤ 曲线：定义所绘的 1～4 条曲线 Y 坐标对应的表达式，实时趋势曲线可以实时计算表达式的值，所以它可以使用表达式。实时趋势曲线名的文本框中可输入有效的变量名或表达式，表达式中所用变量必须是数据库中已定义的变量。右边的“?”按钮可列出数据库中已定义的变量或变量域供选择。每条曲线可通过右边的线型和颜色按钮来改变线型和颜色。在定义曲线属性时，至少应定义一条曲线变量。

⑥ 无效数据绘制方式：用于在系统运行时对于采样到的无效数据（如变量质量戳≠192）的绘制方式选择。可以选择三种形式：虚线、不画线和实线。

2）“标识定义”选项卡的选项。

① 标识 X 轴—时间轴、标识 Y 轴—数值轴：用于选择是否为 X 或 Y 轴加标识，即在

绘图区域的外面用文字标注坐标的数值。如果此项选中，则左边的检查框中有“×”标记，同时下面定义相应标识的选项也由无效变为有效。

② 数值轴（Y 轴）定义区：因为一个实时趋势曲线可以同时显示 4 个变量的变化，而各变量的数值范围可能相差很大，为使每个变量都能表现清楚，组态王中规定，变量在 Y 轴上以百分数表示，即以变量值与变量范围（最大值与最小值之差）的比值表示。所以 Y 轴的范围是 0（0%）～1（100%）。

a. 标识数目：数值轴标识的数目，这些标识在数值轴上等间隔分布。

b. 起始值：曲线图表上纵轴显示的最小值。如果选择“数值格式”为“工程百分比”，则规定数值轴起点对应的百分比值，最小为 0。如果选择“数值格式”为“实际值”，则可输入变量的最小值。

c. 最大值：曲线图表上纵轴显示的最大值。如果选择“数值格式”为“工程百分比”，则规定数值轴终点对应的百分比值，最大为 100。如果选择“数值格式”为“实际值”，则可输入变量的最大值。

d. 整数位位数：数值轴最少显示整数的位数。

e. 小数位位数：数值轴最多显示小数点后面的位数。

f. 科学计数法：数值轴坐标值超过指定的整数和小数位数时用科学计数法显示。

g. 字体：规定数值轴标识所用的字体。可以弹出 Windows 标准的字体选择对话框，相应的操作工程人员可参阅 Windows 的操作手册。

h. 数值格式：有工程百分比和实际值两种。因为一个实时趋势曲线可以同时显示 4 个变量的变化，而各变量的数值范围可能相差很大，为使每个变量都能被表现清楚，一般变量在 Y 轴上以百分数表示，即以变量值与变量范围（最大值与最小值之差）的比值表示，故 Y 轴的范围是 0（0%）～1（100%）。

③ 时间轴定义区。

a. 标识数目：时间轴标识的数目，这些标识在数值轴上等间隔分布。在组态王开发系统中时间是以 yy:mm:dd:hh:mm:ss 的形式表示，在 TouchView 运行系统中，显示实际的时间。

b. 格式：时间轴标识的格式，选择显示哪些时间量。

c. 更新频率：图表采样和绘制曲线的频率。最小 1s。运行时不可修改。

d. 时间长度：时间轴所表示的时间跨度。可以根据需要选择时间单位——秒、分、时，最小跨度为 1s，每种类型单位最大值为 8000。

e. 字体：规定时间轴标识所用的字体。与数值轴的字体选择方法相同。

2．实时趋势曲线控件

组态王的实时趋势曲线控件具有以下特点。

1）通过 TCP/IP 获得实时数据，数据服务器可以是任何一台运行组态王的机器，而不需进行组态王网络配置。

2）最多可以显示 20 条曲线。

3）可以设置每条曲线的绘制方式，可以为每条曲线设定对照曲线。

4）可以移动曲线，显示一个采集周期内任意时间段的曲线。

5）可以保存曲线，加载曲线。

6）可以打印曲线。

（1）创建实时趋势曲线控件

打开组态王画面，在工具箱中单击“插入通用控件”或选择主菜单“编辑→插入通用控件”命令，弹出“插入控件”对话框，在列表中选择“CkvrealTime Curves Control”，单击“确定”按钮，对话框关闭，鼠标箭头变为小“十”字形，在画面上选择控件的左上角，按住鼠标左键并拖动，画面上显示出一个虚线的矩形框，该矩形框为创建后的曲线的外框。当达到所需大小时，松开鼠标左键，则实时曲线控件创建成功，画面上显示出该曲线，如图 2-18 所示。

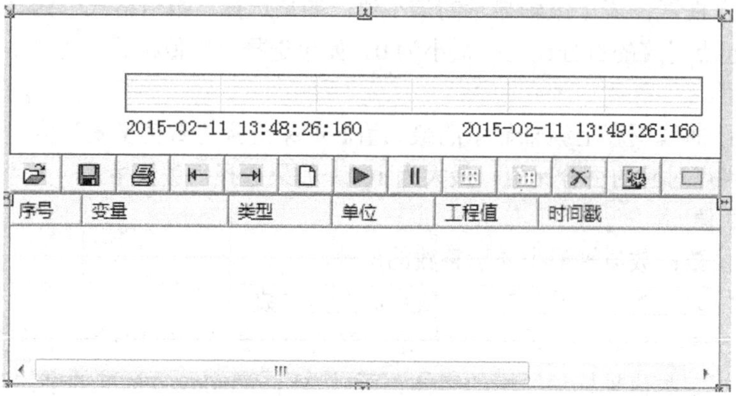

图 2-18　创建实时曲线控件

（2）实时曲线控件的属性设置

实时曲线控件创建完成后，在控件上单击鼠标右键，在弹出的快捷菜单中选择“控件属性”命令，弹出实时曲线控件的属性设置对话框，如图 2-19 所示。

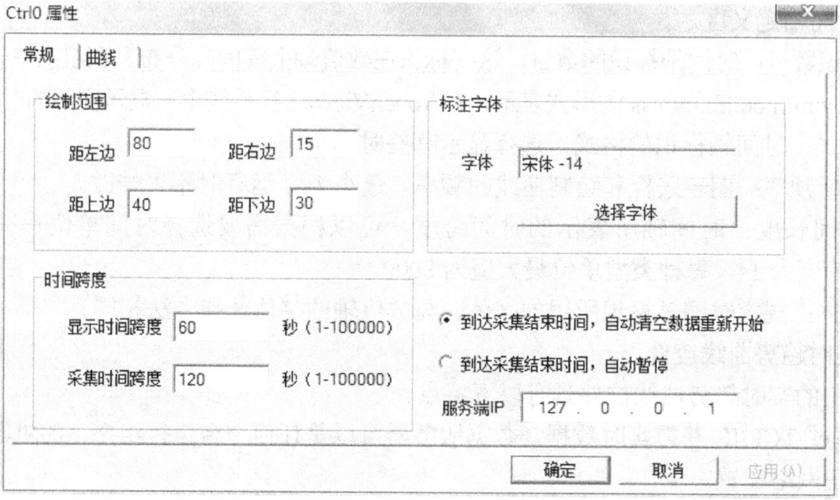

图 2-19　实时曲线控件属性设置对话框

实时曲线控件包括两个选项卡：“常规”和“曲线”。以下详细介绍每个选项卡中每一项的具体含义。

1）“常规”选项卡。

如图 2-18 所示，“常规”选项卡中包括：

① 绘制范围设置。

距左边：实时曲线绘图区距离控件左边界的距离，设置范围为 0～200。

距右边：实时曲线绘图区距离控件右边界的距离，设置范围为 0～200。

距上边：实时曲线绘图区距离控件上边界的距离，设置范围为 25～200。

距下边：实时曲线绘图区距离控件工具条显示区的距离，设置范围为 25～200。

以上设置范围的单位为像素。

② 标注字体设置。

单击“选择字体”按钮，设置标注字体。

③ 时间跨度设置。

显示时间跨度：曲线图表时间轴长度，设置范围是 1～100000，单位为 s。

采集时间跨度：每次绘制一屏曲线总的时间长度。设置范围是 1～100000，单位为 s。

采集时间跨度可以大于显示时间跨度。当绘制的曲线超出图表显示时，可以使用图表工具条上的左移、右移按钮移动查看曲线。

④ 采集结束时，曲线的处理方式。

到达采集结束时间，自动清空数据重新开始。采集结束时间即为一个采集周期（即时间跨度设置中的“采集时间跨度”）的结束时间，时间到，系统自动清空整个采集周期内的曲线数据，曲线重新开始绘制。

到达采集结束时间，自动暂停。到达采集结束时间，系统暂停曲线数据采集，绘图区显示停止时刻的曲线。

⑤ 服务端 IP。

要绘制曲线的变量所在的数据服务器的 IP 地址，如果是本机变量，则输入本机 IP 地址。该控件的使用在组态王“单机”模式下即可。

2）“曲线”选项卡。

“曲线”选项卡如图 2-20 所示。

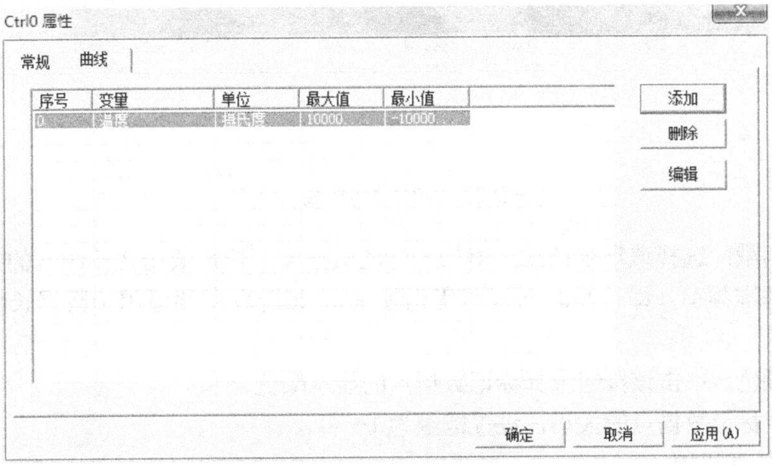

图 2-20 “曲线”选项卡

在“曲线”选项卡中进行曲线添加，编辑和删除的操作。

单击“添加”按钮，显示“新增加曲线”对话框，如图 2-21 所示。

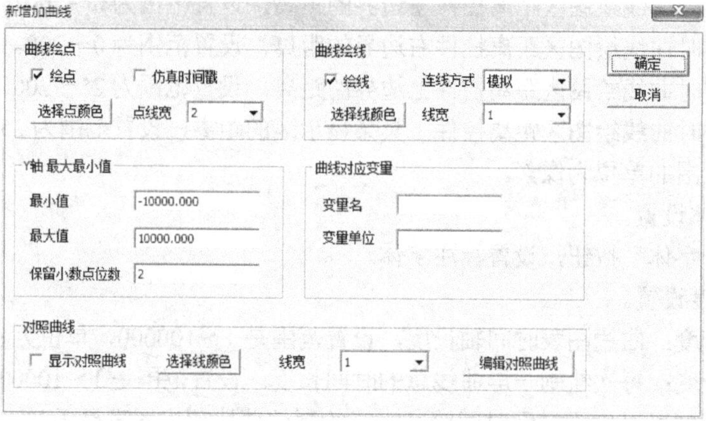

图 2-21 “新增加曲线”对话框

① 曲线绘点设置。

绘点：选择曲线是否以绘点方式绘制，选中状态表示绘制数据点。绘点是指控件在绘制曲线时，在曲线上对每个数据点根据选择的点的颜色和线宽做标记点，如图 2-22 所示。

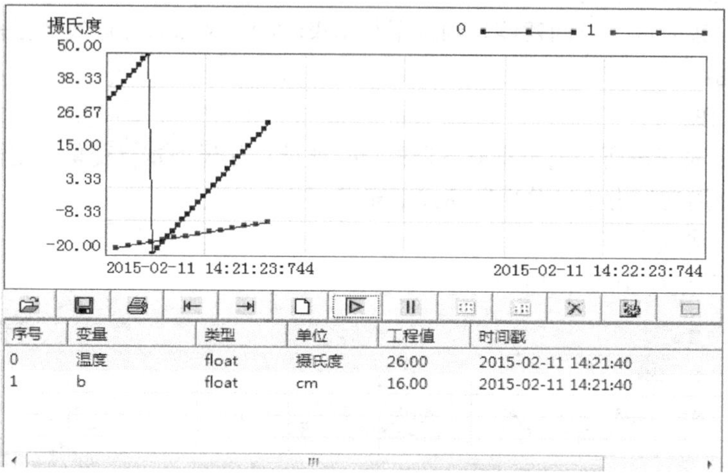

图 2-22 实时趋势曲线的绘点

仿真时间戳：选择该项则曲线上增加描绘的数据点，仿真数据在曲线上的描点频率为本地运行系统基准频率（即仿真时间戳的变化频率）。该选项主要适用于数据长时间不变的变量曲线。

选择点颜色：单击该按钮选择标记数据点的显示颜色。

点线宽：标记数据点的大小，设置范围为 1～6。

② 曲线绘线设置。

绘线：选择曲线是否以绘点方式绘制，选中状态表示绘线。

连线方式：选择曲线的连线方式，包括模拟方式和阶梯方式。

选择线颜色：单击该按钮选择曲线的显示颜色。

线宽：曲线宽度，设置范围为 1～6。

③ Y 轴最大最小值。

最小值\最大值：设置 Y 轴的最小值和最大值。

保留小数点位数：Y 轴坐标显示的小数点位数。

④ 曲线对应变量。

变量名：曲线关联的变量名。

变量单位：为变量设置单位名称，可以为空。

⑤ 对照曲线：可以为每条曲线设置对照曲线。

显示对照曲线：选择是否显示曲线的对照曲线，选中状态表示显示。

选择线颜色：单击该按钮选择对照曲线的显示颜色。

线宽：对照曲线的宽度，设置范围为 1～6。

编辑对照曲线：单击该按钮，设置对照曲线。如图 2-23 所示。

图 2-23　设置对照曲线

a. 添加：单击“添加”按钮，在对照曲线数据点列表中添加一数据点。设置该数据点的“距起始时间的时间”和“值”。

b. 删除：在对照曲线数据点列表中选择某个数据点或某些数据点，单击“删除”按钮，删除选择的数据点。

c. 另存：将设置的对照曲线数据保存到.cmp 文件中。单击该按钮将显示“另存为”对话框。

d. 加载：将保存过的 CMP 文件数据加载到对照曲线数据点列表中。

2.3.2　历史趋势曲线的制作

组态王提供三种形式的历史趋势曲线。

第一种是从图库中调用已经定义好各功能按钮的通用历史趋势曲线。对于这种历史趋势曲线，用户只需要定义几个相关变量，适当调整曲线外观即可完成历史趋势曲线的复杂功能，这种形式使用简单方便，该曲线控件最多可以绘制 8 条曲线，但该曲线无法实现曲线打印功能。

第二种是调用历史趋势曲线控件。对于这种历史趋势曲线，功能很强大，使用比较简单。通过该控件，不但可以实现组态王历史数据的曲线绘制，还可以实现工业库中历史数据的曲线绘制、ODBC 数据库中记录数据的曲线绘制。在运行状态下，可以实现在线动态增加/删除曲线、曲线图表的无级缩放、曲线的动态比较、曲线的打印等。

第三种是从工具箱中调用历史趋势曲线。对于这种历史趋势曲线，用户需要对曲线的各个操作按钮进行定义，即建立命令语言连接才能操作历史曲线，用户使用这种形式时自主性较强，能做出个性化的历史趋势曲线，该曲线控件最多可以绘制 8 条曲线，该曲线无法实现曲线打印功能。

无论使用哪一种历史趋势曲线，都要进行相关配置，主要包括变量属性配置和历史数据文件存放位置配置。

1. 与历史趋势曲线有关的其他必配置项

（1）定义变量范围

由于历史趋势曲线数值轴的数据是以百分比来显示，因此对于要以曲线形式来显示的变量需要特别注意变量的范围。如果变量定义的范围很大，例如-999999～999999，而实际变化范围很小，例如-0.0001～0.0001，这样，曲线数据的百分比数值就会很小，在曲线图表上就会出现看不到该变量曲线的情况。具体各域的名称和含义见表 2-3。

（2）对某变量作历史记录

对于要以历史趋势曲线形式显示的变量，都需要对变量作记录。在组态王工程浏览器的工程目录显示区中单击“数据库”选项，再选择“数据词典”选项，选中要作历史记录的变量，双击该变量，则弹出“定义变量”对话框，单击“记录和安全区”选项卡，如图 2-24 所示。

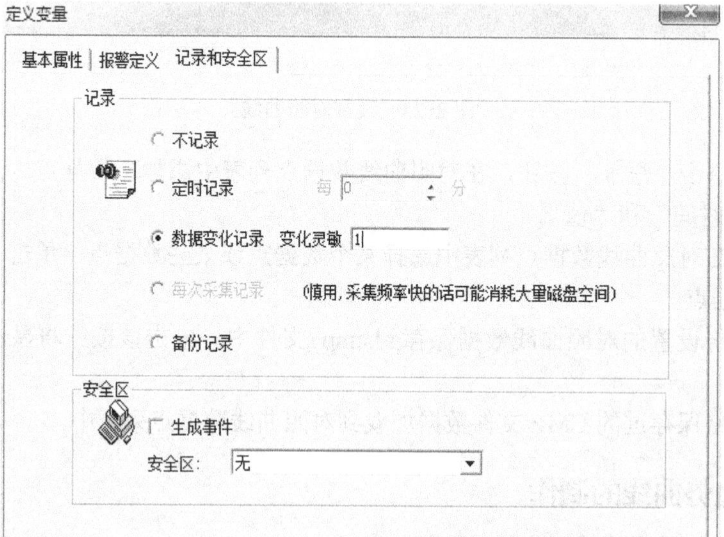

图 2-24 “记录和安全区”选项卡

记录属性的定义如下。

1）不记录：若此选项有效时，则该变量值不进行历史记录。

2）数据变化记录：当系统运行时，变量的值发生变化，而且在当前变量值与上次值之间的差值大于设置的变化灵敏度时，该变量的值才会被记录到历史记录中。这种记录方法适合于数据变化较快的场合。

3）变化灵敏度：定义变量变化记录时的阈值。

4）定时记录：无论变量变化与否，系统运行时都按照定义的时间间隔将变量的值记录到历史库中，每隔一个设定的时间单位对变量的值进行一次记录。最小定义时间间隔单位为1min，这种方式适合于数据变化缓慢的场合。

5）备份记录：选择该选项后，系统在平常运行时，不再直接向历史库中记录该变量的数值，而是通过其他程序调用组态王历史数据库接口，向组态王的历史记录文件中插入数据。在进行历史记录查询时，可以查询到这些插入的数据。

（3）定义历史数据文件的存储目录

在工程浏览器左侧的工程目录显示区中双击“系统配置”中的“历史数据记录”选项，弹出“历史库配置”对话框，如图 2-25 所示。选择运行时启动历史数据记录和历史库，单击历史库后的“配置”按钮，弹出“历史记录配置”对话框，如图 2-26 所示。

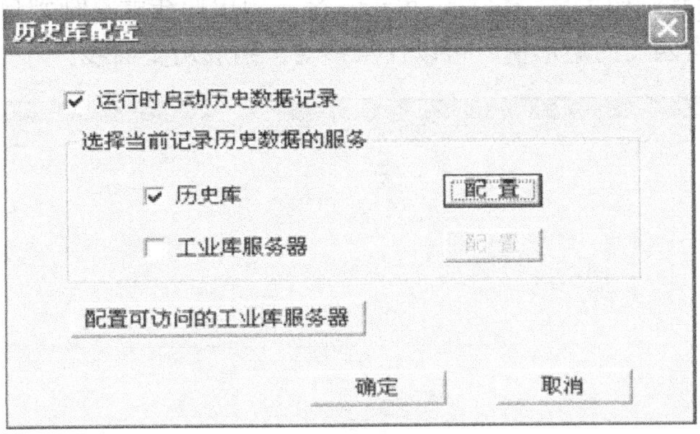

图 2-25 “历史库配置”对话框

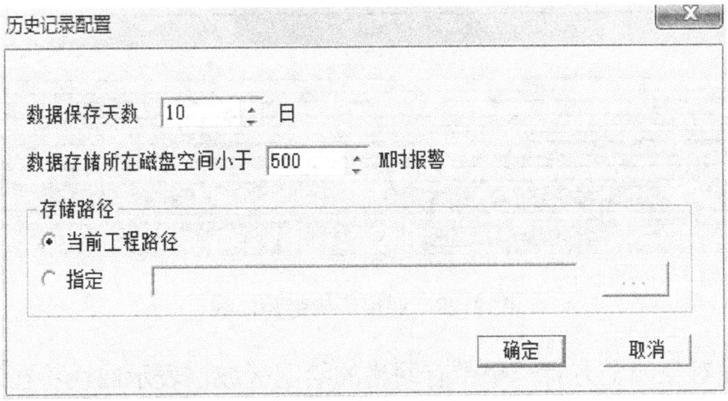

图 2-26 “历史记录配置”对话框

对“历史库配置”和“历史记录配置”对话框中各选项的设置说明如下。

1）运行时启动历史数据记录：若选择，则运行系统启动时，直接启动历史记录。否则，运行时用户也可以通过系统变量“$启动历史记录”来随时启动历史记录，或通过选择运行系统中“特殊”菜单下的“启动历史记录”命令来启动历史记录。

2）数据存储所在磁盘空间设置：当存放数据磁盘小于 500MB 时，组态王软件报警提示，防止数据漏记。

3）数据保存天数：在编辑框中选择历史库保存的时间长度，最长为 9999 天，最短为 1 天。当到达规定的时间时，系统会自动删除这些历史记录文件。

4）历史记录存储路径的选择：对于历史库的存储路径，可以选择当前工程路径，也可以指定一个路径。若工程为单机模式运行，则系统再指定目录下建立一个“本站点”目录，存储历史记录文件。若是网络模式，本机为历史记录服务器，则系统在该目录下为每个与本机连接的 I/O 服务器建立一个目录，分别保存来自各站点的历史数据。

2. 通用历史趋势曲线的定义

在组态王开发系统中制作画面时，选择主菜单“图库→打开图库”选项，弹出“图库管理器”，单击“图库管理器”中的“历史曲线”，在图库窗口内用鼠标双击历史曲线（如果图库窗口不可见，按〈F2〉键激活），然后图库窗口消失，鼠标在画面中变为直角符号“ ┌ ”。将鼠标移动到画面上适当位置，单击左键，历史曲线就复制到画面上了，如图 2-27 所示。拖动曲线图素四周的矩形柄，可以任意移动、缩放历史曲线。

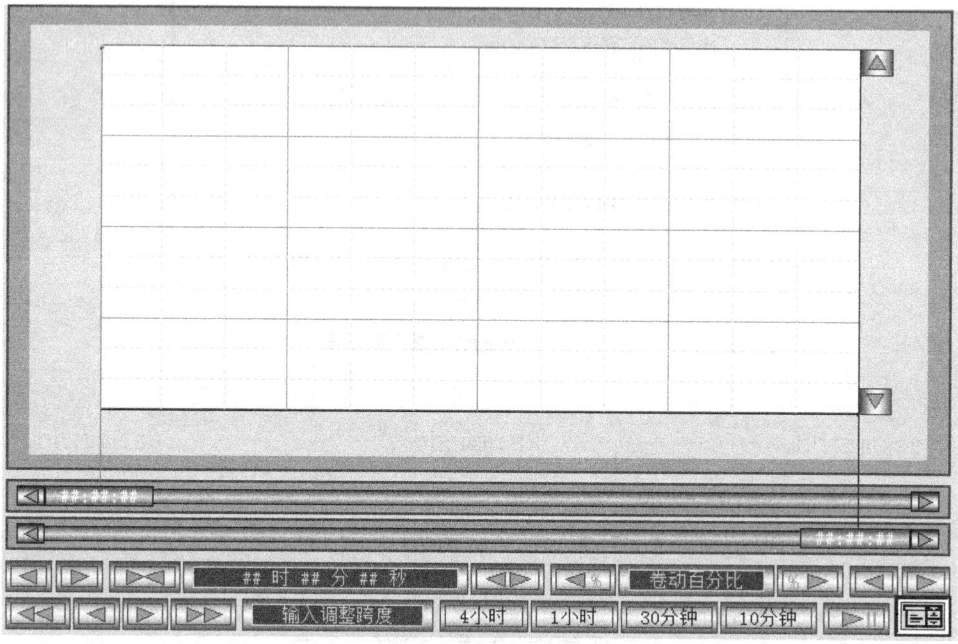

图 2-27　通用历史趋势曲线

历史趋势曲线对象的上方有一个带有网格的绘图区域，表示曲线将在这个区域中绘出，网格左侧和下方分别是 X 轴（时间轴）和 Y 轴（数值轴）的坐标标注。

曲线的下方是指示器和两排功能按钮。可以通过选中历史趋势曲线对象（周围出现 8 个小矩形）来移动位置或改变大小。通过定义历史趋势曲线的属性可以定义曲线、功能按钮的参数、改变趋势曲线的笔属性和填充属性等。笔属性是趋势曲线边框的颜色和线型，填充属性是边框和内部网格之间的背景颜色和填充模式。

3. 通用历史趋势曲线属性设置

“历史曲线向导”对话框由三个选项卡“曲线定义”“坐标系”和“操作面板和安全属性”组成。如图 2-28 所示。

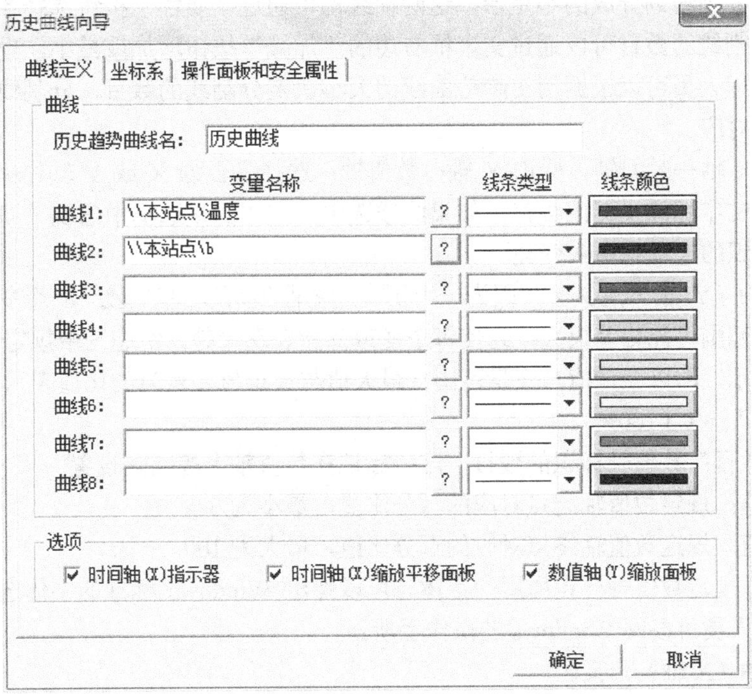

图 2-28 “历史曲线向导”对话框

（1）“曲线定义”选项卡的选项

1）历史趋势曲线名：定义历史趋势曲线在数据库中的变量名（区分大小写），引用历史趋势曲线的各个域和使用一些函数时需要此名称。

2）曲线 1～曲线 8：定义历史趋势曲线绘制的 8 条曲线对应的数据变量名。数据变量名必须是在数据库中已定义的变量，不能使用表达式和域，并且定义变量时在“变量属性”对话框中选中了“是否记录”选择框，因为组态王只对选中记录的变量作历史记录。单击右边的“？”按钮可列出数据库中已定义的变量供选择。每条曲线可由右边的“线条类型”和“线条颜色”选择按钮分别选择线型和颜色。

3）选项：定义历史趋势曲线是否需要显示时间轴（X）指示器、时间轴（X）缩放平移面板和数值轴（Y）缩放面板。这三个面板中包含对历史曲线进行操作的各种按钮。选中各个复选框时（复选框中出现“√”号）表示需要显示该项。

（2）“坐标系”选项卡的选项

1）边框颜色、背景颜色：分别规定网格区域的边框和背景颜色。按下按钮，弹出浮动调色板，选择所需的颜色，操作方法同曲线“线条颜色”。

2）绘制坐标轴：选择是否在网格的底边和左边显示带箭头的坐标轴线。选中“绘制坐标轴”复选框（复选框中出现“ √ ”号）表示需要坐标轴线，同时下面的“轴线”按钮加亮，可选择轴线的颜色和线型。

3）分割线为短线：选择分割线的类型。选中此项后在坐标轴上只有很短的主分割线，整个图纸区域接近空白状态，没有网格，同时下面的“次分割线”选项变灰。

4）分割线：X 方向和 Y 方向的“主分割线”将绘图区划分成矩形网格，“次分割线”将再次划分主分割线划分成的小矩形。这两种线都可通过“属性”按钮选择各自分割线的颜色和线型。分割线的数目可以通过文本框右边的“加减”按钮增加或减小，也可通过编辑区直接输入。工程人员可以根据历史趋势曲线的大小决定分割线的数目，分割线最好与标识定义（标注）相对应。

5）标识 X 轴—时间轴、标识 Y 轴—数值轴：选择是否为 X 或 Y 轴加标识，即在绘图区域的外面用文字标注坐标的数值。如果此项选中，左边的复选框中出现“ √ ”号，同时下面定义相应标识的选项也由灰变亮。

6）数值轴（Y 轴）定义区：因为一个历史趋势曲线可以同时显示 8 个变量的变化，而各变量的数值范围可能相差很大，为使每个变量都能表现清楚，组态王中规定，变量在 Y 轴上以百分数表示，即以变量值与变量范围（最大值与最小值之差）的比值表示。所以 Y 轴的范围是 0（0%）～1（100%）。

① 标识数目：数值轴标识的数目，这些标识在数值轴上等间隔设置。

② 起始值：规定数值轴起点对应的百分比值，最小为 0。

③ 最大值：规定数值轴终点对应的百分比值，最大为 100。

④ 字体：规定数值轴标识所用的字体。可以弹出 Windows 标准的字体选择对话框，相应的操作工程人员可参阅 Windows 的操作手册。

7）时间轴（X 轴）定义区。

① 标识数目：时间轴标识的数目，这些标识在数值轴上等间隔。在组态王开发系统中时间是以 yy:mm:dd:hh:mm:ss 的形式表示，在 TouchView 运行系统中，显示实际的时间。

② 格式：时间轴标识的格式，选择显示哪些时间量。

③ 时间长度：时间轴所表示的时间范围。运行时通过定义命令语言连接来改变此值。

④ 字体：规定时间轴标识所用的字体。与数值轴的字体选择方法相同。

任务 2.4 报表的制作

1. 报表概述

数据报表是反映生产过程中的数据、状态等，并对数据进行记录的一种重要形式，是生产过程必不可少的一部分。它既能反映系统实时的生产情况，也能对长期的生产过程进行统计、分析，使管理人员能够实时掌握和分析生产情况。

组态王提供内嵌式报表系统，工程人员可以任意设置报表格式，对报表进行组态。组态王为工程人员提供了丰富的报表函数，实现各种运算、数据转换、统计分析、报表打印等，既可以制作实时报表，也可以制作历史报表。组态王还支持运行状态下单元格的输入操作，在运行状态下通过鼠标拖动改变行高、列宽。另外，工程人员还可以制作各种报表模板，实现多次使用，避免重复工作。

组态王 6.55 还新增了报表向导工具，该工具可以以组态王的历史库或 KingHistorian 为数据源，快速建立所需的班报表、日报表、周报表、月报表、季报表和年报表。此外，还可以实现值的行列统计功能。

2. 创建报表

进入组态王开发系统，创建一个新的画面，命名为“报表”。在组态王工具箱按钮中，鼠标单击“报表窗口”按钮，如图 2-29 所示，此时，鼠标箭头变为小“+”字形，在画面上需要加入报表的位置按下鼠标左键并拖动，画出一个矩形，松开鼠标，报表窗口创建成功，如图 2-30 所示。鼠标箭头移动到报表区域周边，当鼠标形状变为双“+”字形箭头时，按下左键，可以拖动表格窗口，改变其在画面上的位置。将鼠标挪到报表窗口边缘带箭头的小矩形上，这时鼠标箭头形状变为与小矩形内箭头方向相同，按下鼠标左键并拖动，可以改变报表窗口的大小。当在画面中选中报表窗口时，会自动弹出报表工具箱，不选择时，报表工具箱自动消失。

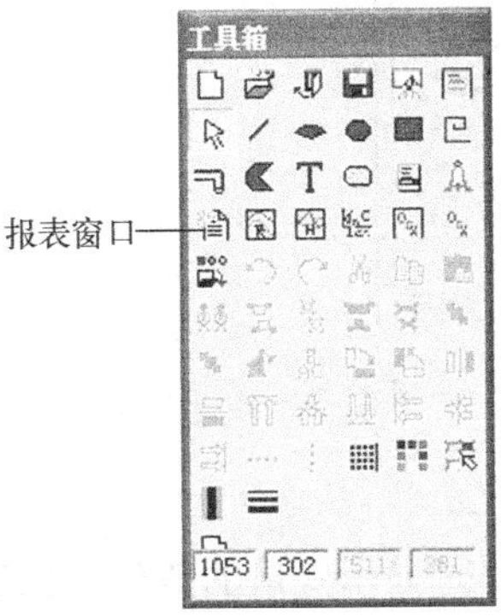

图 2-29 “报表窗口”按钮

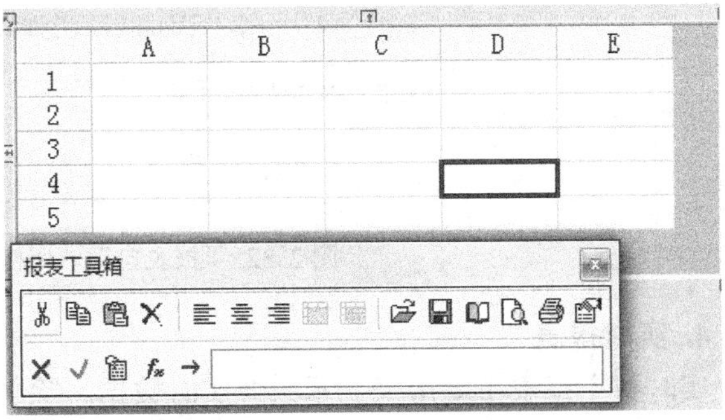

图 2-30 创建后的报表窗口

3. 设置报表

双击报表窗口表格区没有单元格的灰色部分，弹出“报表设计”对话框，如图 2-31 所示。输入报表控件名为“实时报表”，根据需要输入表格尺寸，本任务采用行数为 10，列数为 4 的报表。表格样式说明如下。

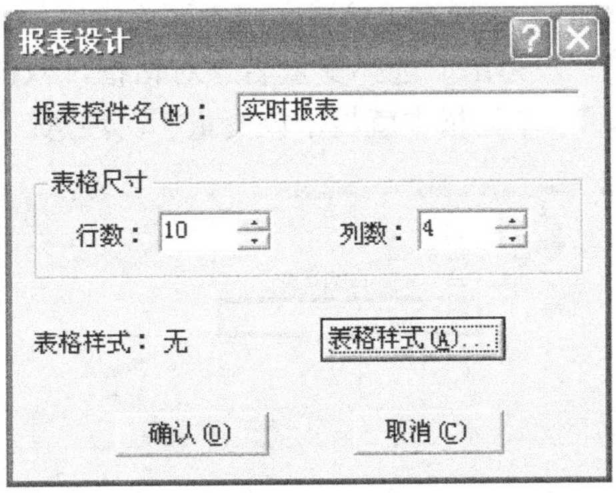

图 2-31 报表设计对话框

可以直接使用已经定义的报表模板，而不必再重新定义相同的表格格式。单击“表格样式”按钮，弹出“报表自动调用格式”对话框，如图 2-32 所示。如果用户已经定义过报表格式的话，则可以在左侧的列表框中直接选择报表格式，而在右侧的表格中可以预览当前选中的报表的样式。单击“请选择模板文件”后的“…”按钮，弹出文件选择对话框，用户选择一个自制的报表模板（*.rtl 文件），单击“打开”，报表模板文件的名称及路径显示在“请选择模板文件”文本框中。在“自定义格式名称”文本框中输入当前报表模板被定义为表格格式的名称，如“格式 1”。单击“添加”按钮将其加入到格式列表框中，供用户调用。

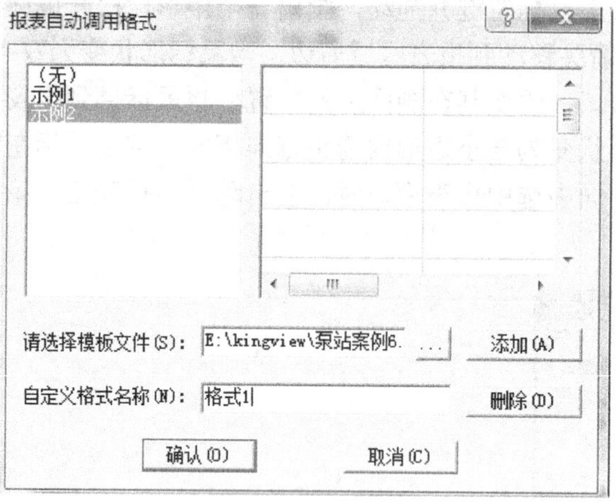

图 2-32 “报表自动调用格式”对话框

4. 实时报表

实时数据报表主要用来显示系统实时数据。除了在表格中实时显示变量的值外，报表还可以按照单元格中设置的函数、公式等实时刷新单元格中的数据。在单元格中显示变量的实时数据一般有两种方法。

（1）单元格中直接引用变量

在报表的单元格中直接输入“=变量名”，即可在运行时在该单元格中显示该变量的数值，当变量的数值发生变化时，单元格中显示的数值也会被实时刷新。在报表中，按 Excel 工作表的方法输入静态文本。直接引用变量的输入如图 2-33 所示，要在 B2 单元格显示温度的实时值，先选中 B2 单元格，在报表工具箱的报表文本编辑框中输入“=”，再单击报表工具箱中的插入变量按钮“ ”，弹出“选择变量名”对话框，双击“温度”变量，再单击报表工具箱中的输入按钮“√”，单元格中就显示该变量了。注意：“=”不可缺少。

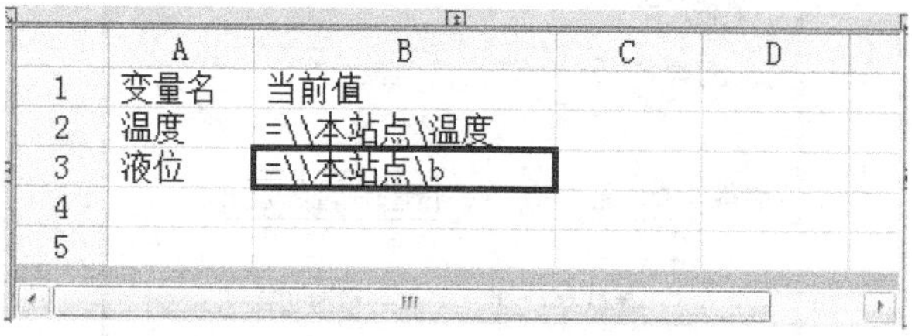

图 2-33 直接引用变量制作实时报表

（2）使用单元格设置函数

如果单元格中显示的数据来自不同的变量，或值的类型不固定时，最好使用单元格设置函数。当然，显示同一个变量的值也可以使用这种方法。单元格设置函数有：ReportSetCellValue()、ReportSetCellString()、ReportSetCellValue2()、ReportSetCellString2()，这些函数的说明见表 2-5。

表 2-5　报表的单元格操作函数

序号	函数语法格式	函 数 功 能	参 数 说 明
1	ReportSetCellValue(String szRptName, long nRow, long nCol, float fValue)	将指定报表的指定单元格设置为给定值	szRptName：报表名称 Row：要设置数值的报表的行号（可用变量代替） Col：要设置数值的报表的列号（这里的列号使用数值，可用变量代替） Value：要设置的数值
2	ReportSetCellString(String szRptName, long nRow, long nCol, String szValue)	将指定报表的指定单元格设置为给定字符串	
3	ReportSetCellValue2(String szRptName, long nStartRow, long nStartCol, long nEndRow, long nEndCol, float fValue)	将指定报表的指定单元格区域设置为给定值	szRptName：报表名称 StartRow：要设置数值的报表的开始行号（可用变量代替） StartCol：要设置数值的报表的开始列号（这里的列号使用数值，可用变量代替） EndRow：要设置数值的报表的结束行号（可用变量代替） EndCol：要设置数值的报表的结束列号（这里的列号使用数值，可用变量代替） Value：要设置的数值
4	ReportSetCellString2(String szRptName, long nStartRow, long nStartCol, long nEndRow, long nEndCol, String szValue)	将指定报表指定单元格设置为给定字符串	

采用单元格设置函数的方法，在“报表”画面命令语言中输入如下程序

```
ReportSetCellValue("实时报表", 2, 2, 温度);
ReportSetCellValue("实时报表", 2, 3, b);
```

任务 2.5　报警窗口的制作

报警是指当系统中某些量的值超过了所规定的界限时，系统自动产生相应警告信息，表明该量的值已经超限，提醒操作人员。如工业锅炉的汽包水位，如果水位过低，则有可能造成干锅而产生炸锅的危险，这样系统就要求有报警提示。有了报警，就可以提示操作人员注意。组态王软件报警窗口的制作步骤如下。

（1）定义报警组

在监控系统中，为了方便查看、记录和区别，要将变量产生的报警信息归到不同的组中，使变量的报警信息属于某个规定的报警组。组态王中提供了报警组的功能。

报警组是按树状组织的结构，默认只有一个根节点，默认名为“RootNode”（可以改成其他名字）。可以通过报警组定义对话框为这个结构加入多个节点和子节点。这类似于树状的目录结构，每个子节点报警组下所属的变量，属于该报警组的同时，属于其上一级父节点报警组。如在上述默认“RootNode”报警组下添加一个报警组“A”，则属于报警组“A”的变量同时属于“RootNode”报警组。原理图如图 2-34 所示。

组态王中最多可以定义 512 个节点的报警组。

通过报警组名可以按组处理变量的报警事件，如报警窗口可以按组显示报警事件，记录

报警事件也可按组进行，还可以按组对报警事件进行报警确认。

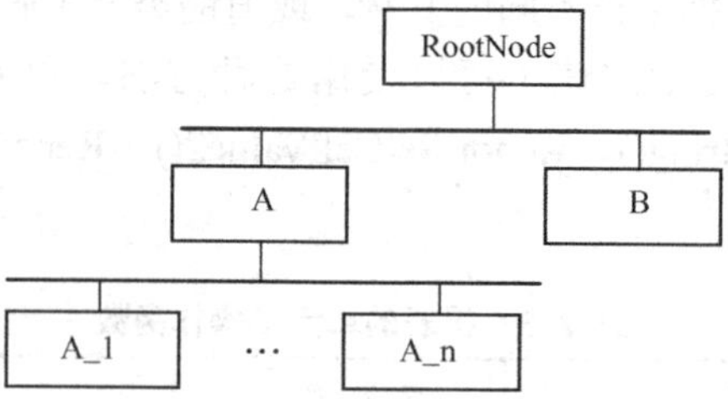

图 2-34　报警组原理图

定义报警组后，组态王会按照定义报警组的先后顺序为每一个报警组设定一个 ID 号，在引用变量的报警组域时，系统显示的都是报警组的 ID 号，而不是报警组名称（组态王提供获取报警组名称的函数 GetGroupName( )）。每个报警组的 ID 号是固定的，当删除某个报警组后，其他的报警组 ID 都不会发生变化，新增加的报警组也不会再占用这个 ID 号。

在组态王工程浏览器的工程目录显示区中选择“数据库→报警组”，在右侧目录内容显示区中双击“进入报警组”图标，弹出“报警组定义”对话框，如图 2-35 所示。单击“修改”按钮，将名称为“RootNode”的报警组改名为“反应车间”，注意：根报警组“RootNode”只可以修改名称但不可删除。用户还可以根据需要增加或者修改其他的报警组。

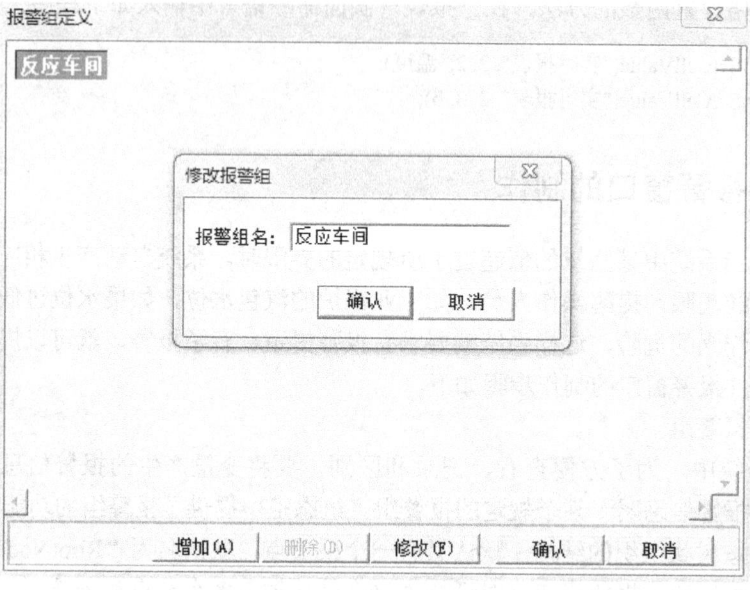

图 2-35　“报警组定义”对话框

（2）变量的报警设置

打开项目 1 制作的“水位控制系统”工程，在组态王工程浏览器工程目录显示区选择“数据库”→“数据词典”，双击“温度”变量，在弹出的“定义变量”对话框中选择“报警定义”选项卡。“报警定义”选项卡可以分为：报警组名和优先级选项、模拟量报警定义区域、开关量报警定义区域和报警的扩展域的定义 4 个部分。限于篇幅，本书只介绍模拟量的报警类型和开关量的报警类型。

模拟量的报警类型主要有 3 种：越限报警、偏差报警和变化率报警。对于越限报警和偏差报警可以定义报警延时和报警死区。

1）越限报警设置。越限报警是指模拟量的值在跨越规定的高低报警限时产生的报警。越限报警的报警限共有 4 个：低低限、低限、高限、高高限，如图 2-36 所示。

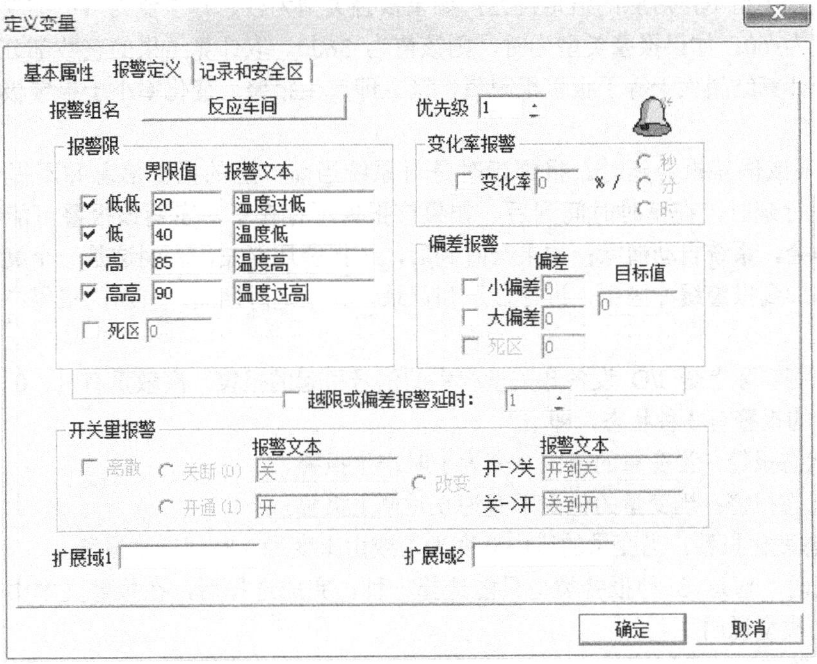

图 2-36 “报警定义”选项卡

在变量值发生变化时，如果跨越某一个限值，则立即发生越限报警，某个时刻，对于一个变量，只可能跨越一种限，因此只产生一种越限报警，例如，如果变量的值超过高高限，就会产生高高限报警，而不会产生高限报警。另外，如果两次越限，就得看这两次越的限是否是同一种类型，如果是，就不再产生新报警，也不表示该报警已经恢复；如果不是，则先恢复原来的报警，再产生新报警。

对越限类型的报警可以定义其中一种，任意几种或全部类型。本任务设置低低限为 20，低限为 40，高限为 85，高高限为 90。

2）偏差报警设置。偏差报警是指模拟量的值相对目标值上下波动超过指定的变化范围时产生的报警。偏差报警可以分为小偏差和大偏差报警两种。当波动的数值超出大、小偏差范围时，分别产生大偏差报警和小偏差报警。偏差报警限的计算方法为

$$小偏差报警限=偏差目标值\pm定义的小偏差$$

$$大偏差报警限=偏差目标值\pm定义的大偏差$$

偏差报警在使用时可以按照需要定义一种偏差报警或两种都使用。变量变化的过程中，如果跨越某个界限值，则立刻会产生报警，而同一时刻，不会产生两种类型的偏差报警。

3）变化率报警。变化率报警是指模拟量的值在一段时间内产生的变化速度超过了指定的数值而产生的报警，即变量变化太快时产生的报警。系统运行过程中，每当变量发生一次变化，系统都会自动计算变量变化的速度，以确定是否产生报警。变化率报警的类型以时间为单位分为3种：%x/秒、%x/分、%x/时。变化率报警的计算公式为

变量变化率=[（变量的当前值-变量上一次变化的值）×100] / [（变量本次变化的时间-变量上一次变化的时间）×（变量的最大值-变量的最小值）×（报警类型单位对应的值）]

其中报警类型单位对应的值定义为：如果报警类型为秒，则该值为 1；如果报警类型为分，则该值为 60；如果报警类型为时，则该值为 3600。取计算结果的整数部分的绝对值作为结果，若计算结果大于等于报警极限值，则立即产生报警。变化率小于报警极限值时，报警恢复。

4）越限或偏差报警延时。报警延时是对系统当前产生的报警信息并不提供显示和记录，而是进行延时，在延时时间到后，如果该报警不存在了，表明该报警可能是一个误报警，不用理会，系统自动清除；如果延时到后，该报警还存在，表明这是一个真实的报警，系统将其添加到报警缓冲区中，进行显示和记录。如果定时期间，有新的报警产生，则重新开始定时。

离散报警实际上是 I/O 设备开关量产生的信号引起的报警。离散量有 1、0 两种状态。离散型变量的报警有3种状态，即

① 1状态报警：当变量的值由0变为1时产生报警。

② 0状态报警：当变量的值由1变为0时产生报警。

③ 状态变化报警：当变量的值由0变为1或由1变为0时都产生报警。

在定义时，对这 3 种报警类型只能选择一种。完成选择后，在报警文本中输入不多于15个字符的类型说明。

（3）报警窗口的设置

在报警窗口创建完成后，要对其进行配置。双击报警窗口，弹出“报警窗口配置属性页”对话框，如图2-37所示。

“报警窗口属性页”有 5 个选项卡，即“通用属性”选项卡、“列属性”选项卡、“操作属性”选项卡、“条件属性”选项卡、“颜色和字体属性”选项卡。

1）“通用属性”选项卡中各选项含义。

① 报警窗口名。定义报警窗口在数据库中的变量登记名。此报警窗口变量名可在为操作报警窗口建立的命令语言连接程序中使用。报警窗口名的定义应该符合组态王变量的命名规则。本任务报警窗口命名为“报警窗口”。

“实时报警窗”只显示当前报警情况，“历史报警窗”显示所有已经发生的报警情况。本任务选择“历史报警窗”，如图2-37所示。

② 属性选择。属性选择有如下7个选项。

a. 显示列标题。选中后，开发和运行中在窗口的上部均出现每一列的列标题。如显示报警时间的列的上部，会有标题显示“报警时间”。

b. 显示状态栏。选中后，开发和运行中，在窗口的下部均出现报警窗的状态信息栏。状态栏中显示当前报警窗中报警条数等。

c. 报警自动卷滚。选中后，系统运行时，如果报警窗口中的信息显示超过当前窗口一页

显示，当出现新的报警时，报警窗会自动滚动，显示新报警。

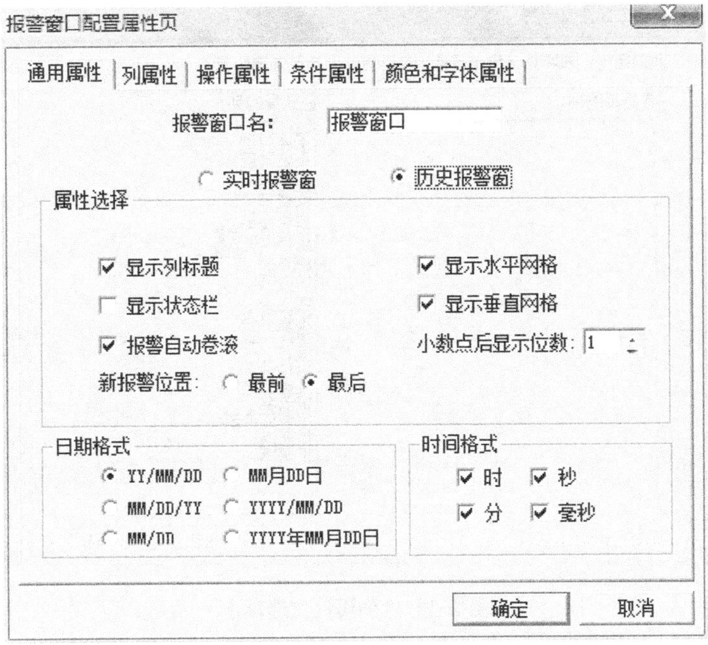

图 2-37 “报警窗口配置属性页”对话框

d. 显示水平网格。选中后，开发和运行中，在窗口的信息显示部位均出现水平网格线。

e. 显示垂直网格。选中后，开发和运行中，在窗口的信息显示部位均出现垂直网格线。

f. 小数点后显示位数。定义报警窗中数据显示部分各种数据显示时的小数位数。

g. 新报警位置。产生一条报警或事件后，显示到报警窗口的位置。“最前”为新报警出现在报警窗口的最上方，先前显示的报警在窗口中依次向下移动一行；“最后”为新报警出现在报警窗的最后一行。

③ 日期格式。选择报警窗中日期的显示格式，只能选择一项。

④ 时间格式。选择报警窗中时间的显示格式，即显示时间的哪几个部分。如“××分××秒”或“××时××分××秒”。该选择应该符合逻辑，例如只选择时和秒是错误的，时间格式选择错误时，系统会提示“时间格式不对”。

2）“列属性”选项卡中各选项含义。单击“报警窗口配置属性页”对话框中的“列属性”选项卡，设置报警窗口的列属性，如图 2-38 所示。

列属性主要配置报警窗口显示哪些列以及这些列的顺序。其各选项含义如下。

① 未选择的列。在此框中出现的列将不在报警窗口中显示。

② 已选择的列。在此框中出现的列将在报警窗口中显示。

③ 选入。选中某一列项，在报警窗中显示。在“未选择的列”中选中一列名称后，单击“选入”按钮就可将列选入到“已选择的列”中，即可在报警窗中显示。注意，必须在左边未选择的列框中选择某一列后，才可以执行此功能。

④ 选出。将“已选择的列”选出，不在报警窗中显示。在“未选择的列”中选中一列名称后，单击“选出”按钮就可将列选出到“未选择的列”中，即不在报警窗中显示。注

意，必须在右边已选择的列框选择某一个列名后，才可以执行此功能。

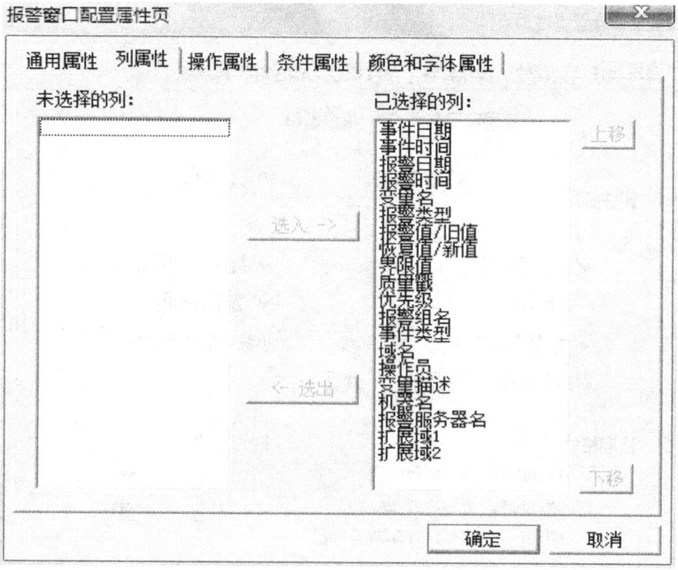

图 2-38 “列属性”选项卡

⑤ 上移。选入的列的排序，上移某一列名。必须在右边框选择某一个列名后并且选择的列名不在右边框的最上面时，才能执行此功能。

⑥ 下移。选入的列的排序，下移某一列名。必须在右边框选择某一个列名后并且选择的列名不在右边框的最下面时，才能执行此功能。

3）“操作属性”选项卡中各选项含义。单击“报警窗口配置属性页”对话框中的“操作属性”选项卡，设置报警窗口的操作属性，如图 2-39 所示。

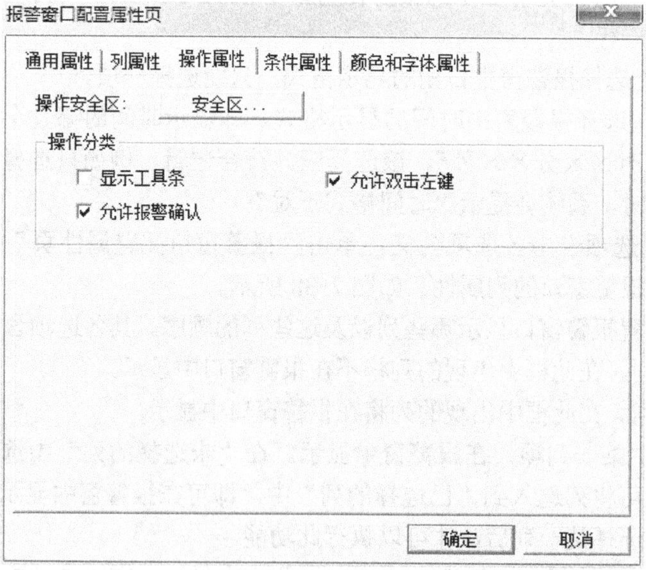

图 2-39 “操作属性”选项卡

操作属性各选项的含义如下。

① 操作安全区。配置报警窗口在运行系统中的操作权限——允许操作该报警窗的安全区。安全区可以选择多个。

② 操作分类。配置报警窗口在运行时支持的操作内容和方式如下。

a. 允许报警确认。系统运行时，允许通过图标等操作方式对报警进行确认。

b. 显示工具条。选中时，开发和运行中在报警窗顶部显示快捷按钮，并允许用户在系统运行时通过图标操作报警窗。

c. 允许双击左键。系统运行时，允许在某一报警条上双击执行预置自定义函数功能。

4）“条件属性”选项卡中各选项含义。单击“报警窗口配置属性页”对话框中的“条件属性”选项卡，设置报警窗口中报警信息显示的过滤条件，如图 2-40 所示。条件属性在运行期间可以在线进行修改。条件属性各选项的含义如下。

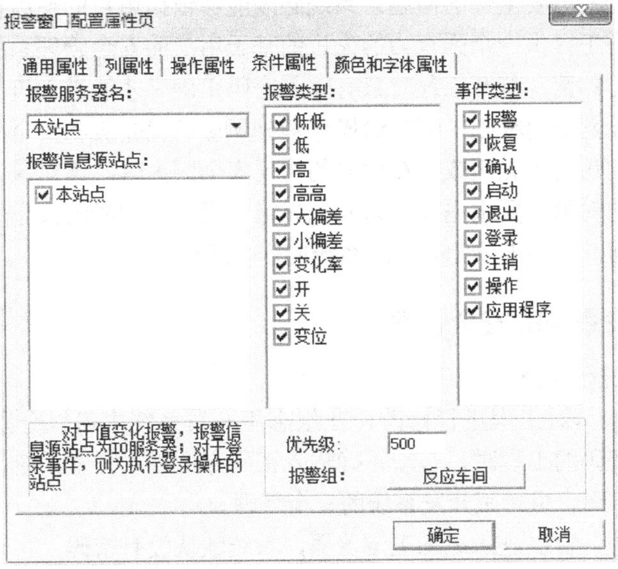

图 2-40 “条件属性”选项卡

① 报警服务器名。如果系统为单机模式，则该选项不用选择。如果为网络模式，网络中各站点的报警信息存在于报警服务器上，配置网络后，指定本机是哪些报警服务器的客户。该列表框中将列出所有本机的报警服务器，可指定将哪个报警服务器上的报警信息显示在该报警窗中。

② 报警信息源站点。如果系统为单机模式，默认为本地，该选项不用选择。如果为网络模式，因为数据的报警信息最初是来自于 I/O 服务器，网络配置后，指定本机是哪些 I/O 服务器的客户，该列表框中将列出所有本机当前选择的报警服务器下的 I/O 服务器名称，可选择将当前报警服务器下的哪些 I/O 服务器上的报警信息显示在该报警窗中。本项可以多选。

③ 优先级。选择报警窗中要显示的报警和事件的最高优先级条件，低于设定优先级的报警和事件将显示在报警窗中。如规定优先级条件为 500，则 1～500 间的报警和事件信息将显示在报警窗中，而优先级在 501～999 间的报警和事件将不显示。优先级选择的范围为 1～999 之间的整数。

④ 报警组。选择报警窗中要显示的报警和事件的报警组条件，选择的报警组及其子报警组的报警和事件允许显示在报警窗中，只能选择一个报警组。

⑤ 报警类型。选择报警窗口中允许显示何种类型的报警。

⑥ 事件类型。选择报警窗口中允许显示何种类型的事件。注意：对于实时报警窗，事件类型选项不可用。只能在运行系统中进行修改，实时报警窗的事件类型只有 3 种：报警、确认和恢复。

5）颜色和字体属性选项卡中各选项的含义由于篇幅所限，在此不再赘述。

任务 2.6　组态王的系统安全管理

安全保护是应用系统不可忽视的问题，对于可能有不同类型的用户共同使用的大型复杂应用，必须解决好授权与安全性的问题，系统必须能够依据用户的使用权限允许或禁止其对系统进行操作。组态王提供一个强有力的先进的基于用户的安全管理系统。组态王的开发系统中可以对工程进行加密。打开工程时只有输入密码正确时才能进入该工程的开发系统。对画面上的图形对象设置访问权限，同时给操作者分配访问优先级和安全区，运行时当操作者的优先级小于对象的访问优先级或不在对象的访问安全区内时，该对象为不可访问，即要访问一个有权限设置的对象，要求先具有访问优先级，而且操作者的操作安全区须在对象的安全区内时，方能访问。组态王以此来保障系统的安全运行。

2.6.1　组态王开发系统的安全管理

1. 如何对工程进行加密

为了防止其他人员对工程进行修改，在组态王开发系统中可以分别对多个工程进行加密。当进入一个有密码的工程时，必须正确输入密码方可进入开发系统，否则不能打开该工程进行修改，从而实现了组态王开发系统的安全管理。

新建组态王工程，首次进入组态王浏览器，系统默认没有密码，可直接进入组态王开发系统。如果要对该工程的开发系统进行加密，执行工程浏览器中“工具→工程加密”命令。弹出“工程加密处理”对话框，如图 2-41 所示。

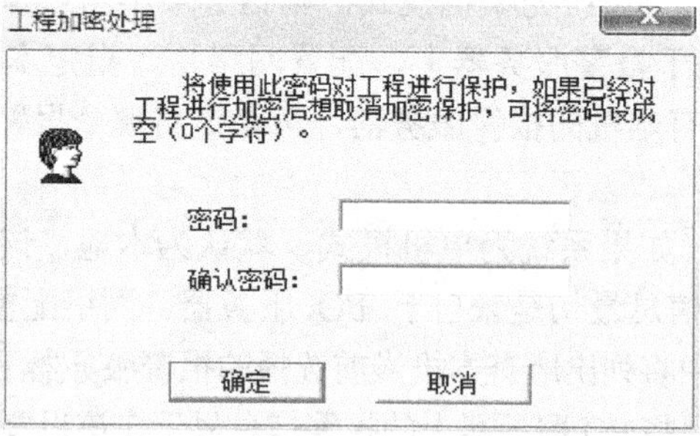

图 2-41　“工程加密处理”对话框

1）密码：输入密码，密码长度不超过 12 个字节，密码可以是字母（区分大小写）、数字、其他符号等。

2）确认密码：再次输入相同密码进行确认。

单击“取消”按钮将取消对工程实施加密操作；单击“确定”按钮后，系统将对工程进行加密。加密过程中系统会弹出提示信息框，显示对每一个画面分别进行加密处理。当加密操作完成后，系统弹出“操作完成”提示框，如图2-42所示。

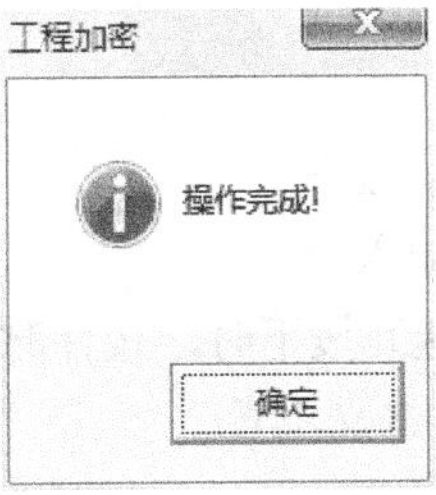

图2-42　加密操作完成

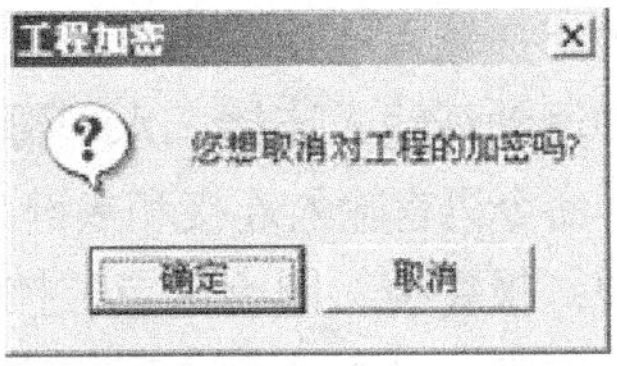

图2-43　取消工程加密

2. 如何取消工程加密

如果想取消对工程的加密，在打开该工程后，单击“工具→工程加密”，弹出“工程加密处理”对话框，将密码设为空，单击“确定”按钮，则弹出如图 2-43 所示提示框，单击“确定”按钮后系统将取消对工程的加密。单击“取消”按钮放弃对工程加密的取消操作。

2.6.2　组态王运行系统的安全管理

1. 运行系统安全管理概述

在组态王系统中，为了保证系统的安全运行，对画面上的图形对象设置访问权限，同时给操作者分配访问优先级和安全区，当操作者的优先级小于对象的访问优先级或不在对象的访问安全区内时，该对象为不可访问，即要访问一个有权限设置的对象，要求先具有访问优先级，而且操作者的操作安全区须在对象的安全区内时，方能访问。操作者的操作优先级的级别从 1～999，每个操作者和对象的操作优先级级别只有一个。系统安全区共有 64 个，用户在进行配置时，每个用户可选择除“无”以外的多个安全区，即一个用户可有多个安全区权限，每个对象也可有多个安全区权限。除“无”以外的安全区名称可由用户按照自己的需要进行修改。在软件运行过程中，优先级大于 900 的用户还可以配置其他操作者，为他们设置用户名、口令、访问优先级和安全区。

2. 优先级和安全区

组态王采用分优先级和分安全区的双重保护策略。组态王系统将优先级从小到大定为1～999，可以对用户、图形对象、热键命令语言和控件设置不同的优先级。安全区功能在工程中使用广泛，在控制系统中一般包含多个控制过程，同时也有多个用户操作该控制系统。为了方便、安全地管理控制系统中的不同控制过程，组态王引入了安全区的概念。将需要授权的控制过程的对象设置安全区，同时给操作这些对象的用户分别设置安全区。例如工程要求 A 工人只能操作车间 A 的对象和数据，B 工人只能操作车间 B 的对象和数据，组态王中的处理是：将车间 A 的所有对象和数据的安全区设置为包含在 A 工人的操作安全区内，将车间 B 的所有对象和数据的安全区设置为包含在 B 工人的操作安全区内，其中 A 工人和 B 工人的安全区不相同。

应用系统中的每一个可操作元素都可以被指定保护级别（最大 999 级，最小 1 级）和安全区（最多 64 个），还可以指定图形对象、变量和热键命令语言的安全区。对应地，设计者可以指定操作者的操作优先级和工作安全区。在系统运行时，若操作者优先级小于可操作元素的访问优先级，或者工作安全区不在可操作元素的安全区内时，可操作元素是不可访问或操作的。

组态王中可定义操作优先级和安全区的有：

1）三种用户输入连接：模拟值输入、离散值输入、字符串输入。

2）两种滑动杆输入连接：水平滑动杆输入、垂直滑动杆输入。

3）三种命令语言输入连接和热键命令语言：（鼠标或等价键）按下时、按住时、弹起时。

4）其他：报警窗、图库精灵、控件（包括通用控件）、自定义菜单。

5）变量的定义（每个变量有相应的安全区和优先级）。

当用户登录成功后，对于动画连接命令语言和热键命令语言，只有当登录用户的操作优先级不小于该图素或热键规定的操作优先级，并且安全区在该图素或热键规定的安全区内时，方可访问该对象或执行命令语言。命令语言执行时与其中连接的变量的安全区没有关系，命令语言会正常执行。对于滑动杆输入和值输入除要求登录用户的操作优先级不小于对象设置的操作优先级、安全区在对象的安全区内外，其安全区还必须在所连接变量的安全区内，否则用户虽然可以访问对象（使对象获得焦点），但不能操作和修改它的值，在组态王的信息窗口中也会有对连接变量没有修改权限的提示信息。

3. 配置用户

组态王中可根据工程管理的需要将用户分成若干个组来管理，即用户组。

在组态王工程浏览器目录显示区中，双击大纲项系统配置下的用户配置，或从工程浏览器的顶部工具栏中单击“用户”，弹出“用户和安全区配置”对话框，如图 2-44 所示。

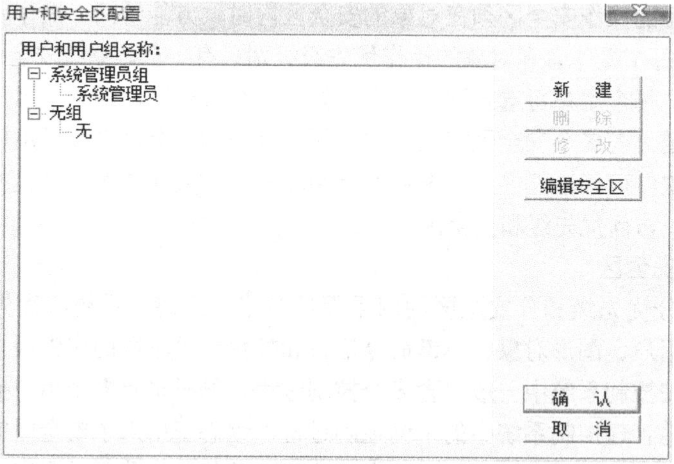

图 2-44 “用户和安全区配置”对话框

（1）定义用户组

单击“新建”按钮，弹出“定义用户组和用户”对话框，选中“用户组”单选按钮，如图 2-45 所示。

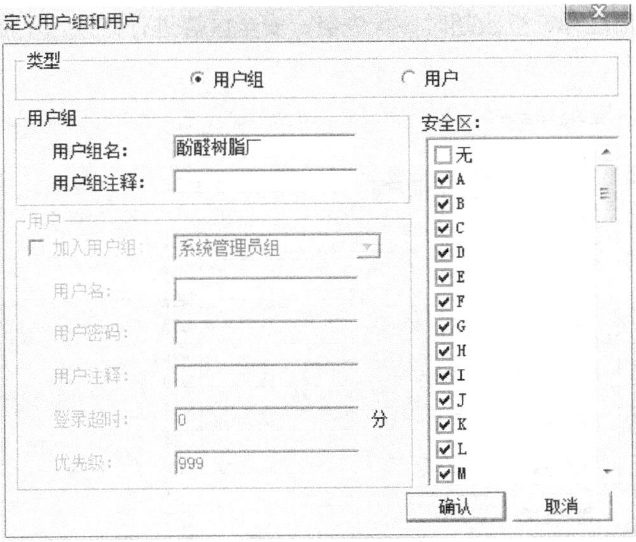

图 2-45 “定义用户组和用户”对话框

用户组下面可以包含多个用户，在对话框中的“用户组名”中填入所要配置的当前用户组的名称，如“酚醛树脂厂”；在“用户组注释”中填入对当前用户组的注释，在右侧的“安全区”列表框中选择当前用户组下所有用户的公共安全区，配置完成后，单击“确定”返回。

也可对已定义的用户组进行修改。在“用户和安全区配置”对话框中选择要修改的用户组，单击“修改”按钮，弹出“定义用户组和用户”对话框，可以对用户组名、用户组注释、安全区等进行修改。单击“删除”按钮，可以对选中的用户组进行删除，系统会提示用户是否确实要进行删除操作，如果是，单击“确定”按钮，否则单击“取消”按钮，取消删除操作。如果该用户组中定义有用户，则“删除”按钮为灰色，该命令无效，不能进行删除操作，只有当用户组为空时才可以删除该用户组。对系统默认生成的“系统管理员”和“无组”不能进行删除操作，只能对其进行修改操作。

（2）定义用户组下的用户

一个用户组中可以包含多个用户，当建立了一个用户组之后，就可以在该用户组下添加用户了。在“定义用户组和用户”对话框中，单击“用户”单选按钮，则“用户”下面的所有选项变为有效，如图 2-46 所示。

选中“加入用户组”，从下拉列表框中选择用户组名。例如选择刚才定义的用户组“酚醛树脂厂”。在“用户名”中输入当前独立用户的名称，如“厂长”；在“用户密码”中输入当前用户的密码，密码输入后显示为“*”；在“用户注释”中输入对当前用户的说明；“登录超时”中输入登录超时时间，即用户登录后，使用权限的时间，当到达规定的时间时，系统权限自动变为“无”，如果登录超时的值为 0，则登录后没有登录超时的限制；在“优先级”中输入当前用户的操作优先级级别；在“安全区”中选择该用户所属安全区。用户配置完成后单击“确认”按钮。

也可对已定义完的组中的用户进行修改。在“用户和安全区配置”对话框中选择要修改的用户组中的用户，单击“修改”按钮，弹出“定义用户组和用户”对话框，可以对用户名、用户密码、用户注释、登录超时、优先级、安全区等进行修改。不能将该用户修改为属于其他的用户组。

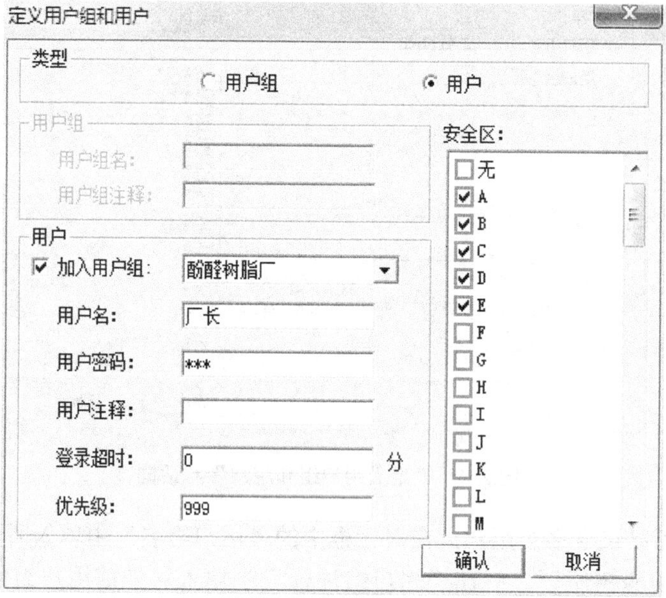

图 2-46　用户组中的用户配置

（3）定义独立用户

对于单独的不需要加入到任何一个用户组的用户，可以定义为独立用户。

在“用户和安全区配置”对话框中，单击“新建”按钮，弹出独立用户配置的“定义用户组和用户”对话框，如图 2-47 所示。

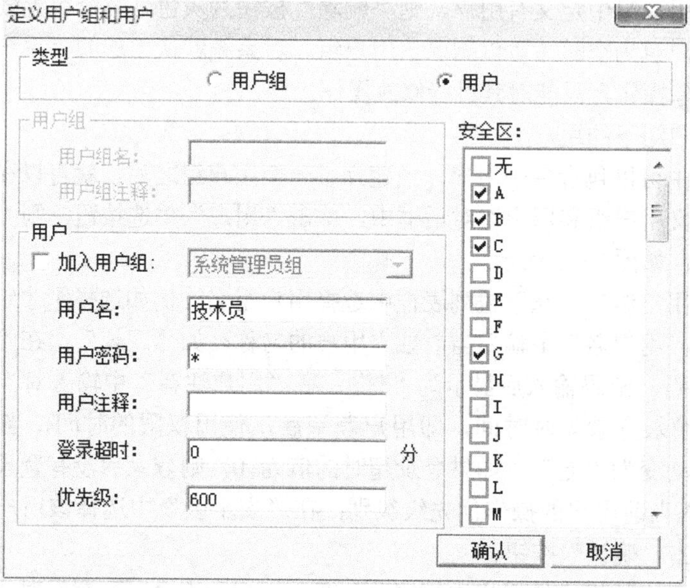

图 2-47　独立用户配置

独立用户不属于任何一个用户组，其本身就是一个用户。在“用户名”中输入当前独立用户的名称，如“技术员”；在“用户密码”中输入当前用户的密码；在“用户注释”中输入对当前用户的说明；“登录超时”中输入登录超时时间；在“安全区”中选择该用户所属安全区。用户配置完成后单击“确认”按钮。

也可对已定义完的用户进行修改。在“用户和安全区配置”对话框中选择要修改的用户，单击“修改”按钮，弹出“定义用户组和用户”对话框，可以对用户名、用户密码、用户注释、登录超时、优先级、安全区等进行修改。

4. 如何设置对象的安全属性

对象的安全属性包括图形对象的安全属性、热键命令语言的安全属性、变量的安全属性和控件的安全属性。

（1）设置图形对象的安全属性

当用户登录成功后，对于图形的动画连接命令语言，只有当登录用户的操作优先级不小于该图形规定的操作优先级，并且安全区在该图形规定的安全区内时，方可访问该图形或执行命令语言。命令语言执行时与其中连接的变量的安全区没有关系，命令语言会正常执行。对于滑动杆输入和值输入，除要求登录用户的操作优先级不小于对象设置的操作优先级、安全区在对象的安全区内外，其安全区还必须在所连接变量的安全区内，否则用户虽然可以访问对象（使对象获得焦点），但不能操作和修改它的值，在组态王的信息窗口中也会有对连接变量没有修改权限的提示信息。

在组态王开发系统中双击画面上的某个对象，如按钮，弹出“动画连接”对话框，如图2-48所示。选择具有数据安全动画连接中的一项，如命令语言连接，则“优先级”和“安全区”选项变为有效，在“优先级”中输入访问的优先级级别；单击“安全区”后的...按钮选择安全区，如图2-48所示。弹出“选择安全区”对话框，如图2-49所示。

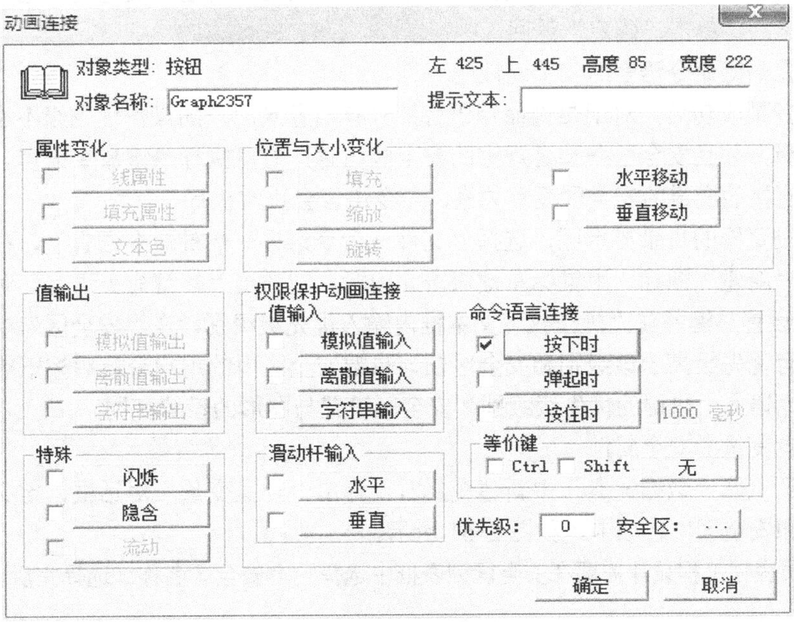

图2-48 动画连接访问权限设置

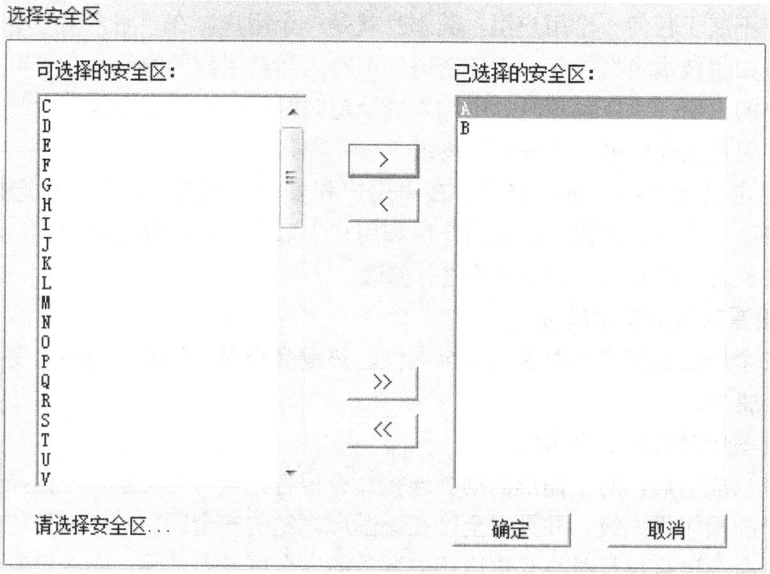

图 2-49　安全区选择

设置安全区的方法为：单击左侧“可选择的安全区”列表框中的安全区名称，然后单击“>”按钮，即可将该安全区名称加入右侧的“已选择的安全区”列表框中，若一次选择连续排列的多个安全区，可以利用按下〈shift〉键的同时拖动鼠标，来选择所有需要选中的多个安全区，若选择非连续排列的多个安全区，可以利用〈Ctrl〉键或者单个多次加入。若需加入左侧“可选择的安全区”列表框中的全部安全区，请使用“》”按钮。取消安全区的方法为：选中“已选择的安全区”列表框中的安全区名称，单击“<”按钮即可，选中多个的方法与上面相同。若需取消右侧“可选择的安全区”列表框中的全部安全区，则使用“《”按钮。选择完毕后，单击“确定”返回。

（2）设置热键命令语言的安全属性

当用户登录成功后，对于热键命令语言，只有当登录用户的操作优先级不小于热键规定的操作优先级，并且安全区在热键规定的安全区内时，方可执行热键命令语言。命令语言执行时与其中连接的变量的安全区没有关系，命令语言会正常执行。

在工程浏览器的目录显示区，选择“文件→命令语言→热键命令语言”，在右边的内容显示区出现“新建”图标，用鼠标左键双击此图标，则弹出“热键命令语言”对话框，如图 2-50 所示。设置热键并在“操作权”文本框内输入优先级级别，在“安全区”中选择热键的安全区。只有优先级高于该级别和安全区在该热键安全区内的用户登录后按下热键时，才会执行这段命令语言。热键的优先级级别和安全区设置与图形的设置相同。

（3）设置变量的安全属性

在工程浏览器“数据词典”中新建变量时，弹出“定义变量”对话框，定义好变量后，单击“记录和安全区”选项卡，如图 2-51 所示。

设计人员根据工程设计需要在安全区列表框中选择一个安全区名称。选择完后单击“确定”按钮完成。

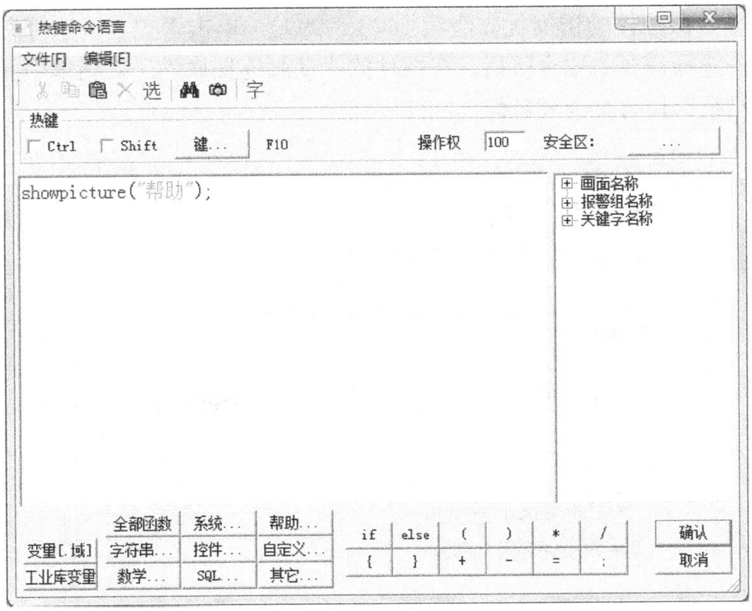

图 2-50　热键优先级和安全区设置

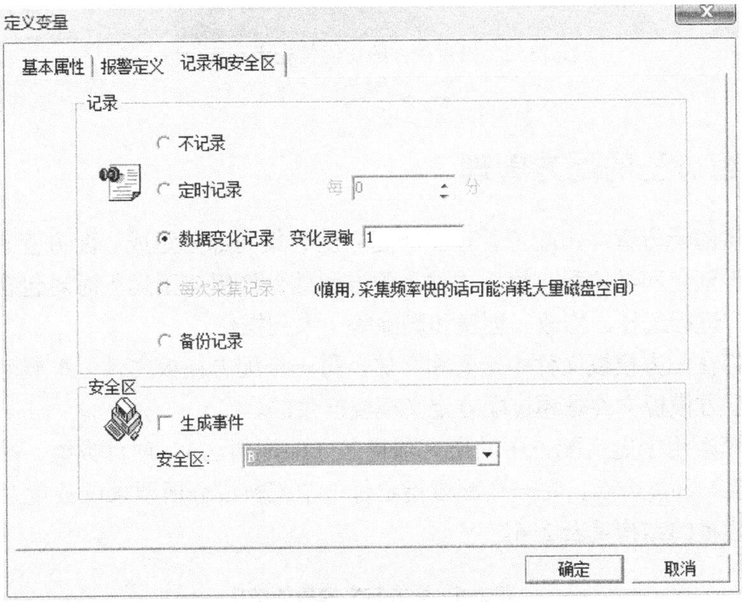

图 2-51　变量属性设置中的安全区设置

（4）设置控件的安全属性

对于组态王的控件，只有趋势曲线类控件中的温控曲线和 X-Y 轴曲线、窗口控制类控件（包括列表框、组合框、复选框、编辑框、单选按钮）和超级文本显示控件可以设置访问权限，但这些控件没有安全区设置，只与相连接的变量的安全区有关。

对于 Active X 控件，既可以设置优先级，也可以设置安全区。在组态王开发系统中双击画面上某个控件（例如 PID 控件），弹出“动画连接属性”对话框，如图 2-52 所示。“优先级”文本框中输入该控件的访问优先级级别（1～999），单击“安全区选择”按钮弹出安全区选择对话框，选择需要的安全区后，在控件的“动画连接属性”对话框中的“安全区”文本框中显示出已经选择的安全区名称。

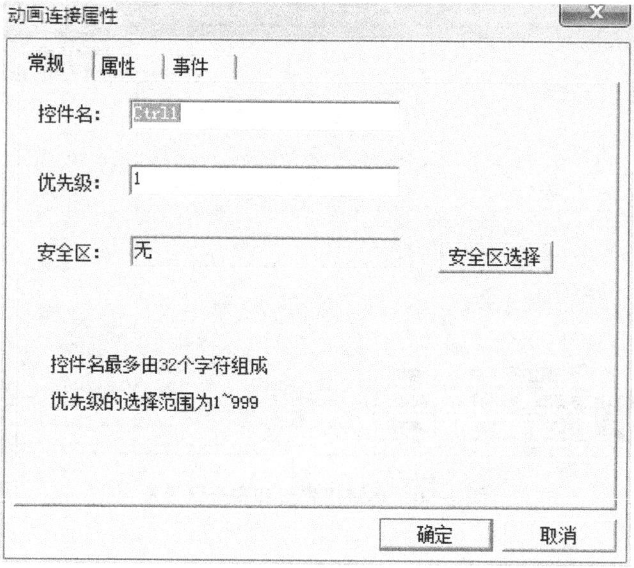

图 2-52　设置控件的访问优先级和安全区

任务 2.7　组态王的配方管理

组态王提供的配方管理由配方管理器和配方函数集两部分组成。配方管理器打开后，弹出对话框，用于创建和维护配方模板文件；配方函数允许组态王运行时对包含在配方模板文件中的各种配方进行选择、修改、创建和删除等一系列操作。

所有配方都在配方模板文件中定义和存储，每一个配方模板文件以扩展名.csv 的文件格式存储，一个配方模板文件是通过配方定义模板产生的。

配方定义模板用于定义配方中的所有项目名（即配料名）、项目类型、数据变量（与每一个项目名对应）和配方名。每一个配方指定每一个配料成分所要求的数量大小。

配方定义模板的结构见表 2-6。

表 2-6　配方定义模板的结构

项　目　名	变　量　名	变量类型（项目类型）	配方 1	配方 2	配方 M
配料 1	变量 1	实数型、整数型、离散型或字符串型	11	21	M1
配料 2	变量 2	实数型、整数型、离散型或字符串型	12	22	M2
配料 3	变量 3	实数型、整数型、离散型或字符串型	13	23	M3
配料 4	变量 4	实数型、整数型、离散型或字符串型	14	24	M4
配料 N	变量 N	实数型、整数型、离散型或字符串型	1N	2N	MN

2.7.1 配方的工作原理

配方模板文件中的配方定义模板完成后，在组态王运行时可以通过配方函数进行各种配方的调入、修改等。其工作原理图如图 2-53 所示。

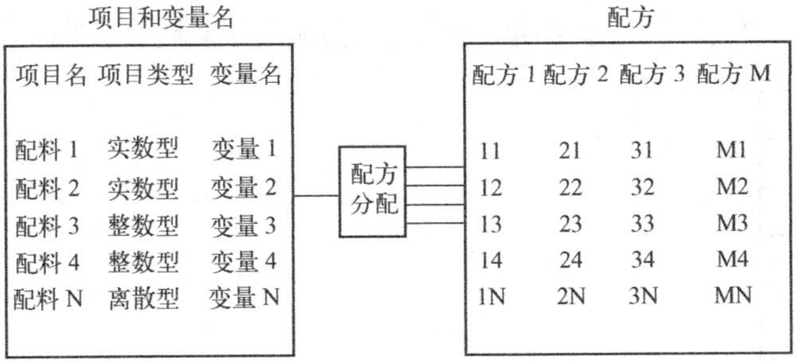

图 2-53 配方的工作原理图

配方分配的功能由配方函数来完成，通过配方分配将指定配方（如配方 M）传递到相应的变量中。当调用配方 1 时，则配方 1 的数据值 11、12、13、14、1N 分别对应地传送给变量 1、变量 2、变量 3、变量 4、变量 N；同理，当调用配方 M 时，则同样是把配方 M 的数据值传送给变量 1、变量 2、变量 3、变量 4、变量 N。

2.7.2 配方模板的创建

组态王的工程浏览器能够创建和管理配方模板文件，在工程浏览器的目录显示区中，选中工程目录区“文件”下的成员“配方”，如图 2-54 所示。

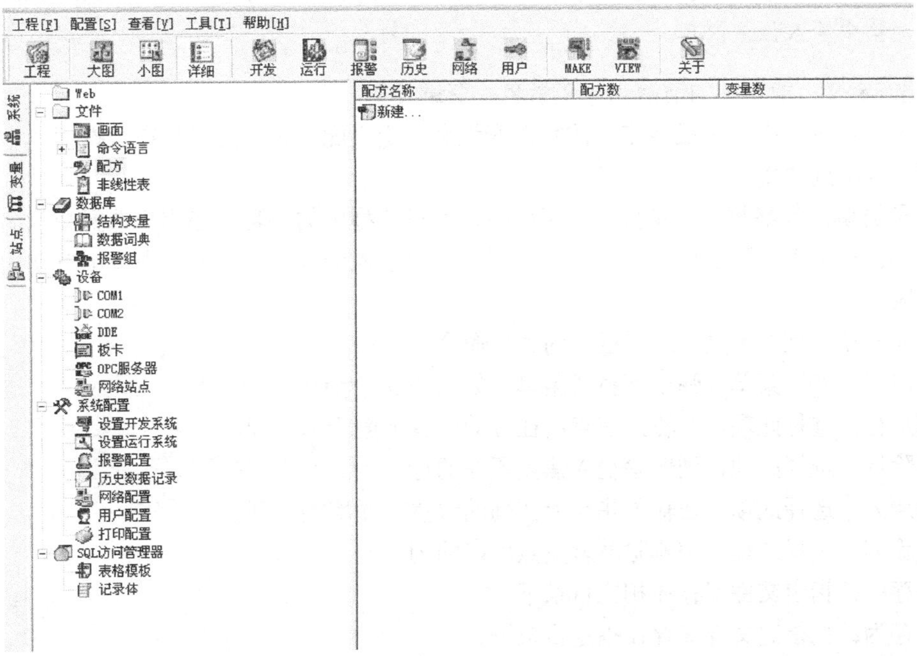

图 2-54 新建配方

在内容显示区中双击“新建”图标，或者右键单击“新建”图标，从弹出的快捷菜单中选择命令“新建”，则弹出“配方定义”对话框，如图 2-55 所示。

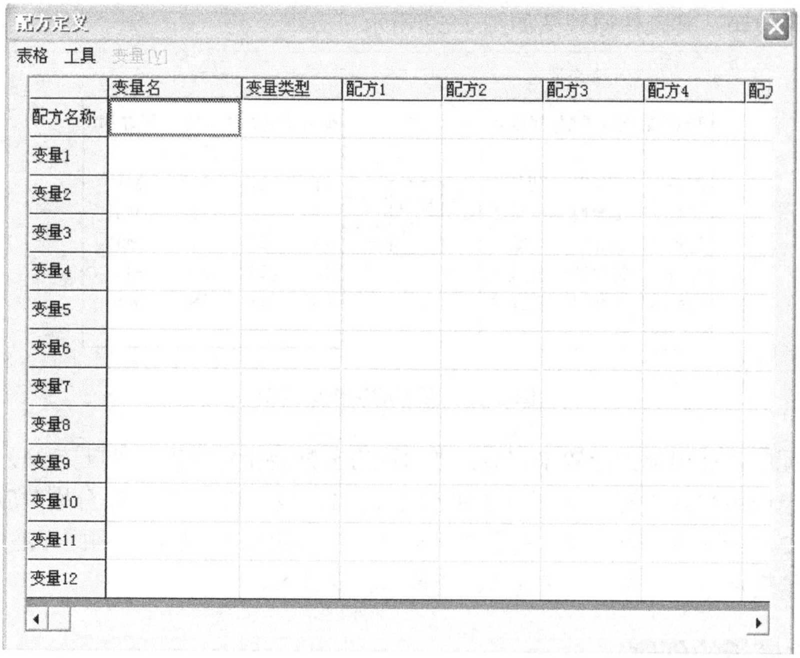

图 2-55　配方定义

注意：“配方定义”对话框中的第一行中的第一列和第二列是不可操作的，即不能在这两个单元格中输入任何内容。

“配方定义”窗口中的前两列为变量名、变量类型。

变量名：为组态王中已经定义的数据变量名，定义配方之前必须先在数据词典中定义所有配方中要用到的变量。

变量类型：为整数型、实数型、离散型、字符串型中的一种，当用户选择变量名后，变量类型会自动加入，不需要用户输入。当用户手动输入变量名后，变量类型不自动加入，需要用户输入。

下面介绍“配方定义”对话框中的菜单命令。

单击“表格”菜单，弹出下拉式菜单，如图 2-56 所示。

增加行：选择此项，在输入焦点所在行的位置上面增加一行。

删除行：选择此项，则删除输入焦点所在的行。

增加列：选择此项，在输入焦点所在列的位置前面增加一列。

删除列：选择此项，则删除输入焦点所在的列。

保存：把指定文件保存在相应目录下。

另存为：把指定文件保存在指定目录下。

退出：退出配方，如果配方没有存盘，则提示存盘。

单击“工具”菜单，弹出下拉式菜单，如图 2-57 所示。

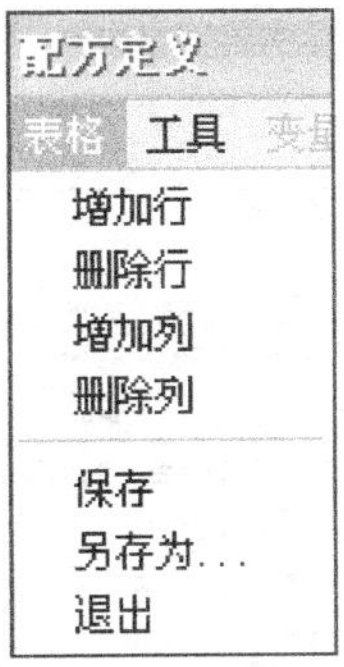

图2-56　配方定义的“表格”菜单

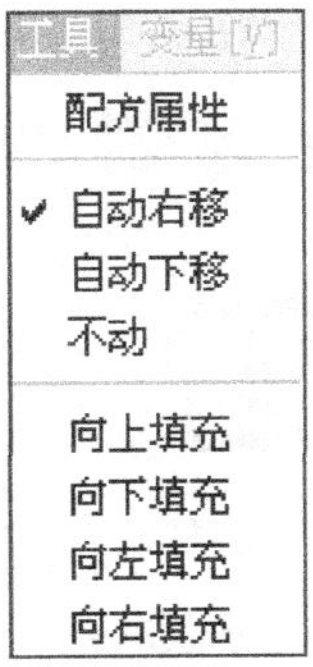

图2-57　配方定义的“工具”菜单

配方属性：选择此项，则弹出“定义配方”对话框，如图2-58所示。

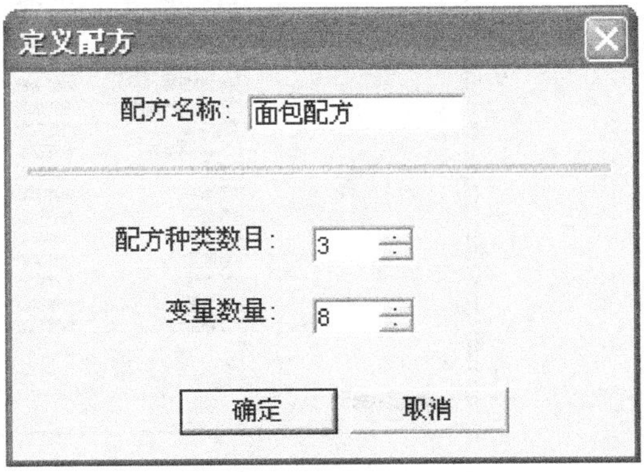

图2-58　“定义配方”对话框

对话框中选项如下。

- 配方名称：要建立的配方名，由用户自己设定，定义的名称要有实际的意义。
- 配方种类数目：指定配方数目，最大值为256。
- 变量数量：指定与配方中的项目相对应的变量个数，最大值为1024。

注意：配方种类数目和变量数量要与实际配方中种类数目、变量数量相同，否则运行过程中不能正确调用配方。

自动右移：按下〈Enter〉键，输入焦点自动右移。

自动下移：按下〈Enter〉键，输入焦点自动下移。

不动：按下〈Enter〉键，输入焦点不动。

向上填充：输入焦点之上所有被选中的方框都填入与输入焦点的值相同的值。

向下填充：输入焦点之下所有被选中的方框都填入与输入焦点的值相同的值。

向左填充：输入焦点左侧所有被选中的方框都填入与输入焦点的值相同的值。

向右填充：输入焦点右侧所有被选中的方框都填入与输入焦点的值相同的值。

单击“变量”菜单，弹出“选择变量名”对话框，如图2-59所示，供用户选择数据词典中已定义的变量。

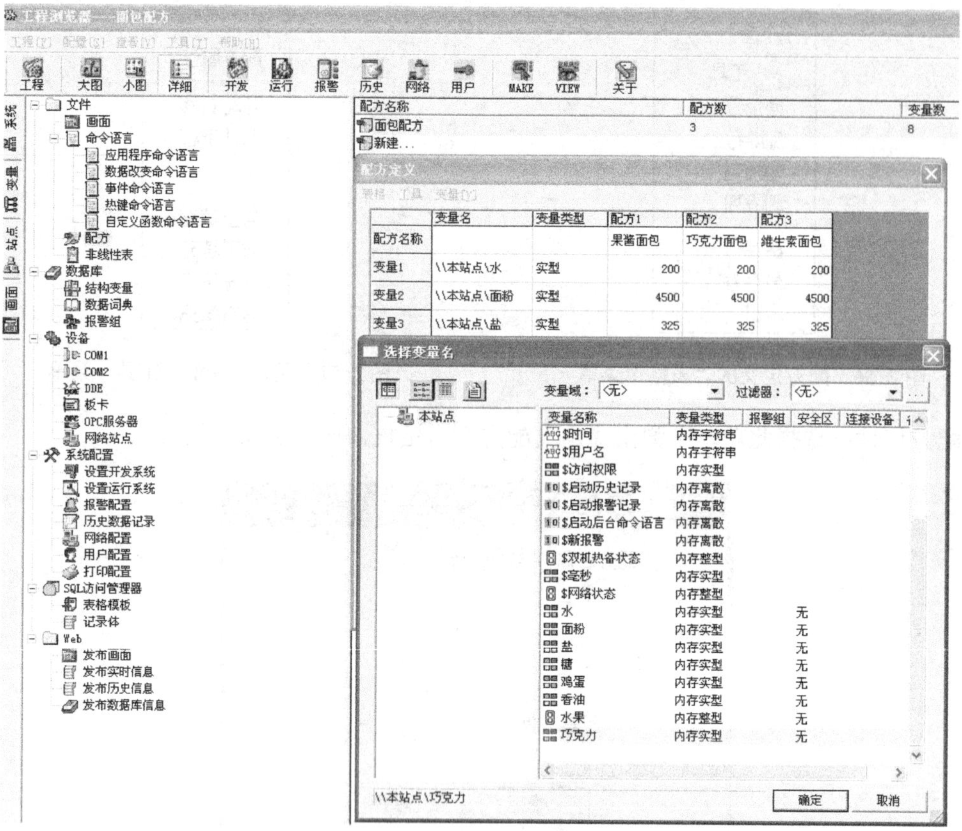

图 2-59　配方定义的变量名选择

按照上述的方法定义的配方如图 2-60 所示。

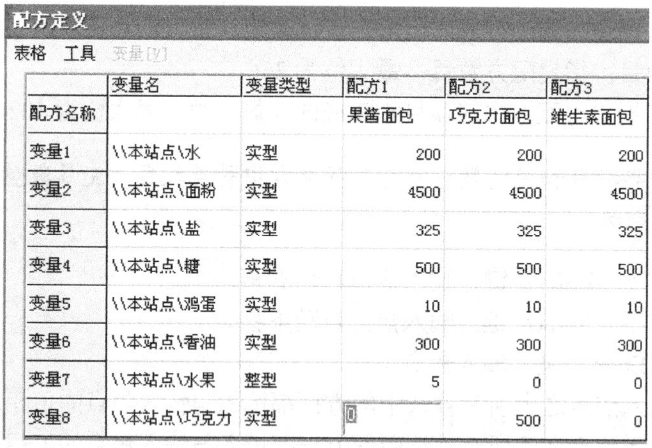

配方定义

表格　工具　变量[V]

	变量名	变量类型	配方1	配方2	配方3
配方名称			果酱面包	巧克力面包	维生素面包
变量1	\\本站点\水	实型	200	200	200
变量2	\\本站点\面粉	实型	4500	4500	4500
变量3	\\本站点\盐	实型	325	325	325
变量4	\\本站点\糖	实型	500	500	500
变量5	\\本站点\鸡蛋	实型	10	10	10
变量6	\\本站点\香油	实型	300	300	300
变量7	\\本站点\水果	整型	5	0	0
变量8	\\本站点\巧克力	实型	0	500	0

图 2-60　定义好的配方

2.7.3　配方使用实例

配方的使用是建立配方模板后，通过使用配方命令语言函数实现的。配方命令语言函数的调用可通过建立操作按钮或者在命令语言中调用来实现。下面先详细介绍配方命令语言函数，然后再介绍建立一个配方操作按钮的实例。

1. 配方命令语言函数

配方命令语言函数见表 2-7。

表 2-7　配方命令语言函数

序号	函数语法格式	参 数 意 义	函 数 作 用	使 用 示 例
1	RecipeDelete("filename", "recipeName")	filename：配方模板文件存放的路径和相应的文件名； recipeName：配方模板文件中特定配方的名字	用于删除指定配方模板文件中当前指定的配方	RecipeDelete(“C:\recipe\面包配方.csv”，“配方 3”)； 此语句将配方模板文件“面包配方.csv”中的“配方 3”删除
2	RecipeLoad("filename", "recipeName")	同上	将指定配方调入模板文件中的数据变量中	RecipeLoad （ “C:\recipe\面包配方.csv”，“水果香型面包”）； 此语句将配方模板文件“面包配方.csv”中的配方“水果香型面包”调入到项目模板定义中的数据变量中
3	RecipeSave("filename", "recipeName")	同上	用于存放一个新建配方或把对原配方的修改变化存入已有的配方模板文件中。	RecipeSave （ “C:\recipe\面包配方.csv”，“配方 3”）； 此语句将配方的修改变化存入到配方模板文件“面包配方.csv”中的“配方 3”中。 如果“面包配方.csv”中没有“配方 3”，则系统自动创建
4	RecipeSelectNextRecipe("filename", "recipeName")	同上	用于在配方模板文件中选择指定配方的下一个配方	RecipeSelectNextRecipe（ “C:\recipe\面包配方.csv”，“配方 3”）； 此语句运行后读取模板文件中“配方 3”的下一个配方，如果字符串变量 recipeName 的值为空或没有找到，则返回文件中的第一个配方；如果变量 recipeName 的值为文件中的最后一个配方，则仍返回此配方
5	RecipeSelectPreviousRecipe("filename", "recipeName")	同上	用于在配方模板文件中选择当前配方的前一个配方	RecipeSelectPreviousRecipe（ “C:\recipe\面包配方.csv”, “配方 3”）； 此语句运行后读取模板文件中“配方 3”的上一个配方，如果变量 recipeName 的值为空或没有找到，则返回文件中的最后一个配方；如果变量 recipeName 的值为文件中的第一个配方，则仍返回此配方
6	RecipeSelectRecipe ("filename", "recipeNameTag", "Mess")	filename：配方模板文件存放的路径和相应的文件名 recipeNameTag：是一个字符串变量，存放工程人员选择的配方名字； Mess：字符串提示信息，由工程人员自己设定	用于在指定的配方模板文件中选取工程人员输入的配方，运行此函数后，弹出对话框，在对话框中,工程人员可以输入指定的配方，并把此配方名送入字符串变量中存放	RecipeSelectRecipe （ “ C:\recipe\面包配方.csv”,RecipeName, “请输入配方名！”） 此语句运行后将弹出一个“选择配方”对话框，给出提示信息“请输入配方名！”，一旦工程人员从对话框中选择了一个配方，则此函数将该配方的名字返回到变量 RecipeName 中存放
7	RecipeInsertRecipe (filename, InsertRecipeName)	Filename：字符型指配方模板文件存放的路径和相应的文件名 InsertRecipeName：字符型要插入的新配方的名称	此函数用于在配方中选定的位置插入一个新的配方。执行该函数后，系统会弹出一个选择插入配方的对话框。对话框中列出了当前配方中所有的配方名称，选择要插入的位置，确定后新的配方将被插入到指定配方的前面	在上面的例子中新定义一种配方“牛奶面包”，选择插入到“巧克力面包”之前，在弹出的插入对话框中选择“巧克力面包”，确定后，新的配方插入到了指定的位置。 RecipeInsertRecipe(“ C:\recipe\面包配方.csv”, “牛奶面包”)

2．配方示例

建立一个配方操作按钮，以 2.7.2 节中定义的“面包配方.csv”模板文件为配方模板。

新建“配方管理”画面。在画面上建立配料变量显示，绘制多个按钮，各个按钮中连接配方管理命令语言函数。按钮的命令语言连接过程请读者参照配方管理命令语言函数说明自行完成。组态好的画面如图 2-61 所示。

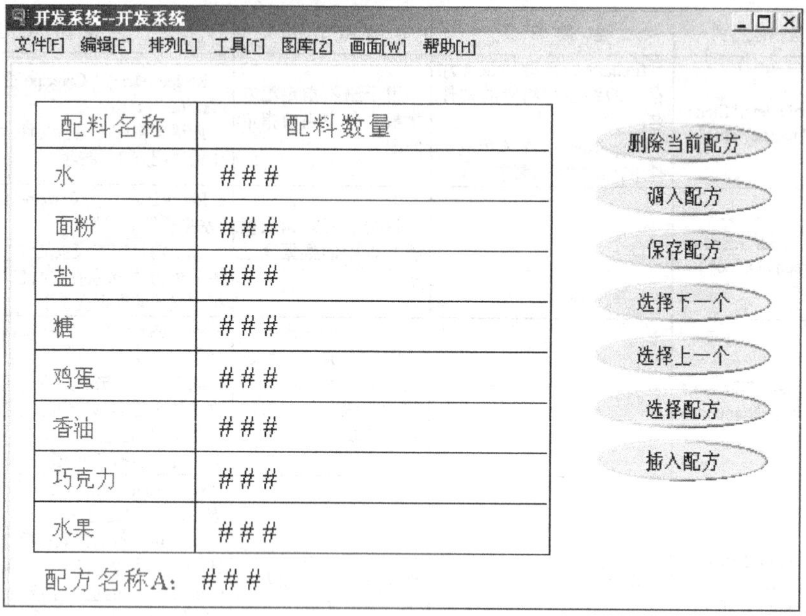

图 2-61　开发系统配方管理画面

第二篇　组态王软件进阶

项目 3　交通信号灯控制系统的设计与调试

项目引入

交通信号灯系统设计是“可编程序控制器”课程中经常采用的实训项目，大多数院校都有相应的实训设备。此项目能使读者进一步掌握组态王的 I/O 设备管理，尤其是 PLC 与计算机之间的通信，熟悉制作一般工控系统的过程，通过项目控制程序的编写使读者进一步掌握 PLC 的梯形图设计方法和组态王脚本语言的使用。

任务 3.1　交通信号灯控制系统方案设计

交通信号灯控制系统方案设计工作任务单见表 3-1。

表 3-1　交通信号灯控制系统方案设计工作任务单

项目名称	项目 3　交通信号灯控制系统的设计与调试		学时：10
工作任务	任务 1　交通信号灯控制系统的方案设计		学时：2
授课地点		授课教师	
教学目标	1．专业能力目标 了解本工程的工作原理，确定整个系统的控制方案设计，确定控制手段，进行设备选型。确定上、下位机的工作任务以及通信方式。 2．方法能力目标 具有自主学习创新能力；具有信息获取、制定与评估计划的能力和具有按照计划实施的能力；具有解决实际问题的思路或方法。 3．社会能力目标 具有批评与自我批评的能力；具有良好的自身修养和职业道德；具有团队合作和协作能力；具有良好的心理素质和克服困难的能力；具有角色及利益的定位、顾及他人的能力；具有环保意识		
工作任务描述	1．任务工艺要求分析； 2．画出系统的设计框图并画出下位机 PLC 的控制示意图； 3．确定上位机监控软件的变量定义个数及类型； 4．组态王软件的 I/O 设备管理		
教学重点	1．系统集成典型案例进行剖析； 2．正确画出系统集成控制图； 3．系统集成的方法和手段； 4．上位机和下位机通信方式；		
教学难点	1．掌握集成的方法和手段； 2．正确绘制系统集成原理图		
考核标准	1．根据任务要求正确选择 PLC 的设备； 2．能规范和正确地使用绘图软件绘制出系统的控制原理图； 3．能正确地确定变量的个数和类型，确定监控人机界面的构成元素； 4．正确选用上位机和下位机的通信方式		

（续）

项目名称	项目 3　交通信号灯控制系统的设计与调试		学时：10
工作任务	任务 1　交通信号灯控制系统的方案设计		学时：2
授课地点		授课教师	
教学设备	安装有组态王 6.55、AutoCAD 绘图软件及 OFFICE 办公软件的计算机、投影仪、PLC 设备、SC-09 编程电缆、交通信号灯实验板及连接导线等		
相关资料及资源	情境描述卡、工作任务单、教材、实验指导书、视频、学习手册、安全操作手册、课程网站		
提交成果	工作记录单、系统方案图、学习心得体会等		
注意事项	1. 遵守安全操作规范，安全第一； 2. 动手操作之前一定要弄懂相关的工作原理； 3. 要发挥团队协作精神		

3.1.1　交通信号灯控制系统要求

自动开关 SB1 闭合后，南北红灯维持 25s；同时东西绿灯亮 20s 后，闪亮 3s 灭；东西黄灯亮 2s；然后东西红灯维持 30s；同时南北绿灯亮 25s，闪亮 3s 灭；南北黄灯亮 2s……。如此循环。自动开关断开后，闭合南北手动开关 SB2，南北绿灯亮，东西红灯亮，闭合东西手动开关 SB3 后，东西绿灯亮，南北红灯亮。

控制要求：

1）上位机能显示交通信号灯的运行情况，在人机界面上能实现对 PLC 自/手动切换控制；

2）交通信号灯的控制由 PLC 来实现。

3.1.2　交通信号灯控制系统方案设计

1. 变量定义

根据系统要求，需要定义表 3-2 所列变量。

表 3-2　交通信号灯系统变量定义表

变量类型	变量名	寄存器	外部操作按钮
输入变量	自动开关	X0	SB1
	南北手动	X1	SB2
	东西手动	X2	SB3
输出变量	南北绿灯	Y0	接实验板相应的接口
	南北黄灯	Y1	
	南北红灯	Y2	
	东西红灯	Y3	
	东西绿灯	Y4	
	东西黄灯	Y5	

2. 控制系统外部接线图绘制

交通信号灯控制系统的外部接线图如图 3-1 所示。

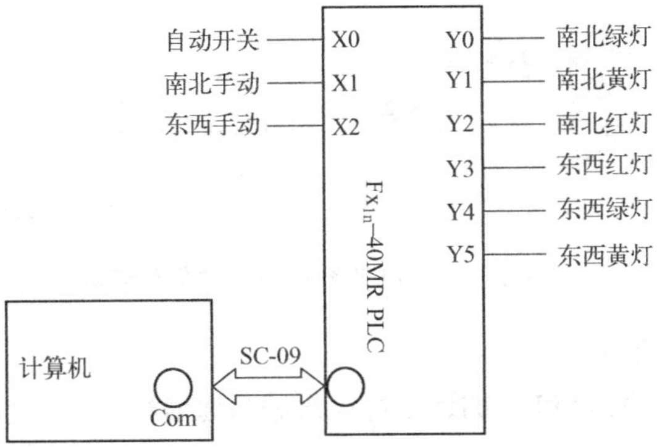

图 3-1　交通信号灯系统外部接线图

3.1.3　计算机与 PLC 的通信方式

PLC 与计算机的通信近年来发展很快。在 PLC 与计算机连接构成的控制系统中，计算机主要完成数据处理、参数设置、图像显示、报表打印、文字处理、系统管理、编制 PLC 程序、工作状态监视等任务。PLC 仍然直接面向现场、面向设备，进行实时控制。两者的连接可以更有效地发挥各自的优势，互补应用上的不足，扩大 PLC 的处理能力。为了适应 PLC 网络化的要求，扩大联网功能，几乎所有 PLC 厂家都为 PLC 开发了与上位计算机通信的接口或专用通信模块。一般在小型 PLC 上都设有专用的通信模块。PLC 与计算机之间的通信正是通过 PLC 上的 RS-422 或 RS-232C 接口和计算机上的 RS-232C 接口进行的。PLC 与计算机之间的信息交换方式，一般采用字符串、全双工或半双工、异步、串行通信方式。因此，可以说，凡具有 RS-232C 接口并能输入、输出字符串的计算机都可以和 PLC 通信。利用 PLC 基本单元上的 RS-422 或 RS-232C 通信接口，可以配置一个 PLC 与外部计算机进行通信的系统。该系统中 PLC 接受控制系统中的各种控制信息，分析处理后转化为 PLC 中软元件的状态和数据；PLC 又将所有软元件的数据和状态送入计算机，由计算机采集这些数据，进行分析及运行状态监测，用计算机改变 PLC 的初始值和设定值，从而实现计算机对 PLC 的直接控制。

1. PC 与 PLC 实现通信的条件

带异步通信适配器的 PC 与 PLC 只有满足如下条件，才能互联通信。

1）带有异步通信接口的 PLC 才能与带异步通信适配器的 PC 互联。此外，还要求双方采用的总线标准一致，否则要通过“总线标准变换单元”变换之后才能互联。

2）双方都初始化，使波特率、数据位数、停止位数、奇偶校验都相同。

3）要对 PLC 的通信协议分析清楚，严格地按照协议的规定及帧格式编写 PC 的通信程序。PLC 中配有通信机制，一般不需要用户编程。

2. PC 与 FX 系列 PLC 的串行通信

（1）硬件连接

PC 与 FX 系列 PLC 不能直接连接，要经过 FX-232AW 单元进行 RS-232C/RS-422 的变换，图 3-2 表示了它们之间的连接关系。

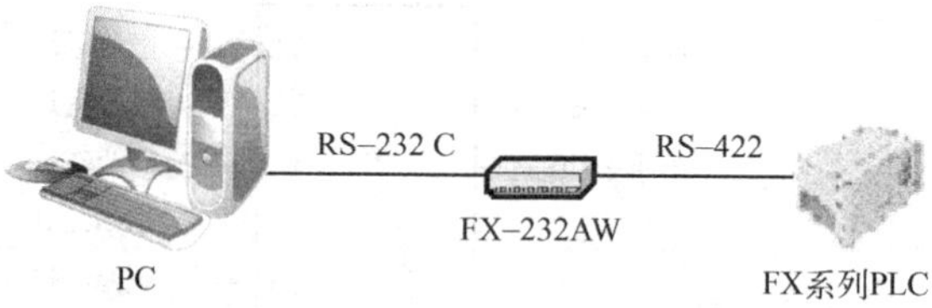

图 3-2　PC 与 FX 系列 PLC 之间的连接

（2）FX 系列 PLC 的通信协议

在 PC 中必须依据互联的 PLC 的通信协议来编写通信程序，本书介绍 FX 系列 PLC 的通信协议。

1）数据格式。

FX 系列 PLC 采用异步格式，由 1 位起始位、7 位数据位、1 位偶校验位及 1 位停止位组成，波特率为 9600bit/s，字符为 ASCII 码。格式如图 3-3 所示。

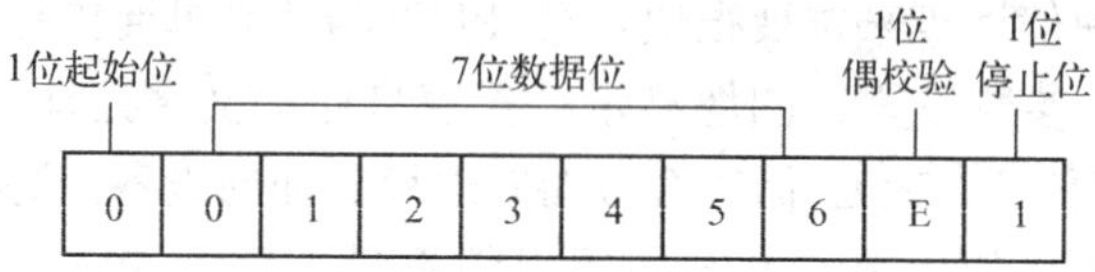

图 3-3　FX 系列 PLC 的数据格式

2）通信命令。

FX 系列 PLC 有 4 个通信命令，它们是读命令、写命令、强制通命令、强制断命令，见表 3-3。表中 X 为输入继电器；Y 为输出继电器；M 为辅助继电器；S 为状态元件；T 为定时器；C 为计数器；D 为数据寄存器。

表 3-3　FX 系列 PLC 的通信命令

命　令	命 令 代 码	目标软继电器	功　能
读命令	‘0’ 即 ASCII 码 ‘30H’	X,Y,M,S,T,C,D	读软继电器状态、数据
写命令	‘1’ 即 ASCII 码 ‘31H’	X,Y,M,S,T,C,D	把数据写入软继电器
强制通命令	‘7’ 即 ASCII 码 ‘37H’	X,Y,M,S,T,C	强制某位 on
强制断命令	‘8’ 即 ASCII 码 ‘38H’	X,Y,M,S,T,C	强制某位 off

3）通信控制字符。

FX 系列 PLC 采用面向字符的传输规程，需要 5 个通信控制字符，见表 3-4。

表 3-4　FX 系列 PLC 通信控制字符

控 制 字 符	ASCII 代码	功　能
ENQ	05H	计算机发出请求
ACK	06H	PLC 对 ENQ 的确认回答
NAK	15H	PLC 对 ENQ 的否认回答
STX	02H	信息帧开始标记
ETX	03H	信息帧结束标记

注：当 PLC 对 PC 发来的 ENQ 不理解时，用 NAK 回答。

4）报文格式。

PC 向 PLC 发送的报文格式如下

STX	CMD	数据段	ETX	SUMH	SUML

其中 STX 为开始标志：02H；ETX 为结束标志：03H；CMD 为命令的 ASCII 码；SUMH、SUML 为从 CMD 到 ETX 按字节求累加和，溢出不计。由于每字节十六进制数变为两字节 ASCII 代码，故校验和为 SUMH 与 SUML。

数据段格式与含义如下

字节 1～字节 4	字节 5/字节 6	第 1 数据		第 2 数据		…	第 N 数据	
软继电器首地址	读/写 字节数	上位	下位	上位	下位	…	上位	下位

注：写命令的数据段有数据，读命令的数据段无数据。

读/写字节数为 01H～40H(1～64)个。

PLC 向 PC 发送的应答报文格式如下

STX	数据段	ETX	SUMH	SUML

注：对读命令的应答报文数据段为要读取的数据，一个数据占两个字节，分上位和下位

第 1 数据		第 2 数据		…	第 N 数据	
上位	下位	上位	下位	…	上位	下位

对写命令的应答报文无数据段，而用 ACK 及 NAK 作为应答内容。

5）传输过程。

PC 与 FX 系列 PLC 之间采用应答方式通信，传输出错则组织重发，其传输过程如图 3-4 所示。

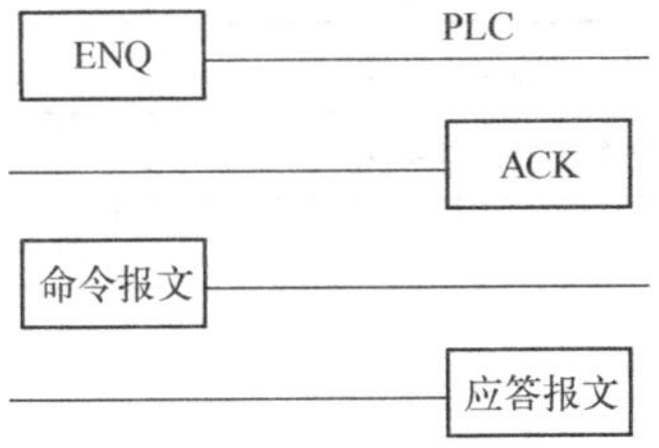

图 3-4　PC 与 FX 系列 PLC 之间的通信传输过程

PLC 根据 PC 的命令，在每个循环扫描结束处的 END 语句后组织自动应答，无需用户在 PLC 一方编写程序。

3．利用组态王软件实现 PC 与 PLC 之间的通信

组态王软件系统与最终工程人员使用的具体的 PLC 或现场部件无关。对于不同的硬件设施设备，只需为组态王配置相应的通信驱动程序即可。组态王驱动程序采用最新软件技术，使通信程序和组态王构成一个完整的系统。这种方式既保证了运行系统的高效率，也使系统能够达到很大的规模。

组态王支持的硬件设备包括：可编程序控制器（PLC）、智能模块、板卡、智能仪表，变频器等。工程人员可以把每台下位机看作一种设备，而不必关心具体的通信协议，只需要在组态王的设备库中选择设备的类型，然后按照“设备配置向导”的提示一步步完成安装即可，使驱动程序的配置更加方便。

在组态王软件环境下，通过串口“COM1”端口正确选择用户采用的PLC型号，正确地设置“COM1”的通信参数，如图3-5所示，就能保证PC与PLC之间正常的通信。

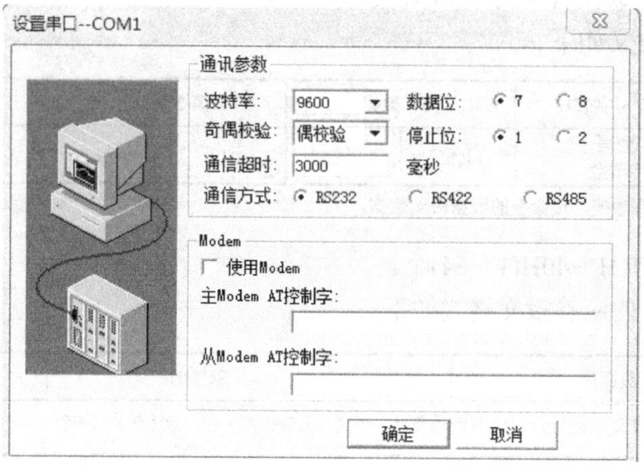

图3-5 串口通信参数设置

任务3.2 交通信号灯控制系统上位机实现

交通信号灯控制系统上位机实现任务单见表3-5。

表3-5 交通信号灯控制系统上位机实现任务单

项目名称	项目3 交通信号灯控制系统的设计与调试		学时：10
工作任务	任务2 交通信号灯控制系统上位机实现		学时：4
授课地点	可编程控制器实验室	授课教师	
教学目标	1. 专业能力目标 掌握上位机组态设计。 2. 方法能力目标 具有自主学习创新能力；具有信息获取、制定与评估计划的能力和具有按照计划实施的能力；具有解决实际问题的思路或方法。 3. 社会能力目标 具有批评与自我批评的能力；具有良好的自身修养和职业道德；具有团队合作和协作能力；具有良好的心理素质和克服困难的能力；具有角色及利益的定位、顾及他人的能力；具有环保意识		
工作任务描述	1. PLC设备的定义与检验； 2. 串口通信设备参数定义； 3. 掌握变量的定义方法与变量的分类； 4. 掌握隐含、闪烁、填充属性等动画连接； 5. 掌握命令语言的连接		
教学重点	1. 串口通信设备参数定义； 2. 组态工具箱的使用； 3. 变量的类型与定义； 4. 隐含、闪烁、填充等动画连接的应用； 5. 简单命令语言的连接		

（续）

项目名称	项目 3　交通信号灯控制系统的设计与调试		学时：10
工作任务	任务 2　交通信号灯控制系统上位机实现		学时：4
授课地点	可编程控制器实验室	授课教师	
教学难点	动画连接的正确应用，自/手动的实现方法		
考核标准	1．人机界面设计简单美观； 2．正确的定义设备； 3．变量定义正确； 4．动画连接正确； 5．能实现自/手动切换。		
教学设备	安装有组态王 6.55、AutoCAD 绘图软件及 OFFICE 办公软件的计算机、投影仪、PLC 设备、SC-09 编程电缆、交通信号灯实验板及连接导线等		
相关资料及资源	情境描述卡、工作任务单、教材、实验指导书、视频、学习手册、安全操作手册、课程网站		
提交成果	工作记录单、组态工程、学习心得体会等		
注意事项	1．遵守安全操作规范，安全第一； 2．通信电缆不能带电插拔； 3．可以采用不同的动画连接实现相同的功能； 4．要发挥团队协作精神		

3.2.1　设备组态

在组态王工程管理器中，新建一个工程，命名为“交通信号灯控制系统”。双击工程名，进入组态王工程浏览器，双击工程目录显示区中“设备”项下面的“COM1”成员名，然后在弹出的对话框中输入串行通信口 COM1 的通信参数，如图 3-5 所示：波特率为 9600bit/s，偶校验，7 位数据位，1 位停止位，通信方式为 RS232，然后单击“确定”按钮，即完成了对 COM1 的通信参数配置，保证 COM1 同 PLC 的通信正常进行。

随后双击目录内容显示区的“新建”图标，在出现的“设备配置向导”中单击“PLC”→“三菱”→“FX2”→“编程口”（如果出现的是“串行口”，则需要到北京亚控科技发展有限公司网站下载 FX2 的最新驱动程序进行安装）。然后，再单击“下一步”按钮，在下一个窗口中给这个设备命名为“FXPLC”，单击“下一步”按钮，再在下一个窗口中为设备指定一个地址“0”（注意，这个地址应该与 PLC 通信参数设置程序中设定的地址相同），再单击“下一步”按钮，出现“通信故障恢复策略”设定窗口，使用默认设置即可，再单击“下一步”按钮，出现“信息总站”窗口，检查无误后单击“完成”按钮，完成设备的配置。此时在工程浏览器的目录内容显示区中出现了“FXPLC”图标。

3.2.2　变量组态

由表 3-2 可知，交通信号灯控制系统需要定义输入变量 3 个，输出变量 6 个。由于 PLC 输入继电器 X 是接受外部开关信号的接口，它的状态只能由外部信号改变，如果需要从上位机去控制交通信号灯系统自/手动的切换，则自动开关、南北手动和东西手动三个输入变量采用的寄存器必须是辅助继电器 M。在组态王工程浏览器的数据词典中定义如图 3-6 所示的变量。所有变量的读写属性设置为“读写”。

自动开关	I/O离散	21	FXPLC	M0
南北手动	I/O离散	22	FXPLC	M1
东西手动	I/O离散	23	FXPLC	M2
南北红灯	I/O离散	24	FXPLC	Y2
南北绿灯	I/O离散	25	FXPLC	Y0
南北黄灯	I/O离散	26	FXPLC	Y1
东西红灯	I/O离散	27	FXPLC	Y3
东西绿灯	I/O离散	28	FXPLC	Y4
东西黄灯	I/O离散	29	FXPLC	Y5

图 3-6　交通信号灯控制系统中定义的 I/O 变量

3.2.3　画面组态

交通信号灯控制系统的监控主画面如图 3-7 所示，图中的静态图素的绘制在此不再赘述，本书主要讲解一些图素的动画连接。

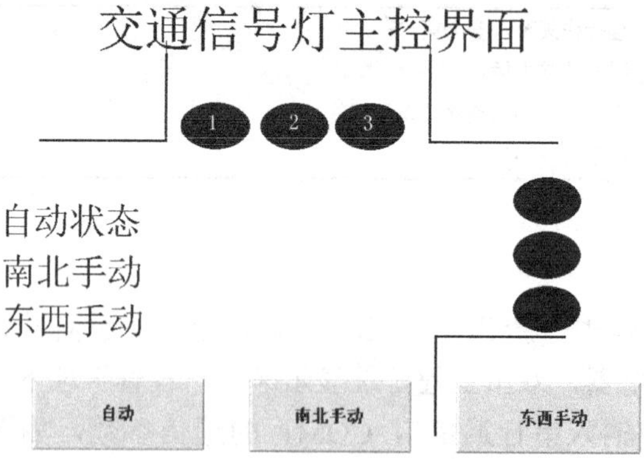

图 3-7　交通信号灯控制系统主画面（1）

1．南北红灯、南北绿灯等图素动画连接的实现

在图 3-7 中，图素 1、2 和 3 分别是南北红灯、南北黄灯和南北绿灯。实现它们动画连接有两种方法。

第一种方法采用填充属性设置。

1）双击图素 1，弹出“动画连接”对话框，选择“属性变化”选项组的“填充属性”，在“填充属性连接”对话框中单击表达式右边的“？”，选择变量“南北红灯”，单击“确定”按钮。

2）在“填充属性连接”对话框中，选中刷属性右边的第一个图素，单击右边的“修改”按钮，在弹出的“修改”对话框中，阈值设置为 0，画刷颜色设置为黑色，单击“确定”完成，如图 3-8 所示。

3）在“填充属性连接”对话框中，选中刷属性右边的第二个图素，单击右边的“修改”按钮，在弹出的“修改”对话框中，阈值设置为 1，画刷颜色设置为红色，单击“确定”完成，如图 3-9 所示。

其余的图素动画连接同上。注意要将阈值为“1”时的颜色设置成对应灯的颜色，阈值为“0”的颜色都设置为黑色。

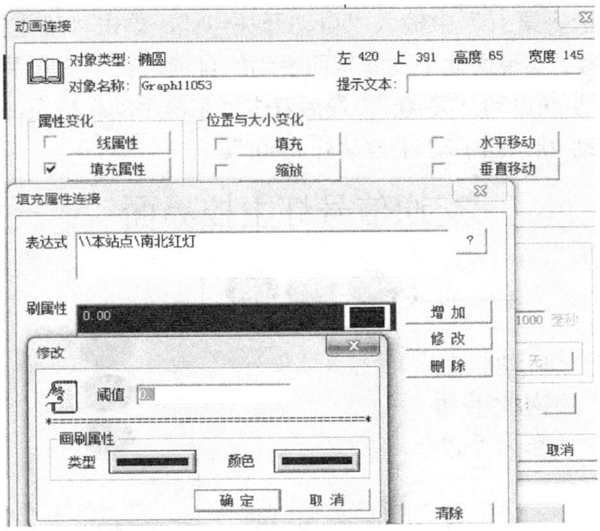

图 3-8　填充属性的动画连接

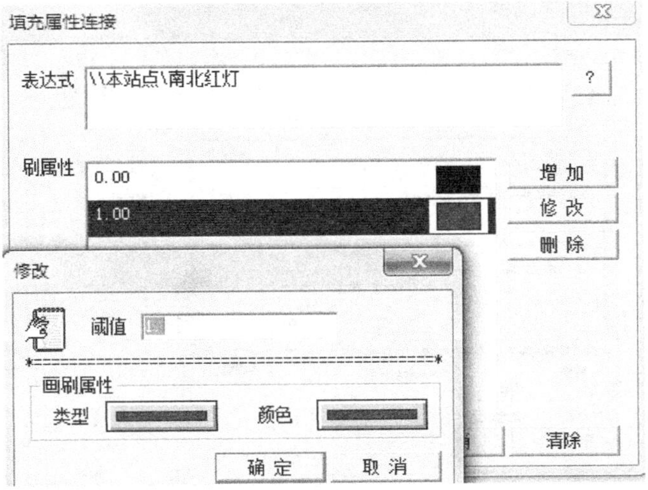

图 3-9　阈值的修改

第二种方法采用隐含动画连接。

在主画面中，增加 6 个椭圆图素，这 6 个图素分别代表南北红灯、南北黄灯、南北绿灯、东西红灯、东西黄灯和东西路灯，将各图素相应的填充色设置成代表灯的颜色，如图 3-10 所示。双击南北红灯图素，在弹出的“动画连接”对话框中选择“特殊”组的“隐含”，在“隐含连接”对话框中，选择表达式变量为“南北红灯”，表达式为真时“显示”，如图 3-11 所示。其余的灯依次完成动画连接。然后分别把南北红、黄和绿灯图素叠放在图素 1、2 和 3 上。东西向灯与南北向灯相同。

2. 控制按钮的动画连接

为了实现在上位机中控制 PLC 的自/手动切换，必须在画面中对于每个按钮进行命令语言的动画连接。首先双击“自动”按钮，在“动画连接”对话框中选择“命令语言连接”中的“按下时”，在“命令语言”中输入“自动开关=1;”，单击“确定”完成。然后，双击“南北手动”按钮，为了实现南北手动和东西手动的自锁，在“南北手动”命令语言中输入“南北手动=1;东西手动=0;自动开关=0;”。最后双击“东西手动”按钮，在“东西手动”命令语言中输入“南北手动=0;东西手动=1;自动开关=0;”。

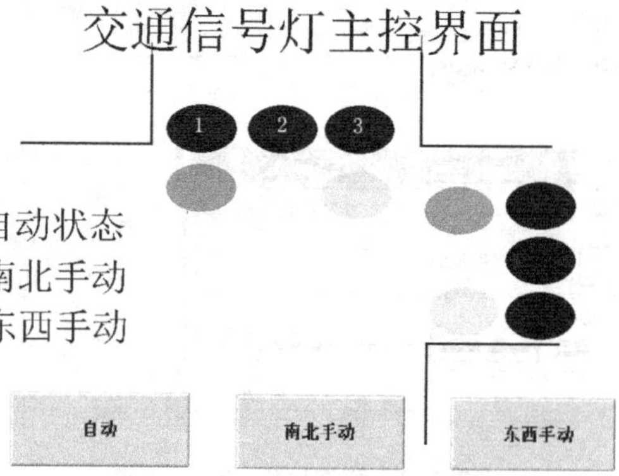

图 3-10　交通信号灯控制系统主画面（2）

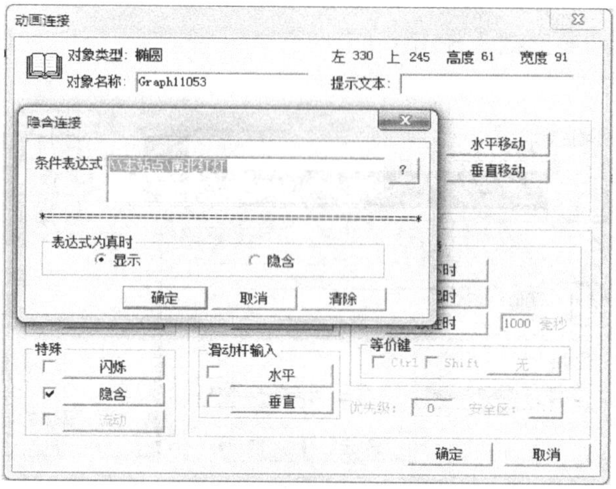

图 3-11　隐含连接

3. 自动和手动状态在主画面中的显示

为了在主控画面中知道交通信号灯当前的自/手动状态，在画面中用文本工具分别写了图素“自动”“南北手动”和“东西手动”，“自动”图素对应的动画连接是“隐含”，条件表达式采用“自动开关”变量，表达式为真时显示。“南北手动”条件表达式采用“南北手动”变量，“东西手动”条件表达式采用“东西手动”变量，都是表达式为真时显示。

至此，全部动画连接完成，单击“文件”下拉菜单中的“全部存”，保存画面组态。

任务 3.3　交通信号灯控制系统控制程序的编制

交通信号灯控制系统控制程序编制任务单见表 3-6。

表 3-6　交通信号灯控制系统控制程序编制任务单

<table>
<tr><td>项目名称</td><td colspan="2">项目 3　交通信号灯控制系统的设计</td><td>学时：10</td></tr>
<tr><td>工作任务</td><td colspan="2">任务 3　交通信号灯控制系统控制程序的编制</td><td>学时：4</td></tr>
<tr><td>授课地点</td><td>可编程控制器实验室</td><td>授课教师</td><td></td></tr>
<tr><td>教学目标</td><td colspan="3">1．专业能力目标
PLC 的程序编制能力。
2．方法能力目标
具有自主学习创新能力；具有信息获取、制定与评估计划的能力和具有按照计划实施的能力；具有解决实际问题的思路或方法。
3．社会能力目标
具有批评与自我批评的能力；具有良好的自身修养和职业道德；具有团队合作和协作能力；具有良好的心理素质和克服困难的能力；具有角色及利益的定位、顾及他人的能力；具有环保意识</td></tr>
<tr><td>工作任务描述</td><td colspan="3">1．根据上位机变量对 PLC 进行输入/输出点的分配；
2．PLC 程序的编制</td></tr>
<tr><td>教学重点</td><td colspan="3">根据控制要求进行 PLC 程序的编制</td></tr>
<tr><td>教学难点</td><td colspan="3">针对上位机实现的功能配套的 PLC 控制程序的实现</td></tr>
<tr><td>考核标准</td><td colspan="3">1．输入和输出端口分配正确；
2．PLC 控制程序实现系统控制要求</td></tr>
<tr><td>教学设备</td><td colspan="3">安装有组态王 6.55、AutoCAD 绘图软件及 OFFICE 办公软件的计算机、投影仪、PLC 设备、SC-09 编程电缆、交通信号灯实验板及连接导线等</td></tr>
<tr><td>相关资料及资源</td><td colspan="3">情境描述卡、工作任务单、教材、实验指导书、视频、学习手册、安全操作手册、课程网站</td></tr>
<tr><td>提交成果</td><td colspan="3">工作记录单、PLC 控制程序（打包）、学习心得体会等</td></tr>
<tr><td>注意事项</td><td colspan="3">1．遵守安全操作规范，安全第一；
2．通信电缆不能带电插拔；
3．要发挥团队协作精神</td></tr>
</table>

PLC 的程序设计是指用户编写程序的设计过程，即以指令为基础，结合被控对象工艺过程的控制要求和现场信号，对照 PLC 软继电器编号，画出梯形图，然后用编程语言进行编程。由于 PLC 的控制功能以程序的形式体现，所以程序设计是一个重要环节。

一般应用程序设计可分为经验设计法、逻辑设计法、顺序功能图（SFC）设计法等。由于本书篇幅所限，主要介绍采用经验设计法和顺序功能图设计法进行程序设计。由于顺序功能图程序设计方法可以向设计者提供有规律的控制问题的描述方法，所以它是 PLC 程序设计人员应该熟练掌握的程序设计方法。

3.3.1　梯形图经验设计法设计控制程序

经验设计法也叫作试凑法。经验设计法需要设计者了解大量的典型电路，在掌握这些典型电路的基础上，充分理解实际的控制问题，将实际控制问题分解成典型控制电路，然后用典型电路或修改的典型电路拼凑梯形图。

经验设计法对于一些较简单的控制系统的设计是比较奏效的，可以收到快速、方便的效果。但是，由于这种设计方法主要是依靠设计人员的经验进行的，所以对设计人员的要求比较高，特别是要求设计者有一定的实践经验，对工业控制系统和工业上常用的各种典型环节比较熟悉。对于复杂的系统，经验设计法一般设计周期长、不易掌握，系统交付使用后，维修困难。所以，经验设计法一般只适合于比较简单或与某些典型系统类似的控制系统的设计。

本项目采用经验设计法设计的梯形图如图 3-12 所示。但是此梯形图不能实现上位机对 PLC 的控制，为了实现目标，需要借鉴多地点控制电路，如图 3-13 所示。其中 X0 和 X1 是一个地方的起动和停止按钮，X2 和 X3 是另一个地方的起动和停止按钮。请读者参照图 3-12 和图 3-13 完善 PLC 控制程序。

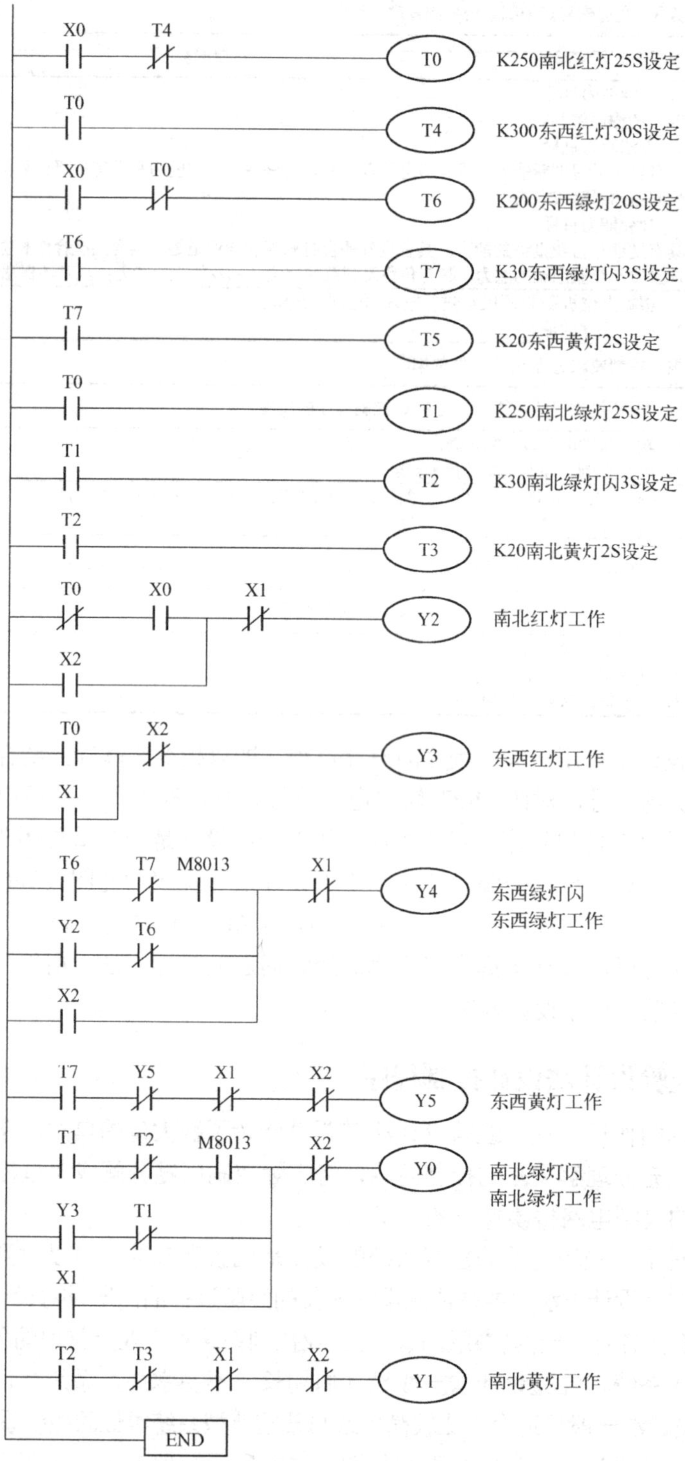

图 3-12　经验法设计交通灯 PLC 控制程序

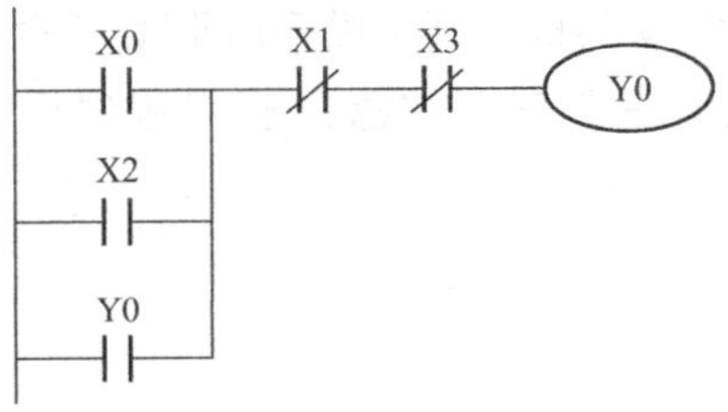

图 3-13　两地控制线圈梯形图

3.3.2　顺序控制设计法设计控制程序

顺序控制就是按照生产工艺预先规定的顺序，在输入信号的作用下，根据内部状态和时间的顺序，使生产过程中各个执行机构自动而有序地进行。使用顺序控制设计法时首先根据系统的工艺过程，画出顺序功能图（SFC），然后根据顺序功能图画出梯形图。分析交通信号灯控制系统的自动运行的控制要求，程序设计可以采用顺序控制设计法。顺序功能图如图 3-14 所示。

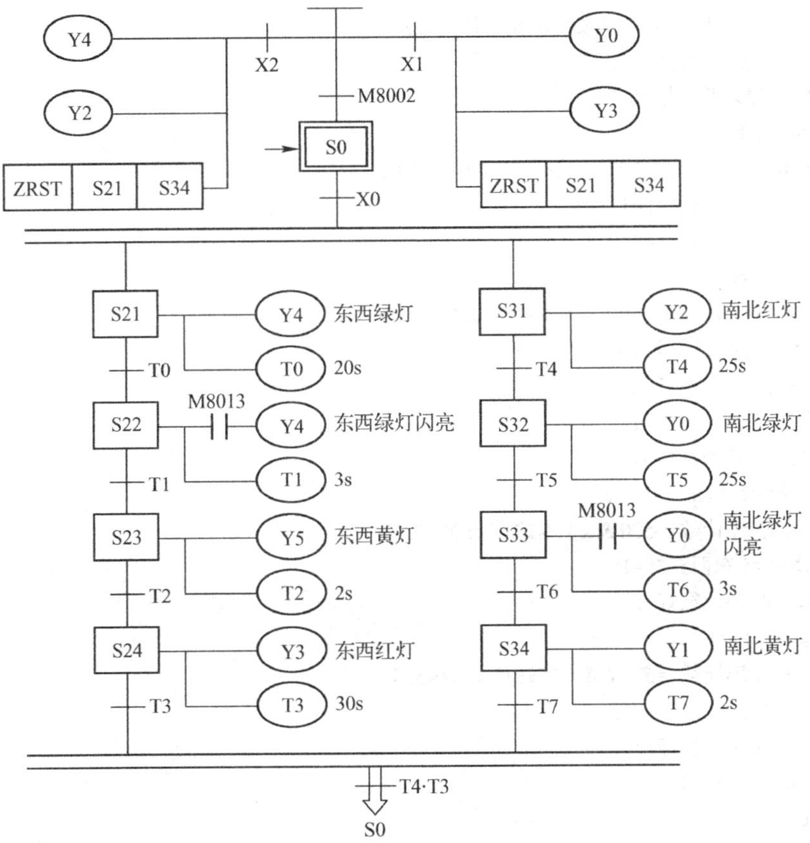

图 3-14　交通信号灯控制顺序功能图

任务拓展：采用组态王的应用程序命令语言实现控制

本项目中若读者没有 PLC 实验板，则可以采用组态王软件的应用程序命令语言进行模拟控制，脚本语言如下，供读者参考。注意：应用程序命令语言的运行周期要设置为 100ms。

```
在“显示时”
\\本站点\南北红灯=0;
\\本站点\南北绿灯=0;
\\本站点\南北黄灯=0;
\\本站点\东西红灯=0;
\\本站点\东西绿灯=0;
\\本站点\东西黄灯=0;
\\本站点\计数=0;
在“存在时”
if(\\本站点\自动开关==1)
{if (\\本站点\计数>=0 && \\本站点\计数<200)
{\\本站点\南北红灯=1;
\\本站点\东西绿灯=1;
计数=计数+1;}
if(\\本站点\计数>=200 && \\本站点\计数<230)
{\\本站点\南北红灯=1;
\\本站点\东西绿灯=0;
计数=计数+1;}
if(\\本站点\计数>=230 && \\本站点\计数<250)
{\\本站点\南北红灯=1;
\\本站点\东西黄灯=1;
计数=计数+1;}
if(\\本站点\计数>=250 && \\本站点\计数<500)
{\\本站点\南北红灯=0;
\\本站点\东西黄灯=0;
\\本站点\南北绿灯=1;
\\本站点\东西红灯=1;
计数=计数+1;}
if(\\本站点\计数>=500 && \\本站点\计数<530)
{\\本站点\东西红灯=1;
\\本站点\南北绿灯=0;
计数=计数+1;}
if(\\本站点\计数>=530 && \\本站点\计数<550)
{\\本站点\东西红灯=1;
\\本站点\南北黄灯=1;
计数=计数+1;}}
else
{if (\\本站点\南北手动==1)
{\\本站点\南北绿灯=1;
```

```
\\本站点\东西红灯=1;}
else
{\\本站点\南北绿灯=0;
\\本站点\东西红灯=0;}
if(\\本站点\东西手动==1)
{\\本站点\南北红灯=1;
\\本站点\东西绿灯=1;
}
else
{\\本站点\南北红灯=0;
\\本站点\东西绿灯=0;
}
}
if(\\本站点\计数==550)
{\\本站点\南北红灯=0;
\\本站点\南北绿灯=0;
\\本站点\南北黄灯=0;
\\本站点\东西红灯=0;
\\本站点\东西绿灯=0;
\\本站点\东西黄灯=0;
\\本站点\计数=0;}
```

任务 3.4　交通信号灯控制系统的调试

交通信号灯控制系统的调试工作任务单见表 3-7。

表 3-7　交通信号灯控制系统的调试任务单

项目名称	项目 3 交通信号灯控制系统的设计与调试		学时：10
工作任务	任务 4 交通信号灯控制系统调试		学时：2
授课地点	可编程控制器实验室	授课教师	
教学目标	1. 专业能力目标 能利用组态王软件建立运行画面，正确进行上位机组态画面的调试，下位机 PLC 程序的调试并实现上位机对下位机功能的监控。掌握常用的调试方法和手段，掌握故障检查和排除的方法。 2. 方法能力目标 具有自主学习创新能力；具有信息获取、制定与评估计划的能力和具有按照计划实施的能力；具有解决实际问题的思路或方法。 3. 社会能力目标 具有批评与自我批评的能力；具有良好的自身修养和职业道德；具有团队合作和协作能力；具有良好的心理素质和克服困难的能力；具有角色及利益的定位、顾及他人的能力；具有环保意识		
工作任务描述	1. 根据交通信号灯控制系统要求进行调试； 2. 检验系统能否正常运行，发生故障时，分析故障产生原因并及时排除故障，并做好记录和分析		
教学重点	1. 熟悉组态王软件设备的种类；2.模拟设备进行组态调试的方法； 3. PLC 程序的调试方法		
教学难点	动画组态的模拟调试		
考核标准	1. 对系统能够实现正确的调试； 2. 对调试中碰到的故障进行排故并作好记录和分析		

（续）

项目名称	项目 3 交通信号灯控制系统的设计与调试		学时：10
工作任务	任务 4 交通信号灯控制系统调试		学时：2
授课地点	可编程控制器实验室	授课教师	
教学设备	安装有 SWOPC-FXGP/WIN-C、组态王 6.55、AutoCAD 绘图软件及 OFFICE 办公软件的计算机、投影仪、PLC 设备、SC-09 编程电缆、交通信号灯实验板及连接导线等		
相关资料及资源	情境描述卡、工作任务单、教材、实验指导书、视频、学习手册、安全操作手册、课程网站		
提交成果	工作记录单，PLC 控制程序（打包），学习心得体会等		
注意事项	1．遵守安全操作规范，安全第一； 2．通信电缆不能带电插拔； 3．要发挥团队协作精神		

3.4.1 PLC 控制程序的调试

PLC 控制程序的调试可以分为模拟调试和现场调试，调试前要对 PLC 外部接线仔细检查，确保准确无误。也可以用事先编写好的试验程序对外部接线做扫描通电检查来查找接线故障。不过，为了安全考虑，最好将主电路断开。当确认接线无误后再连接主电路，将模拟调试好的程序送入用户存储器进行调试，直到各部分的功能都正常，并能协调一致地完成整体的控制功能为止。

1．程序的模拟调试

将设计好的程序写入 PLC 后，首先逐条仔细检查，并改正写入时出现的错误。用户程序一般先在实验室模拟调试，实际的输入信号可以用钮子开关和按钮来模拟，各输出量的通/断状态用 PLC 上相关的发光二极管来显示，一般不用接 PLC 实际的负载（如接触器、电磁阀等）。可以根据功能表图，在适当的时候用开关或按钮模拟实际的反馈信号，如限位开关触点的接通和断开。对于顺序控制程序，调试程序的主要任务是检查程序的运行是否符合功能表图的规定，即在某一转换条件实现时，是否发生步的活动状态的正确变化，即该转换所有的前级步是否变为不活动步，所有的后续步是否变为活动步，以及各步被驱动的负载是否发生相应的变化。

在调试时应充分考虑各种可能的情况，对系统各种不同的工作方式、有选择序列的功能表图中的每一条支路、各种可能的进展路线，都应逐一检查，不能遗漏。发现问题后应及时修改梯形图和 PLC 中的程序，直到在各种可能的情况下输入量与输出量之间的关系完全符合要求。

如果程序中某些定时器或计数器的设定值过大，为了缩短调试时间，可以在调试时将它们减小，模拟调试结束后再写入它们的实际设定值。

在编程软件中，可以用梯形图监视程序的运行，触点和线圈的导通状态即状态转移图里的每一活动步都用颜色表示出来，调试效果非常明显，很容易找到故障原因，及时修改程序。

2．程序的现场调试

完成上述的工作后，将 PLC 安装在控制现场进行联机总调试，在调试过程中将发现系统可能存在的传感器、执行器和硬接线等方面的问题，以及 PLC 的外部接线图和梯形图程序设计中的问题，应对出现的问题及时加以解决。如果调试达不到指标要求，则对相应硬件和软件部分作适当调整，通常只需要修改程序就可能达到调整的目的。全部调试通过后，经过一段时间的试验，系统就可以投入实际的运行了。

3．交通信号灯系统调试步骤

交通信号灯系统采用 TVT90-3 实验板（如图 3-15 所示）。按照图 3-1 所示进行接线，需要注意的是 PLC 主机的输入继电器的“COM”端接主机 DC24V 的“-”端，输出继电器“COM”端接主机 DC24V 的“+”端，TVT90-3 实验板的“+24V”接主机的 DC24V 的“+”端，“0V”接主机的 DC24V 的“-”端。

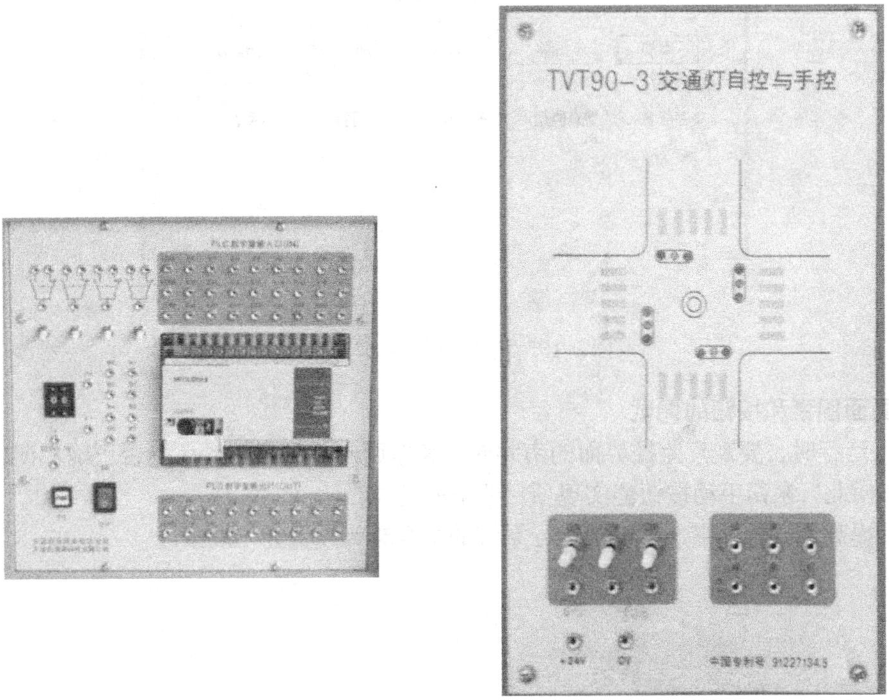

图 3-15　PLC 主机模块和 TVT90-3 实验板

3.4.2　上位机监控软件的调试

在进行上位机监控软件调试前，一定要将 SWOPC-FXGP/WIN-C 软件关闭，因为该软件和组态王 6.55 都是通过串口 COM1 和 PLC 通信的。

1. 设备的测试

将交通信号灯控制实验板接好线，检查线路无误后，打开 PLC 主机的电源。在组态王的工程浏览器中，单击工程目录显示区中“设备”下面的“COM1”成员名，右侧窗口出现已经定义好的名字为“FXPLC”的设备图标，选中图标后，单击鼠标右键，在弹出的快捷菜单中选择“测试 FXPLC”，弹出“串口设备测试”对话框，如图 3-16 所示。单击“设备测试”选项卡，选择输入继电器 X，添加地址 0，单击“添加”按钮，在采集列表下方就会出现相应的寄存器，如图 3-17 所示，单击“读取”按钮，手动改变自动开关的状态，查看相应的继电器状态是否正确，验证计算机与 PLC 的通信是否正常。

2. 变量的调试

由 PLC 顺序功能图可知，在某一步会有东西绿灯或者南北绿灯的闪亮，为了在计算机监控画面能清楚地看到“南北绿灯”和“东西绿灯”的运行状态，在变量定义时要将“东西绿灯”和“南北绿灯”变量的数据采集频率设定为 200ms。

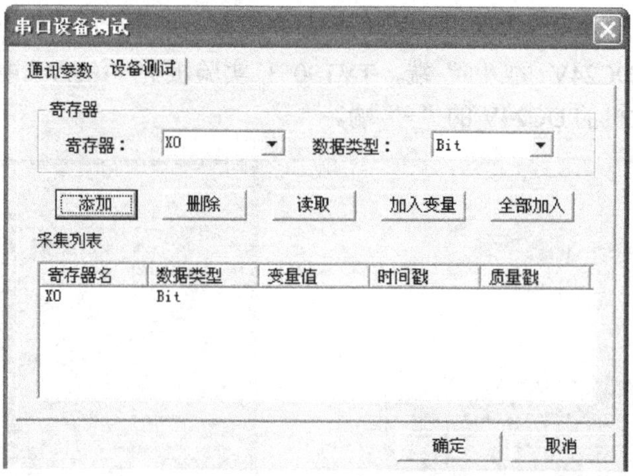

图 3-16 “串口设备测试”对话框

3. 画面图素和按钮的调试

PLC 运行时，要观察监控界面的南北向灯和东西向灯显示的颜色是否正确，调试自动运行按钮和南北、东西手动按钮能实现项目要求的功能。

为了提高调试的效率，可以把运行系统的基准频率设置为 100ms。

项目 4　双容水箱液位串级控制系统的设计与调试

项目引入

温度、压力、液位、流量、成分是典型的工业过程控制的变量，本项目的控制任务是双容水箱的下水箱液位，由于存在着较大的容积延迟，如果采用常规的 PID 控制，控制效果较差，为了实现更好的控制精度，必须采取另外的控制策略。通过本项目的学习，读者能掌握智能仪表在组态王软件中的应用、PID 调节器的概念、串级 PID 算法的实施与参数设定方法。

任务 4.1　双容水箱液位控制系统的硬件组成

双容水箱液位控制系统的硬件组成工作任务单见表 4-1。

表 4-1　双容水箱液位控制系统的硬件组成任务单

项目名称	项目 4　双容水箱液位串级控制系统的设计与调试		学时：8
工作任务	任务 1　双容水箱液位控制系统的硬件组成		学时：2
授课地点	过程控制实训室	授课教师	
教学目标	1．专业能力目标 了解本项目的工作原理，熟悉 AE2000A 的系统构成，掌握系统各硬件的工作原理。 2．方法能力目标 具有自主学习创新能力；具有信息获取、制定与评估计划的能力和具有按照计划实施的能力；具有解决实际问题的思路或方法。 3．社会能力目标 具有批评与自我批评的能力；具有良好的自身修养和职业道德；具有团队合作和协作能力；具有良好的心理素质和克服困难的能力；具有角色及利益的定位、顾及他人的能力；具有环保意识		
工作任务描述	1．任务工艺要求分析； 2．资料收集； 3．画出系统的硬件构成图； 4．智能仪表 AI818 的使用		
教学重点	1．AE2000A 实验装置的讲解； 2．正确画出系统硬件组成图； 3．智能仪表 AI818 参数含义		
教学难点	智能仪表 AI818 的参数		
考核标准	1．能够列出系统的硬件组成清单； 2．掌握智能仪表 AI818 重要参数的含义		
教学设备	计算机、投影仪、AE2000A 过程控制系统		
相关资料及资源	情境描述卡、工作任务单、教材、实验指导书、视频、学习手册、安全操作手册、课程网站		
提交成果	工作记录单，系统硬件构成框图，学习心得体会等		
注意事项	1．遵守安全操作规范，安全第一； 2．动手操作之前一定要弄懂相关的工作原理 ； 3．要发挥团队协作精神		

本项目采用浙江中控科教仪器设备有限公司生产的 AE2000A 过程控制实验装置。双容水箱液位控制系统由上水箱、下水箱、水泵、电动调节阀、压力传感器、万讯智能仪表、计算机、RS232-485 转换器、串口线组成。

4.1.1 AE2000A 实验对象简介

AE2000A 型过程控制实验装置是根据我国工业自动化及相关专业教学特点，吸取了国外同类实验装置的特点和长处，并与目前大型工业自动化现场紧密联系，采用了工业上广泛使用并处于领先的 AI 智能仪表加组态软件控制系统、DCS（分布式集散控制系统），推出的一套适用于过程控制的实验设备。

过程控制实验对象系统包含有：不锈钢储水箱（长×宽×高：850mm×450mm×400mm）、强制对流换热管系统、串接圆筒有机玻璃上水箱（ϕ250mm×370mm）、下水箱（ϕ250mm×270mm）、三相 1.5kW 电加热锅炉（由不锈钢锅炉内胆加温筒和封闭式外循环不锈钢冷却锅炉夹套组成），纯滞后盘管实验装置。系统动力支路由两路组成：一路由单相丹麦格兰富循环水泵、电动调节阀、电磁流量计、自锁紧不锈钢水管及手动切换阀组成；另一路由单相丹麦格兰富循环水泵、变频调速器、涡轮流量计、自锁紧不锈钢水管及手动切换阀组成。图 4-1 所示的系统结构图中，检测变送和执行元件有：液位传感器、温度传感器、涡轮流量计、电磁流量计、压力表、电动调节阀、电磁阀等。

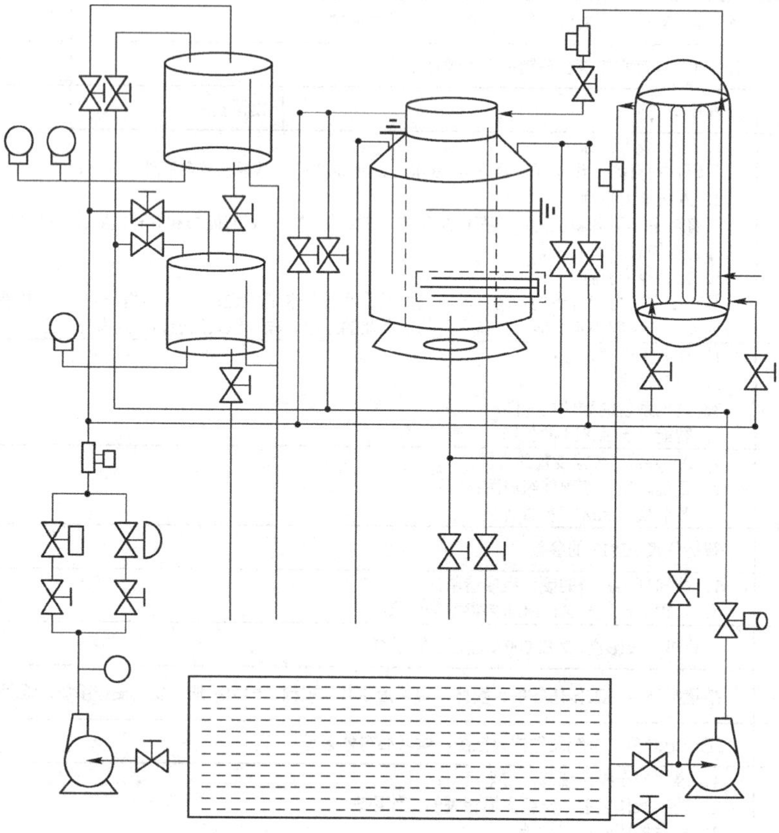

图 4-1　AE2000A 系统结构

AE2000A 实验对象的检测及执行装置包括：

1）检测装置：HART 智能液位传感器用来检测上水箱、下水箱液位的管道压力；电磁流量计、涡轮流量计、涡街流量计用来检测单相格兰富水泵动力支路流量；Pt100 热电阻温度传感器用来检测锅炉内胆、锅炉夹套和对流换热器冷水出口、热水出口水温。

2）执行装置：三相可控硅移相调压装置用来调节三相电加热管的工作电压；电动调节阀调节管道出水量；变频器调节小流量丹麦水泵。

4.1.2 双容水箱液位控制系统的硬件简介

1. 液位传感器

工作原理：当被测介质（液体）的压力作用于传感器时，压力传感器将压力信号转换成电信号，经归一化差分放大并输入到 V/A（电压/电流）转换器，转换成与被测介质（液体）的液位压力成线性对应关系的 4～20mA 标准电流输出信号。接线如图 4-2 所示。

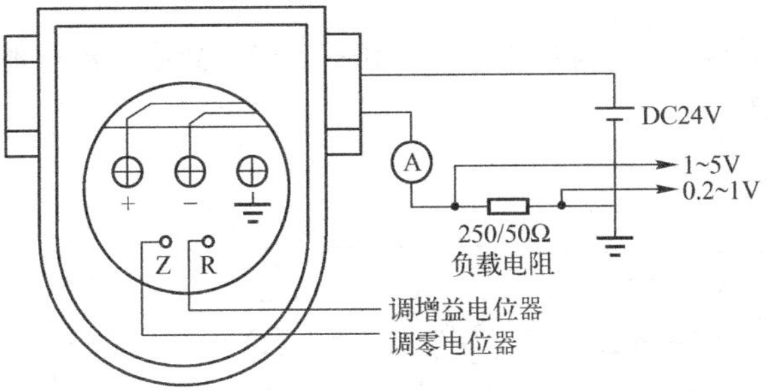

图 4-2　液位传感器接线图

接线说明：传感器为二线制接法，它的端子位于中继箱内，电缆线从中继箱的引线口接入，直流电源+24V 接中继箱内正端（+），中继箱内负端（-）接负载电阻的一端，负载电阻的另一端接-24V。传感器输出 4～20mA 电流信号，通过负载电阻 250/50Ω 转换成电压信号。当负载电阻接 250Ω 时信号电压为 1～5V，当负载电阻切换成 50Ω 时信号电压为 0.2～1V。

零点和量程调整电位器位于中继箱内的另一侧。校正时打开中继箱盖，即可进行调整，左边的（Z）为调零电位器，右边的（R）为调增益电位器。

2．执行机构——电动调节阀

执行机构 QSVP20-15N 智能电动单座调节阀的主要技术参数如下。

执行机构形式：智能型直行程执行机构。

输入信号：DC 0～10mA/4～20mA/DC 0～5V/DC 1～5V。

输入阻抗：250Ω/500Ω。

输出信号：DC 4～20mA。

输出最大负载：<500Ω。

信号断电时的阀位：可任意设置为保持/全开/全关/0～100%间的任意值。

电源：220V±10%/50Hz

3．智能调节仪 AI818A

如图 4-3 所示，智能调节仪使用的是上海万迅仪表有限公司 AI818A，除具备 AI708A 的全部功能特点外，还具备外给定、手动/自动切换操作、手动整定及显示输出值等功能，并具备直接控制阀门的位置比例输出（伺服放大器）功能，也可独立作为手动操作器或伺服放大器用。此外，还具备可控硅移相触发输出功能，可节省可控硅移相触发器，能精确控制温度、压力、流量、液位等各种物理量。

面板接线端子功能说明如下。

1、2 端子：1～5V，0–5V 信号输入端（1 端+，2 端–）；2、3、4 端子：2、3 为 0.2～1V 信号输入端（注：0.2～1V 信号必须从 2、3 端子输入,2 端为–，3 端为+）；2、3、4 为热电阻，热电偶信号输入端。

RSV（I/V 转换）：将测量或外部输入电流信号转换为电压信号后输入到 1、2 端或 2、3 端。

7、8：测量或控制电流信号输出端。9、10：220V 交流供电电源输入端。RS485 通信口：与上位机通信接口。

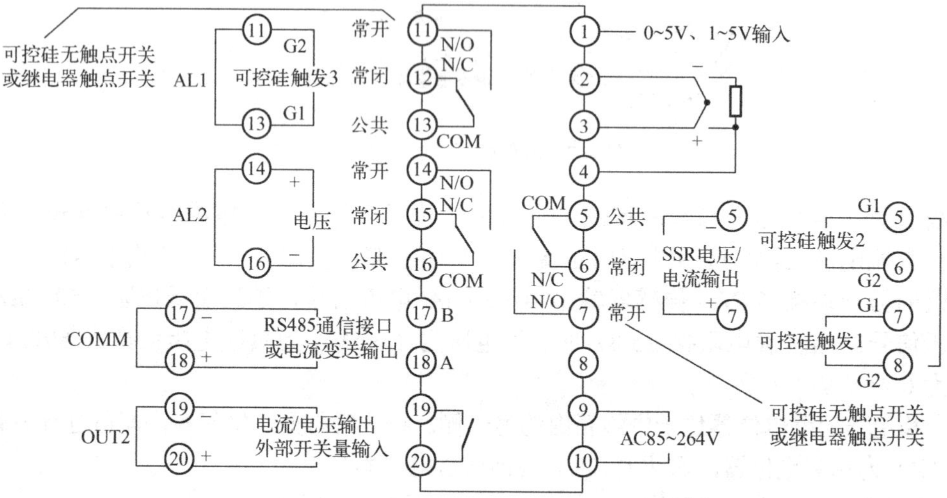

图 4-3　智能调节仪 AI818A 面板

注：线性电压量程在 1V 以下的由 3，2 端输入，0～5V 及 1～5V 由 1，2 端输入。4～20mA 线性电流输入可分别用 250Ω或 50Ω电阻变为 1～5V 或 0.2～1V 电压信号，然后从 1、2 端或 3、2 端输入。

智能调节仪使用参数设置如下，设置面板如图 4-4 所示。

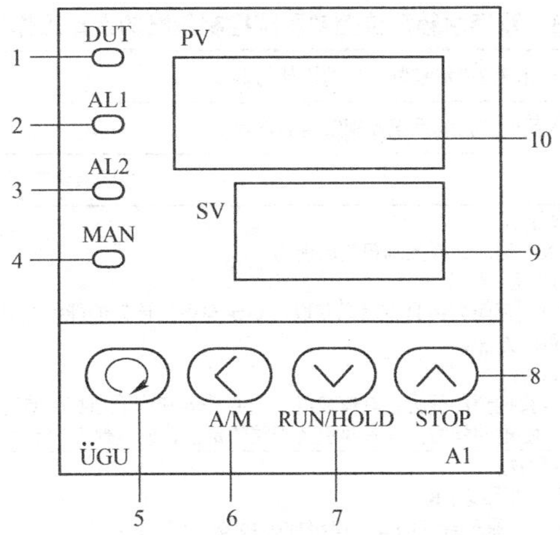

图 4-4　智能调节仪 AI818A 参数设置面板

1—输出指示灯　2—报警 1 指示灯　3—报警 2 指示灯　4—手动调节指示灯　5—显示转换（兼参数设置进入）
6—数据移位（兼手动/自动切换及程序设置进入）　7—数据减少键（兼程序运行/暂停操作）
8—数据增加键（兼程序停止操作）　9—给定值显示窗　10—测量值显示窗

修改参数时，按住 ↻ 键 3s，即可调出表 4-2 所列第一个参数 HIAL，用＜ 、V、∧ 修改参数的值。修改好第一个参数后，再按一下↻即可进入下一个参数的修改。

表 4-2　智能调节仪 AI818A 的参数说明

参 数 代 号	参 数 含 义	参 数 代 号	参 数 含 义
HIAL	上限报警	DIL	输入下限显示值
LOAL	下限报警	DIH	输入上限显示值
DHAL	正偏差报警	OPI	输出方式
DLAL	负偏差报警	OPL	输出下限
dF	回差	OPH	输出上限
CTRL	控制方式	CF	系统功能选择
P	比例度	Addr	通信地址
I	积分时间	Baud	通信波特率
D	微分时间	dL	输入数字滤波
sn	输入规格	run	运行状态
DIP	小数点位置		

任务 4.2　双容水箱液位控制系统控制策略的选择

双容水箱液位控制系统控制策略的选择工作任务单见表 4-3。

表 4-3 双容水箱液位控制系统控制策略的选择工作任务单

项目名称	项目 4 双容水箱液位串级控制系统的设计与调试		学时：8
工作任务	任务 2 双容水箱液位控制系统控制策略的选择		学时：2
授课地点	过程控制实训室	授课教师	
教学目标	1．专业能力目标 根据控制要求合理的选择控制策略的能力。 2．方法能力目标 具有自主学习创新能力；具有信息获取、制定与评估计划的能力和具有按照计划实施的能力；具有解决实际问题的思路或方法。 3．社会能力目标 具有批评与自我批评的能力；具有良好的自身修养和职业道德；具有团队合作和协作能力；具有良好的心理素质和克服困难的能力；具有角色及利益的定位、顾及他人的能力；具有环保意识		
工作任务描述	1．理解 PID 算法； 2．PID 串级控制系统结构； 3．根据系统工作原理合理的设计串级控制系统		
教学重点	1．PID 算法讲解； 2．正确画出串级控制系统结构图； 3．比例、积分、微分控制器的作用		
教学难点	串级控制系统工作过程		
考核标准	1．能够列出系统的硬件组成清单； 2．掌握智能仪表 AI818A 的参数设置方法		
教学设备	计算机、投影仪、AE2000A 过程控制系统		
相关资料及资源	情境描述卡、工作任务单、教材、实验指导书、视频、学习手册、安全操作手册、课程网站		
提交成果	工作记录单，串级控制系统结构图，学习心得体会等		
注意事项	1．遵守安全操作规范，安全第一； 2．动手操作之前一定要弄懂相关的工作原理； 3．要发挥团队协作精神		

4.2.1 PID 算法简介

在实际生产过程控制中，应用最广泛的调节器控制为比例、积分、微分控制，简称 PID 控制或 PID 调节。PID 调节以结构简单、稳定性好、工作可靠、调节方便而成为工业控制的主要技术之一。当被控对象的结构和参数不能完全掌握，或得不到精确的数学模型时，系统控制器的结构和参数必须依靠经验和现场调试来确定，这时应用 PID 控制技术最为方便。PID 控制在实际应用中也有 PI 和 PD 控制。

1．模拟 PID 控制器

典型的 PID 模拟控制系统框图如图 4-5 所示。图中的各物理量均为模拟量，$SV(t)$是设定值，$PV(t)$是过程变量，$c(t)$是被控量，PID 调节器的输入输出关系式为

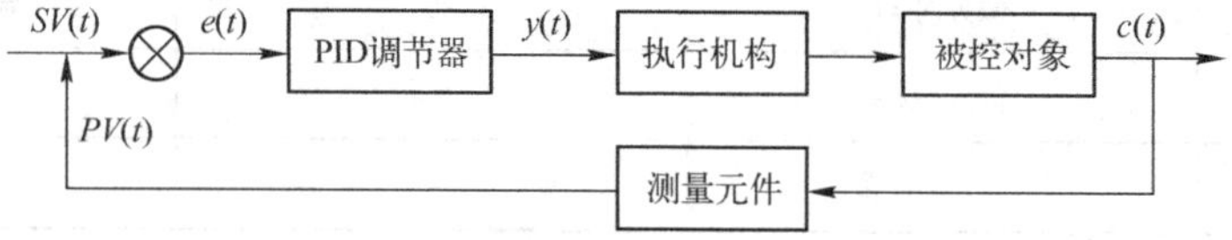

图 4-5 模拟量闭环控制系统框图

$$y(t) = K_P[e(t) + \frac{1}{T_I}\int_0^t e(t)\mathrm{d}t + T_D\frac{\mathrm{d}e(t)}{\mathrm{d}t}] \tag{4-1}$$

式中，误差信号 $e(t)=SV(t)-PV(t)$；$y(t)$是 PID 控制器的输出值；K_P 是控制器的比例系数；T_I 和 T_D 分别是积分时间常数和微分时间常数。PID 控制程序的主要任务就是实现式（4-1）中的运算，因此有人将 PID 控制器称为 PID 控制算法。

2．PID 控制器

（1）比例调节器

比例调节器的微分方程为

$$Y=K_p e(t) \tag{4-2}$$

式中，Y 为调节器输出；K_P 为比例系数；$e(t)$为调节器输入偏差。由式（4-2）可以看出，调节器的输出与输入偏差成正比。因此，只要偏差出现，就能及时地产生与之成比例的调节作用，具有调节及时的特点。比例调节器的特性曲线如图 4-6 所示。

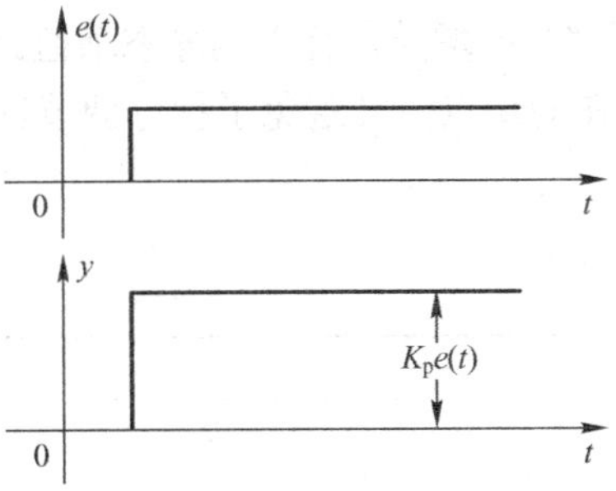

图 4-6 比例调节器阶跃响应曲线

比例调节作用的大小，除了与偏差有关，主要取决于比例系数。比例系数越大，调节作用越强，动态特性也越好。反之，比例系数越小，调节作用越弱。但对于多数惯性环节，K_P 太大时，会引起自激振荡。

比例调节器的主要缺点是存在静差，因此对于扰动较大，惯性较大的系统，若采用单纯的比例调节器，就难于兼顾动态和静态特性，因此，需要用调节规律比较复杂的调节器。

（2）比例积分调节器

所谓积分作用是指调节器的输出与输入偏差的积分成比例的作用。积分方程为

$$y=\frac{1}{T_i}\int e(t)\mathrm{d}t \tag{4-3}$$

式中，T_i 是积分时间常数，它表示积分速度的大小，T_i 越大，积分速度越慢，积分作用越弱。积分作用的阶跃响应特性曲线如图 4-7 所示。

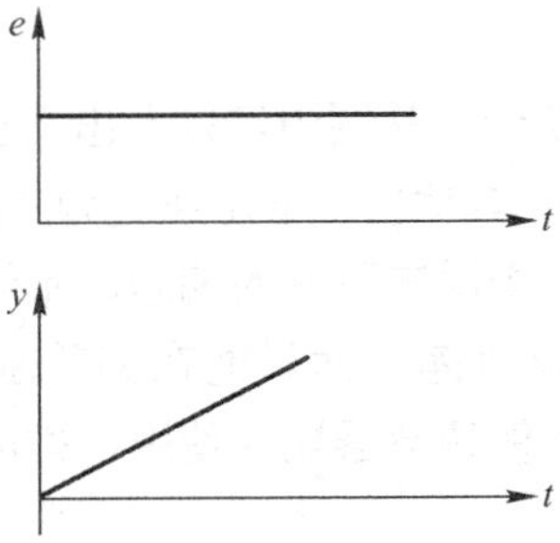

图 4-7 积分调节器阶跃响应曲线

积分作用的特点是调节器的输出与偏差存在的时间有关，只要有偏差存在，输出就会随时间不断增长，直到偏差消除调节器的输出才不会变化。因此，积分作用能消除静差，但从图 4-7 中可以看出，积分的作用动作缓慢，而且在偏差刚一出现时，调节器作用很弱，不能及时克服扰动的影响，致使被调参数的动态偏差增大，调节过程延长，它很少单独使用。若将比例和积分两种作用结合起来，就构成 PI 调节器，调节规律为

$$y = K_{\mathrm{p}}\left[e(t) + \frac{1}{T_{\mathrm{i}}}\int e(t)\mathrm{d}t\right] \tag{4-4}$$

由图 4-8 可以看出，对于 PI 调节器，当有一阶跃作用时，开始瞬时有一比例输出 y_1，随后在同一方向，在 y_1 的基础上输出值不断增大，这就是积分作用 y_2。由于积分作用不是无穷大，而是具有饱和作用，因此经过一段时间后，PI 调节器的输出趋于稳定值 $K_{\mathrm{i}}K_{\mathrm{p}}e(t)$。其中，系数 $K_{\mathrm{i}}K_{\mathrm{p}}$ 是时间 t 趋于无穷时的增益，称之为静态增益。由此可见，这样的调节器，既克服了单纯比例调节有静差存在的缺点，又避免了积分调节器响应慢的缺点，静态和动态特性均得到了改善。

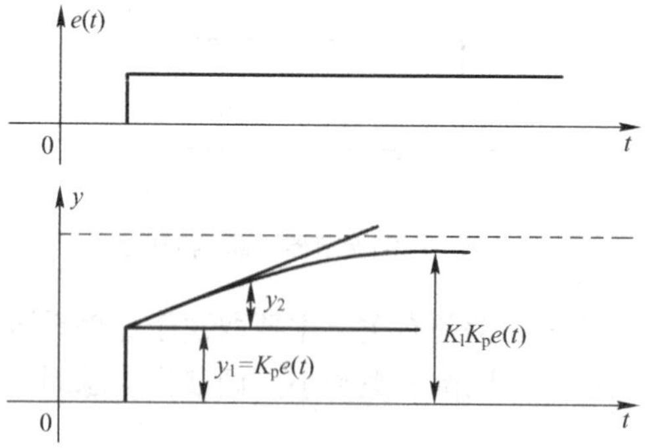

图 4-8　PI 调节器阶跃响应曲线

（3）比例微分调节器

PI 调节器虽然动作快，可以消除静态误差，但当控制对象具有较大的惯性时，用 PI 调节器就无法得到很好的调节品质。这时，若在调节器中加入微分作用，即在偏差刚刚出现，偏差值尚不大时，根据偏差变化的趋势（速度），提前给出较大的调节作用，这样可使偏差尽快消除。微分调节器的微分方程为

$$y = T_{\mathrm{D}}\frac{\mathrm{d}e(t)}{\mathrm{d}t} \tag{4-5}$$

式中，T_{D} 为微分时间常数。

微分作用响应曲线如图 4-9 所示。从图中可以看出，在 $t=t_0$ 时加入阶跃信号，此时输出值 y 变化的速度很快：当 $t > t_0$ 时，其输出值 y 迅速变为 0。微分作用的特点是，输出只能反应偏差输入变化的速度，而对于一个固定不变的偏差，不管其数值多大，根本不会有微分作用输出。因此，微分作用不能消除静差，而只能在偏差刚刚出现时产生一个很大的调节作用。它一般不单独使用，需要与比例调节器配合使用，构成 PD 调节器。PD 调节器的阶跃响应曲线如图 4-10 所示。

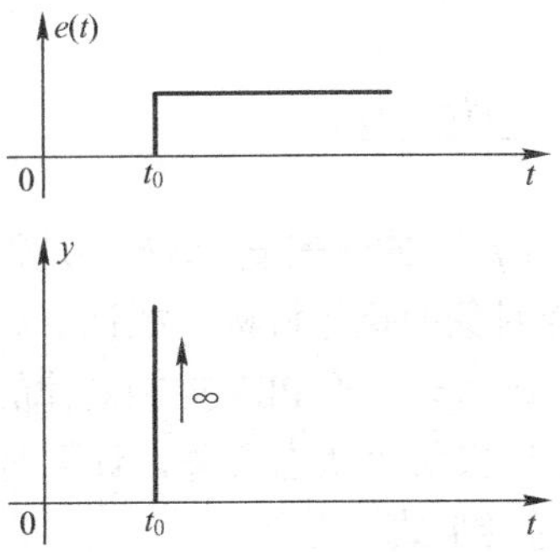

图 4-9　微分调节器阶跃响应曲线

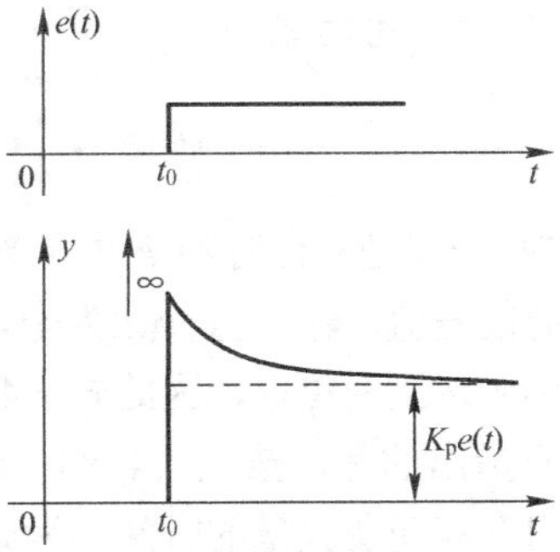

图 4-10　PD 调节器阶跃响应曲线

从图中可以看出，当偏差刚一出现的瞬间，PD 调节器输出一个很大的阶跃信号，然后，按指数下降，以致最后微分作用完全消失，变成一个纯比例调节。 通过改变微分时间常数 T_D，可以调节微分作用的强弱。

（4）比例积分微分调节器

为了进一步改善调节品质，往往把比例、积分、微分三种作用组合起来，构成 PID 调节器。理想的 PID 微分方程见式（4-1）。

PID 调节器对阶跃信号的响应曲线如图 4-11 所示。由图可以看出，对于 PID 调节器，在阶跃信号作用下，首先是比例和微分作用，使其调节作用加强，然后再进行积分调节，直到最后消除静差为止。因此，采用 PID 调节器，无论从静态还是从动态的角度来说，调节品质均得到了改善，因此 PID 调节器已经成为一种应用最为广泛的调节器。

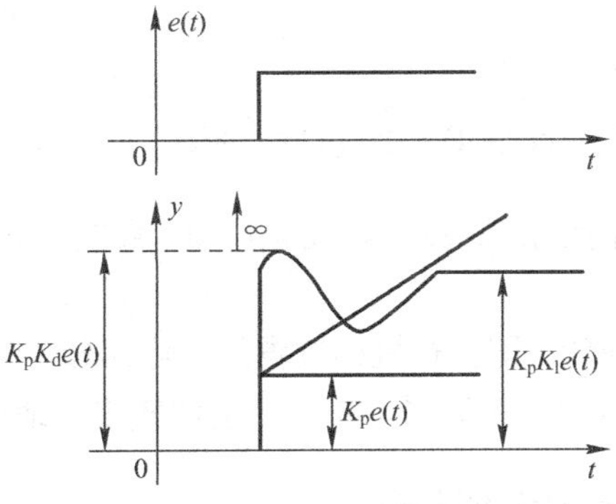

图 4-11　PID 调节器阶跃响应曲线

3. 数字 PID 控制器

因为式（4-1）表示的调节器的输入函数及输出函数均为模拟量，所以计算机是无法对其进行直接运算的。为此，必须将连续形式的微分方程化成离散形式的差分方程。取 T 为采样周期，k 为采样序号，k=0、1、2、…、i、…、k，因采样周期 T 相对于信号变化周期是很小的，这样可以用矩形法计算面积，用向后差分代替微分，即

$$\int_0^t e(t)\mathrm{d}t = \sum_{i=0}^{k} e_i T \tag{4-6}$$

$$\frac{\mathrm{d}e(t)}{\mathrm{d}t} = \frac{e(k)-e(k-1)}{T} \tag{4-7}$$

式（4-1）可写成

$$y(k)=K_{\mathrm{p}}\left[e(k)+\frac{1}{T_{\mathrm{i}}}\sum_{i=0}^{k}e_iT+T_{\mathrm{D}}\frac{e(k)-e(k-1)}{T}\right] \tag{4-8}$$

式中，$y(k)$是采样时刻 k 时的输出值；$e(k)$是采样时刻 k 时的偏差值；$e(k-1)$是采样时刻 $k-1$ 时的偏差值。输出量 $y(k)$为全量输出。它对应于被控对象的执行机构（如调节阀）每次采样时刻应达到的位置，因此式（4-8）称为 PID 位置控制算式。即 PID 控制规律的离散化形式。应指出的是，按式（4-8）计算 $y(k)$时，输出值与过去所有状态有关，计算时要占用大量的内存和花费大量的时间，为此，将式（4-8）化成递推形式

$$y(k-1)=K_{\mathrm{p}}\left[e(k-1)+\frac{1}{T_{\mathrm{i}}}\sum_{i=0}^{k-1}e_iT+T_{\mathrm{D}}\frac{e(k-1)-e(k-2)}{T}\right] \tag{4-9}$$

用式（4-8）减去式（4-9），经整理后可得

$$y(k)=y(k-1)+K_{\mathrm{p}}\{e(k)-e(k-1)+\frac{T}{T_{\mathrm{i}}}e(k)+\frac{T_{\mathrm{D}}}{T}[e(k)-2e(k-1)+e(k-2)]\} \tag{4-10}$$

按式（4-10）计算在时刻 k 时的输出量 $y(k)$，只需用到采样时刻 k 的偏差值 $e(k)$，以及向前递推一次及两次的偏差值 $e(k-1)$、$e(k-2)$和向前递推一次的输出值 $y(k-1)$，这样大大节约了内存和计算时间。

应该注意的是，按 PID 的位置控制算式计算输出量 $y(k)$时，若计算机出现故障，输出量的大幅度变化将显著改变被控对象的位置（如调节阀门突然加大或减小），可能会给生产造成损失。为此，常采用增量型控制，即输出量是两个采样周期之间，控制器的输出增量$\Delta y(k)$。由式（4-10），可得

$$\begin{aligned}\Delta y(k)&=y(k)-y(k-1)\\&=K_{\mathrm{p}}\left\{e(k)-e(k-1)+\frac{T}{T_{\mathrm{i}}}e(k)+\frac{T_{\mathrm{D}}}{T}[e(k)-2e(k-1)+e(k-2)]\right\}\end{aligned} \tag{4-11}$$

式（4-11）称为 PID 增量式控制算式。式（4-10）和式（4-11）在本质上是一样的，但增量式算式具有下述优点。

① 计算机只输出控制增量，即执行机构位置的变化部分，误动作影响小。

② 在进行手动/自动切换时，控制量冲击小，能够较平滑地过渡。

4.2.2 串级控制基本概念及组成结构

在一般工业生产中，单回路控制系统是最简单的控制系统，在大多数情况下能满足生产过程的要求。但是，如果被控对象比较复杂，各种扰动因素较多，控制精度又要求较高，这时单回路控制就难以满足要求，必须考虑一些新的控制方案。由于双容水箱液位被控对象具有较大的容积延迟，采用单回路控制系统超调量大，系统调节时间长，控制效果差，不能满足一般的控制要求，所以采用串级控制。

一般的串级控制系统结构框图如图 4-12 所示。从图中可以看到，串级控制系统有一个明显的特点：在结构上有两个闭环。一个环在里面，称之为副环或副回路，在控制过程中起着“粗调”的作用；一个环在外面，称之为主环或主回路，用来完成“细调”任务，以最终保证被调量满足工艺要求。无论主环还是副环都有各自的调节对象、测量变送元件和调节器

（PID 控制器又称为 PID 调节器）。系统中尽管有两个调节器，但它们的作用各不相同。主调节器具有自己独立的设定值，它的输出作为副调节器的设定值，而副调节器的输出信号则送到执行机构去控制生产过程。整个系统包括两个控制回路，主回路和副回路。副回路由副变量检测变送器、副调节器、调节阀和副过程构成；主回路由主变量检测变送器、主调节器、副调节器、调节阀、副过程和主过程构成。

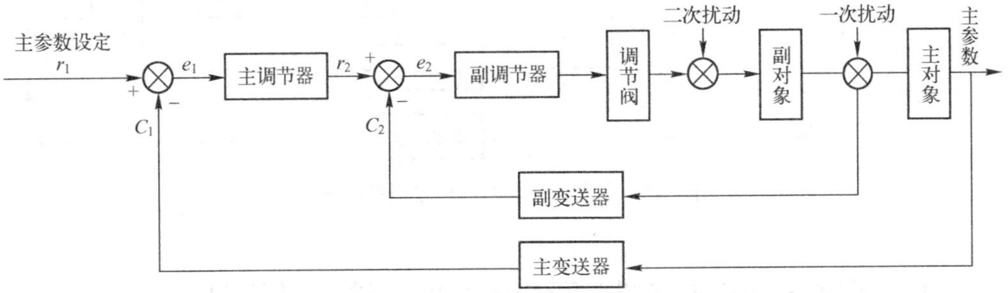

图 4-12　一般串级控制系统结构框图

一次扰动：作用在主被控过程上的，而不包括在副回路范围内的扰动。二次扰动：作用在副被控过程上的，即包括在副回路范围内的扰动。

4.2.3　串级控制系统的工作过程

当扰动发生时，破坏了稳定状态，调节器工作。根据扰动施加点的位置不同，分 3 种情况进行分析。

1）扰动作用于副回路。

2）扰动作用于主过程。

3）扰动同时作用于副回路和主过程。

由分析可知，在串级控制系统中，由于引入了一个副回路，不仅能克服进入副回路的扰动，而且又能改善过程特性。副调节器具有“粗调”的作用，主调节器具有“细调”的作用，从而使其控制品质得到进一步提高。

4.2.4　双容水箱液位控制系统串级控制设计

串级控制优于单回路控制是因为增加了副回路的缘故，所以副回路的设计质量是保证发挥串级控制优点的关键所在。有关副回路设计要遵循以下两个原则。

1）副参数的选择应该使副回路的时间常数小，调节通道短，反应灵敏。

通常串级系统被用来克服对象的容积滞后和延迟。选择副参数，使得副回路时间常数小，调节时间短，从而使等效对象的时间常数大为减小，提高系统的工作频率，加快了反应速度，缩短控制时间，最终改善系统的控制品质。

2）副回路应包含被控对象所受到的主要干扰。

串级控制对二次干扰有较强的克服能力。为了发挥这一特殊作用，在系统设计时，副回路的选择应使得副环尽可能多地包含一些扰动，当然也不能试图把所有扰动都包括进去，这样将使主调节器失去作用，也就不能称其为串级控制。

分析双容水箱的动作特性，选取上水箱液位作为副调节器调节对象，下水箱液位作为主调节器调节对象。控制框图如图 4-13 所示。

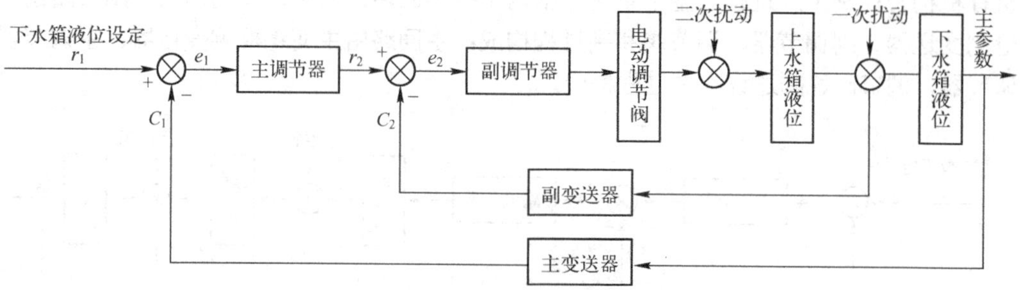

图 4-13　上水箱下水箱液位串级控制框图

任务 4.3　双容水箱液位控制系统上位机监控软件设计

双容水箱液位控制系统上位机监控软件设计工作任务单见表 4-4。

表 4-4　双容水箱液位控制系统上位机监控软件设计任务单

项目名称	项目 4　双容水箱液位串级控制系统的设计与调试		学时：8
工作任务	任务 3　双容水箱液位控制系统上位机监控软件设计		学时：2
授课地点	组态软件实验室	授课教师	
教学目标	1．专业能力目标 掌握上位机监控软件趋势曲线、报警及 PID 控件的使用。 2．方法能力目标 具有自主学习创新能力；具有信息获取、制定与评估计划的能力和具有按照计划实施的能力；具有解决实际问题的思路或方法。 3．社会能力目标 具有批评与自我批评的能力；具有良好的自身修养和职业道德；具有团队合作和协作能力；具有良好的心理素质和克服困难的能力；具有角色及利益的定位、顾及他人的能力；具有环保意识		
工作任务描述	1．智能仪表硬件设备定义； 2．根据系统要求正确地进行数据库组态； 3．人机界面设计，包括主界面、趋势曲线、报警窗口。		
教学重点	趋势曲线的使用、报警窗口的设置、安全机制的设置、PID 控件的设置		
教学难点	PID 控件的使用和主控画面副菜单的制作		
考核标准	1．设备定义正确，串口参数设置正确； 2．人机界面简单美观； 3．趋势曲线定义正确，报警窗口组态正确		
教学设备	AE2000A 过程控制对象、安装有组态王 6.55 和 OFFICE 软件的计算机、投影仪		
相关资料及资源	情境描述卡、工作任务单、教材、实验指导书、视频、学习手册、PPT 课件、课程网站		
提交成果	工作记录单，组态工程、情境考核单、学习心得体会等		
注意事项	1．遵守安全操作规范，安全第一； 2．动手操作之前一定要阅读实验指导书； 3．要发挥团队协作精神		

4.3.1　工程的建立

单击“开始”→“程序”→“组态王 6.55”→“组态王”，此时出现“组态王工程管理器”窗口。在“组态王工程管理器”窗口单击“新建”按钮（或者单击“文件”菜单下的“新建工程”菜单项），出现“新建工程向导之一”对话框。单击“下一步”按钮，在“新建工程向导之二”对话框的文本框中输入工程保存目录“D:\”，单击“下一步”按钮，在出现的“新建工程向导之三”对话框中输入工程名称为“双容水箱液位控制系统”，最后单击“完成”按钮，并在出现的“是否将新建的工程设置为组态王当前工程”提示框中单击“是”按钮，完成工程的建立。此时，组态王在 D 盘根目录下建立了一个“双容水箱液位控制系统”子目录，之后所进行的组态工作的所有数据都将存储在这个目录中。

4.3.2 设备的配置

在“双容水箱液位控制系统”工程中，电动调节阀的控制信号、下水箱液位的信号，还有 PID 的各个参数都需要通过智能仪表 AI818A 设置，故需要进行设备配置，再建立相应的变量。

在组态王工程管理器中，双击刚建立的“双容水箱液位控制系统”工程，启动组态王工程浏览器，如图 4-14 所示。

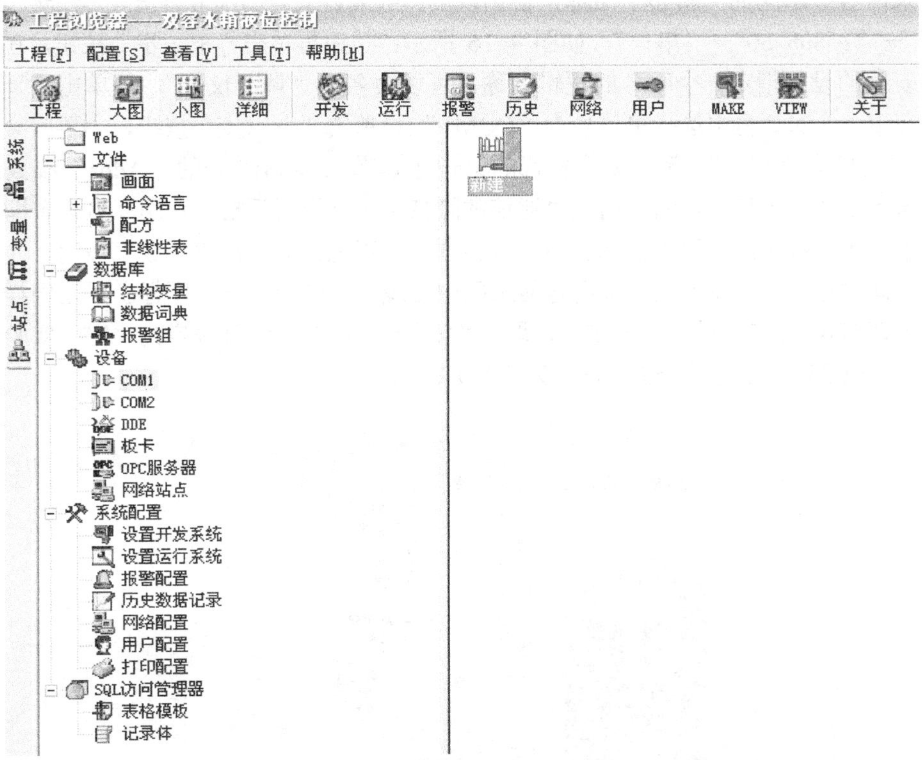

图 4-14 组态王工程浏览器

双击工程目录显示区中“设备”大纲下的“COM1”成员名，然后在弹出的对话框中输入串行通信口 COM1 的通信参数，如图 4-15 所示：波特率为 9600bit/s，无校验，8 位数据位，2 位停止位，通信方式为 RS232，然后单击“确定”按钮，这就完成了对 COM1 的通信参数配置，保证 COM1 同智能仪表 AI818A 的通信能够正常进行。

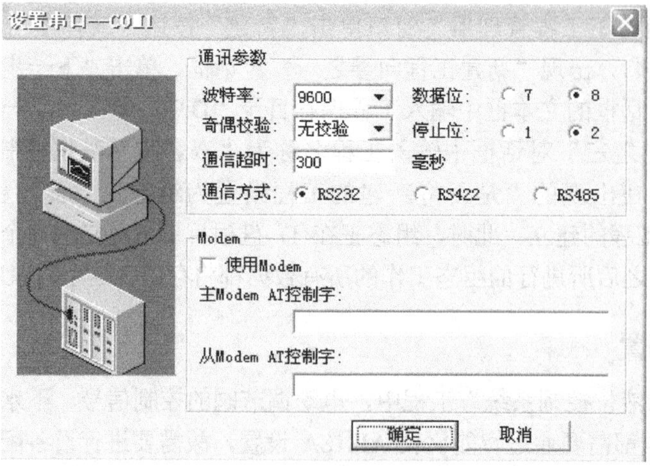

图 4-15　串口 COM1 的通信参数设置

由于组态王软件驱动包中没有 AI818A 的驱动，因此也可以采用本系列的 AI808，随后双击目录内容显示区的“新建”图标，在出现的“设备配置向导”中单击“智能仪表” → “宇光” → “Ai808_50”→ “串口”，如图 4-16 所示，然后再单击“下一步”按钮，在该对话框给要安装的设备指定一个唯一的逻辑名称，可以命名为“调节仪一”，再单击“下一步”按钮，在下一个对话框中选择串口号为“COM1”,再单击“下一步”按钮，为要安装的虚拟设备指定地址为“1”（注意，实验装置的第一个调节仪 AI818A 的“Addr”参数设置为“1”），再单击“下一步”按钮，出现“通信故障恢复策略”对话框，使用默认设置即可，再单击“下一步”按钮，出现“信息总站”对话框，检查无误后单击“完成”按钮，完成设备的配置。此时在工程浏览器的目录内容显示区中出现了“调节仪一”图标。采用同样的方法为第二个调节仪 Ai808 进行设备定义，取名为“调节仪二”，地址设定为“2”（实验装置的第二个调节仪 AI818A 的“Addr”设置为“2”）。

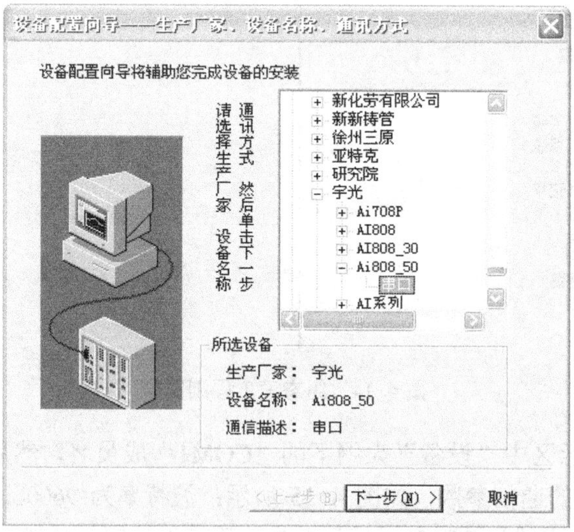

图 4-16　调节仪 AI808 设备配置向导

4.3.3 变量的定义

宇光 AI 仪表通过参数来定义仪表的输入、输出、报警、通信及控制方式。表 4-5 是 AI 系列的参数说明表。

表 4-5 AI 系列参数说明表

参数代号	参数含义	说 明	设置范围
HIAL	上限报警	测量值大于 HIAL +dF 值时仪表将产生上限报警。测量值小于 HIAL-dF 值时，仪表将解除上限报警。设置 HIAL 到其最大值（9999）可避免产生报警作用。 每种报警可自由定义为控制报警 1（AL1）、报警 2（AL2）或辅助输出（OUT2）动作	参数含义 -1999—+9999℃或 1 定义单位
LOAL	下限报警	当测量值小于 LOAL-dF 时产生下限报警，当测量值大于 LOAL+dF 时下限报警解除。设置 LOAL 到其最小值（-1999）可避免产生报警作用	同上
DHAL	正偏差报警	采用 AI 人工智能调节时，当偏差（测量值 PV-给定值 SV）大于 DHAL +dF 时产生正偏差报警。当偏差小于 DHAL-dF 时正偏差报警解除。设置 DHAL=9999（温度设为 999.9℃）时，正偏差报警功能被取消。 采用位式调节时，则 DHAL 和 DLAL 分别作为第二个上限和下限绝对值报警	0～999.9℃或 0～9999 定义单位
DLAL	负偏差报警	采用 AI 人工智能调节时，当负偏差（给定值 SV-测量值 PV）大于 DLAL+dF 时产生负偏差报警，当负偏差小于 DLAL-dF 时负偏差报警解除。设置 DLAL=9999（温度设为 999.9℃）时，负偏差报警功能被取消。	同上
dF	回差（死区、滞环）	回差用于避免因测量输入值波动而导致位式调节频繁通断或报警频繁产生 / 解除。 例如：dF 参数对上限报警控制的影响如下，假定上限报警参数 HIAL 为 800℃，dF 参数为 2.0℃： 1）仪表在正常状态，当测量温度值大于 802℃时（HIAL+dF）时，才进入上限报警状态； 2）仪表在上限报警状态时，当测量温度值小于 798℃(HIAL-dF)时，仪表才解除报警状态。 又如：仪表在采用位式调节或自整定时，假定给定值 SV 为 700℃，dF 参数设置为 0.5℃，以反作用调节(加热控制)为例： 1）输出在接通状态时，当测量温度值大于 700.5℃时(SV+dF)时关断； 2）输出在关断状态时，当测量温度值小于 699.5 ℃(SV-dF)时，才重新接通进行加热。 对采用位式调节而言，dF 值越大，通断周期越长，控制精度越低。反之，dF 值越小，通断周期越短，控制精度较高，但容易因输入波动而产生误动作，使继电器或接触器等机械开关寿命降低。 dF 参数对 AI 人工智能调节没有影响。但自整定参数时，由于也是位式调节，所以 dF 会影响自整定结果，一般 dF 值越小，自整定精度越高，但应避免测量值因受干扰跳动造成误动作。如果测量值数字跳动过大，应先加大数字滤波参数 dL 值，使得测量值跳动小于 2～5 个数字，然后可将 dF 设置为等于测量值的瞬间跳动值为佳	0～200.0℃或 0～2000 定义单位
CTRL	控制方式	CTRL=0，采用位式调节（ON—OFF），只适合要求不高的场合进行控制时采用。 CTRL=1，采用 AI 人工智能调节/PID 调节，该设置下，允许从面板启动执行自整定功能。 CTRL=2，启动自整定参数功能，自整定结束后会自动设置为 3 或 4。 CTRL=3，采用 AI 人工智能调节，自整定结束后，仪表自动进入该设置，该设置下不允许从面板启动自整定参数功能。以防止误操作重复启动自整定。 CTRL=4 ，该方式下与 CTRL=3 时基本相同，但其 *P* 参数定义为原来的 10 倍，即在 CTRL=3 时，*P*=5，则 CTRL=5 时，设置 *P*=50 时二者有相同的控制结果。在对极快速变化的温度（每秒变化 200℃以上），或快速变化的压力、流量的控制，还有变频调速器控制水压等控制场合，在 CTRL=1、3 时，其 *P* 值都很小，有时甚至要小于 1 才能满足控制需要，此时如果设置 CTRL=4，则可将 *P* 参数放大 10 倍，获得更精细的控制。 CTRL=5（仅适用 AI808），仪表将测量值直接作为输出值输出，可作为手动操作器或伺服放大器使用，如计算机控制系统中的后备手操器	0～5

（续）

参数代号	参数含义	说　明	设置范围
M50	保持参数	M5 、P、t 、CTI 等参数为 AI 人工智能调节算法的控制参数，对位式调节方式（CTRL=0 时）或 AI-708J 型仪表，这些参数不起作用。由于在工业控制中温度的控制难度较大，应用也最广泛，故以温度为例介绍参数定义。该算法也完全适合压力、流量、物位、湿度等各种不同的控制对象 M5 定义为输出值变化为 5%时，控制对象基本稳定后测量值的差值。5 表示输出值变化量为 5%，同一系统的 M5 参数一般会随测量值有所变化，应取工作点附近为准。 例如某电炉温度控制，工作点为 700℃，为找出最佳 M5 值，假定输出保持为 50%时，电炉温度最后稳定在 700℃左右，而 55%输出时，电炉温度最后稳定在 750℃左右。则最佳参数值可按以下公式计算 M5＝750-700＝50.0（℃） M5 参数值主要决定调节算法中积分作用，和 PID 调节的积分时间类同。M5 值越小，系统积分作用越强。M5 值越大，积分作用越弱（积分时间增加）。 设置 M5=0 时，系统取消积分作用及 AI 人工智能调节功能。调节部分成为一个比例微分（PD）调节器，这时仪表可在串级调节中作为副调节器使用	0～9999℃或 1 定义单位
P	速率参数	*P* 与每秒内仪表输出变化 100%时测量值对应变化的大小成反比，当 CTRL=1 或 3 时，其数值定义如下 *P*＝1000÷每秒测量值升高值（测量值单位是 0.1℃或 1 个定义单位）如仪表以 100%功率加热并假定没有散热时，电炉每秒升 1℃，则： $P=1000\div 10=100$ *P* 值类似 PID 调节器的比例带，但变化相反。*P* 值越大，比例、微分作用成正比增强，而 *P* 值越小，比例、微分作用相应减弱。*P* 参数与积分作用无关。 当 CTRL=5 时：*P* 参数设置将增大 10 倍，以上的例子中应设置 *P*=1000	1～999
t	滞后时间	对于工业控制而言，被控系统的滞后效应是影响控制效果的主要因素，系统滞后时间越长，要获得理想的控制效果就越困难，滞后时间参数 *t* 是 AI 人工智能算法相对标准 PID 算法而引进的新的重要参数，AI 系列仪表能根据 *t* 参数来进行一些模糊规则运算，以便能较完善地解决超调现象及振荡现象，同时使控制响应速度最佳。 *T* 定义为假定没有散热，电炉以某功率开始升温，当其升温速率达到最大值 63.5%时所需的时间。AI 系列仪表中 *t* 参数值单位是秒。 *T* 参数对控制的比例、积分、微分均起影响作用，*t* 越小，则比例和积分作用均成正比增强，而微分作用相对减小，但整体反馈作用增强；反之，*t* 越大，则比例和积分作用均减弱，而微分作用相对增强。此外 *t* 还影响超调抑制功能的发挥，其设置对控制效果影响很大。 如果设置 *t*≤CTI 时，系统的微分作用被取消	0～2000s
CTI	输出周期	CTI 参数值可在 0.5～125s（0 表示 0.5s）之间设置，它反映仪表运算调节的快慢。CTI 值越大，比例作用增强，微分作用减弱。CTI 值越小，则比例作用减弱，微分作用增强。CTI 值大于或等于 5s 时，则微分作用被完全消除，系统成为比例或比例积分调节。CTI 小于滞后时间的 1/5 时，其变化对控制影响较小，例如系统滞后时间 *t* 为 100s，则 CTI 设置为 0.5 或 10s 的控制效果基本相同。 CTI 确定的原则如下 1）采用时间比例方式输出时，如果采用 SSR(固态继电器)或可控硅作输出执行器件，控制周期可取短一些（一般为 0.5～2s），可提高控制精度。采用继电器开关输出时，短的控制周期会相应缩短机械开关的寿命，此时一般设置 CTI 要大于或等于 4(s)，设置越大继电器寿命越长，但太大将使控制精度降低，应根据需要选择一个能二者兼顾的值。 2）当仪表输出为线性电流或位置比例输出（直接控制阀门电机正、反转）时，CTI 值小可使调节器输出响应较快，提高控制精度，但由此可能导致输出电流变化频繁	0～125s

（续）

<table>
<tr><th>参数代号</th><th>参数含义</th><th>说　　明</th><th>设 置 范 围</th></tr>
<tr><td>Sn</td><td>输入
规格</td><td>Sn 用于选择输入规格，其数值对应的输入规格如下（括号内为 AI-708T 输入）：
<table>
<tr><th>Sn</th><th>输入规格</th><th>Sn</th><th>输入规格</th></tr>
<tr><td>0</td><td>K</td><td>1</td><td>S</td></tr>
<tr><td>2</td><td>R</td><td>3</td><td>T</td></tr>
<tr><td>4</td><td>E</td><td>5</td><td>J</td></tr>
<tr><td>6</td><td>B</td><td>7</td><td>N</td></tr>
<tr><td>8～9</td><td>备用</td><td>10</td><td>用户指定的扩充输入规格</td></tr>
<tr><td>11～19</td><td>备用</td><td>20</td><td>Cu50</td></tr>
<tr><td>21</td><td>Pt100</td><td>22～25</td><td>备用</td></tr>
<tr><td>26</td><td>0～80Ω电阻输入</td><td>27</td><td>0～400Ω电阻输入</td></tr>
<tr><td>28</td><td>0～20mV 电压输入</td><td>29</td><td>0～100mV 电压输入</td></tr>
<tr><td>30</td><td>0～60mV 电压输入</td><td>31</td><td>0～1V（0～500mV）</td></tr>
<tr><td>32</td><td>0.2～1V（100～500mV）</td><td>33</td><td>1～5V 电压输入</td></tr>
<tr><td>34</td><td>0～5V 电压输入</td><td>35</td><td>-20～+20mV（0～10V）</td></tr>
<tr><td>36</td><td>-100～+100mV（2～10V）</td><td>37</td><td>-5～+5V（0～50V）</td></tr>
</table>
Sn=10 时，采用外部分度号扩展。用户如需要以上输入规格外的其他分度号，如使用 Wre325、Wre526、Wre520、BA1、BA2、G、F2、开方 0～5V、1～5V 等规格输入，需特殊定货并将 Sn 设置为 10</td><td>0～37</td></tr>
<tr><td>DIP</td><td>小数
点位置</td><td>线性输入时，定义小数点位置，以配合用户习惯的显示数值。
DIP=0，显示格式为 0000，不显示小数点
DIP=1，显示格式为 000.0，小数点在十位。
DIP=2，显示格式为 00.00，小数点在百位。
DIP=3，显示格式为 0.000，小数点在千位。
改变小数点位置参数的设置只影响显示，对测量精度及控制精度均不产生影响。</td><td>0～3</td></tr>
<tr><td>DIL</td><td>输入
下限
显示值</td><td>用于定义线性输入信号下限刻度值，对外给定、变送输出、光柱显示均有效</td><td>-1999～+1999℃或定义单位</td></tr>
<tr><td>DIH</td><td>输入
上限
显示</td><td>用于定义线性输入信号上限刻度值，与 DIL 配合使用</td><td>同上</td></tr>
<tr><td>Sc</td><td>主输入
平移
修正</td><td>Sc 参数用于对输入进行平移修正。以补偿传感器或输入信号本身的误差，对于热电偶信号而言，当仪表冷端自动补偿存在误差时，也可利用 Sc 参数进行修正。例如：假定输入信号保持不变，Sc 设置为 0.0℃时，仪表测定温度为 500.0℃，则当仪表 Sc 设置为 10.0 时，则仪表显示测定温度为 510.0℃。
仪表出厂时都进行过内部校正，所以 Sc 参数出厂时数值均为 0。该参数仅当用户认为测量需要重新校正时才进行调整</td><td>-1999～+4000
0.1℃或 1 定义单位</td></tr>
<tr><td>OP1</td><td>输出
方式</td><td>OP1 表示主输出信号的方式，主输出上安装的模块类型应该相一致。
OP1=0，主输出为时间比例输出方式（用 AI 人工智能调节）或位式方式（用位式调节），当主模块上安装 SSR 电压输出、继电器触点开关输出、过零方式可控硅触发输出或可控硅无触点开关输出等模块时，应用此方式。
OP1=1，0～10mA 线性电流输出，主输出模块上安装线性电流输出模块。
OP1=2，0～20mA 线性电流输出，主输出模块上安装线性电流输出模块。
OP1=3，三相过零触发可控硅（时间比例），报警 1 也作为输出（报警 1 不再用于报警）。在主输出安装 K2 模块，报警 1 安装 K1 模块，可提供三路可控硅触发输出信号。
OP1=4，4～20mA 线性电流输出，主输出模块上安装线性电流输出模块。
OP1=5～7（只适合 AI-808/808P），位置比例输出，用于直接驱动阀门电机正、反转（后文有详细说明）。
OP1=8～11（只适合有扩充软件功能的仪表，电源频率需为 50Hz），8、9 分别为移相触发单相/三相输出，须安装 K3/K4 等可控硅移相触发输出模块。OP1=10、11 分别为周波比例单相/三相输出，须安装 K1/K2 等过零触发可控硅输出模块</td><td>0～11</td></tr>
</table>

（续）

参数代号	参数含义	说　明	设置范围
OPL	输出下限	通常作为限制调节输出最小值。当设置了分段功率限制功能时（参见 CF 参数设置），作为测量值低于下限报警时的输出上限。如果选购了双向调节输出软件，当设置 OPL<0 时，则仪表成为双向输出系统，表示冷输出最大限制	0～110%
OPH	输出上限	限制调节输出最大值。	0～110%
ALP	报警输出定义	ALP 参数用于定义 HIAL、LOAL、DHAL、DLAL 等 4 种报警功能的输出位置，它由以下公式定义其功能： ALP=A×1+B×2+C×4+D×8+E×16+F×32 A=0 时，上限报警由 AL1 输出；A=1 时，上限报警由 AL2 输出。 B=0 时，下限报警由 AL1 输出；B=1 时，下限报警由 AL2 输出。 C=0 时，正偏差报警由 AL1 输出；C=1 时，正偏差报警由 AL2 或 OUT2 输出。 D=0 时，负偏差报警由 AL1 输出；D=1 时，负偏差报警由 AL2 或 OUT2 输出。 E=0 时，报警时在下显示器交替显示报警符号，如 HIAL 、LOAL 等，能迅速了解仪表报警原因；E=1 时，报警时在下显示器不交替显示报警符号，一般用于将报警作为控制的场合。 F=0 时，当 C=1、D=1 时，正、负偏差报警由 AL2 输出；F=1 时，当 C=1、D=1 时，正、负偏差报警由 OUT2 输出。 例如：要求上限报警及正偏差报警由 AL1（报警 1）输出，下限报警及负偏差报警由 AL2（报警 2）输出，报警时在下显示器显示报警符号。则由上得出：A＝0，B＝1，C＝0，D＝1，E=0、F=0。则应设置参数如下： ALP＝0×1+1×2+0×4+1×8+0×16+0×32＝10	0～63
CF	系统功能选择	CF 参数用于选择部分系统功能： CF=A×1+B×2+C×4+D×8+E×16+F×32+G×64 A=0，为反作用调节方式，输入增大时，输出趋向减小，如加热控制。 A=1，为正作用调节方式，输入增大时，输出趋向增大，如制冷控制。 B=0，仪表报警无上电/给定值修改免除报警功能；B=1，仪表有上电/给定值修改免除报警功能（详细说明见后文叙述）。 C=0，仪表辅助功能模块按通信接口方式工作；C=1，仪表辅助功能模块按线性电流变送输出方式工作。 D=0，不允许外部给定；D=1，允许外部给定（仅适用 AI－808/808P 型）。 E=0，无分段功率限制功能，E=1，有分段功率限制功能（详见后文叙述）。 F=0，仪表光柱指示输出值，F=1，仪表光柱指示测量值（仅带光柱的仪表）。 G=0，仪表工作为 AI-808P 模式， G=1， 仪表工作为 AI-708P 模式（仅适用于 AI-808P）。 例：要求仪表为反作用调节，有上电免除报警功能，仪表辅助功能模块为通信接口，不允许外部给定，无分段功率限制功能，无光柱，则可得：A=0，B=1，C=0，D=0，E=1，F=0，G=0。CF 参数值应设置如下： CF=0×1+1×2+0×4+0×8+0×16+0×32+0×64=2	0～127
Addr	通信地址	当仪表辅助功能模块用于通信时（安装 RS485 通信接口， 参见 CF 参数设置），Addr 参数用于定义仪表通信地址，有效范围是 0～100。在同一条通信线路上的仪表应分别设置一个不同的 Addr 值以便相互区别。 当仪表辅助功能模块用于测量值变送输出时（安装 X 线性电流输出模块），Addr 及 Baud 定义对应测量值变送输出的线性电流大小，其中 Addr 表示输出下限，Baud 表示输出上限。单位是 0.1mA。例如：定义 4～20mA 的变送输出电流功能定义为： Addr=40，Baud=200。	0～100
Baud	通信波特率	当仪表辅助功能模块用于通信时，Baud 参数定义通信波特率，可定义范围是 300～19200bit/s（19.2Kbit/s）。 当仪表辅助功能模块用于测量值变送输出时，Baud 用于定义变送输出电流上限	0～19.2K
dL	输入数字滤波	AI 仪表内部具有一个取中间值滤波和一个一阶积分数字滤波系统。取中间值滤波为 3 个连续值取中间值，积分滤波和电子线路中的阻容积分滤波效果相当。当因输入干扰而导致数字出现跳动时，可采用数字滤波将其平滑。dL 设置范围是 0～20，0 没有任何滤波，1 只有取中间值滤波，2～20 同时取中间值滤波和积分滤波。dL 越大，测量值越稳定，但响应也越慢。一般在测量受到较大干扰时，可逐步增大 dL 值，调整使测量值瞬间跳动小于 2～5 个字。在实验室对仪表进行计量检定时，则应将 dL 设置为 0 或 1 以提高响应速度。	0～20

（续）

参数代号	参数含义	说　明	设置范围
run	运行状态及通电信号处理	对 AI-808 型仪表，run 参数定义自动/手动工作状态。 Run=0，手动调节状态。 Run=1，自动调节状态。 Run=2，自动调节状态，并且禁止手动操作。不需要手动功能时，该功能可防止因误操作而进入手动状态。 通过 RS-485 通信接口控制仪表操作时，可通过修改 run 参数的方式用计算机（上位机）实现仪表的手动/自动切换操作。 对 AI-808P 型仪表，run 参数定义如下： run=A×1+D×8+ F×32 其中，A 用于选择 5 种停电事件处理模式，D 用于选择 4 种运行/修改事件处理模式，F 用于选择自动/手动工作状态。 A 的设置定义如下： A=0，无论何种情况，在通电后都转往第 29 段执行，同时清除事件输出状态。该方式适合工艺要求极高的应用，不允许有任何时间的停电。在第 29 段可进行故障处理，如接通事件输出开关进行报警等。 A=1，在通电后如果没有偏差报警，则在原终止处继续执行，事件输出状态保持不变。否则转往第 29 段起执行，同时清除事件输出状态。 A=2，在仪表通电后继续在原终止处执行，事件输出状态保持不变。 A=3，通电后无论出现何种情况，仪表都进入停止状态。 A=4，仪表在运行中停电，来电后无论出现何种情况，仪表都进入暂停状态。但如果仪表停电前为停止状态，则来电后仍保持停止状态。 D 用于选择运行/修改事件处理，其设置定义如下： D=0，无测量值启动功能和准备功能，程序按原计划执行，这种模式保证了固定的程序运行时间，但无法保证整条曲线的完整性。 D=1，有测量值起动功能，可根据测量值预置已运行的时间，无准备功能。 D=2，无测量值启动功能，有准备功能。 D=3，有测量值启动功能及准备功能。 F 用于选择手动/自动状态（仅 AI-808P），其定义如下： F=0，自动调节状态。 F=1，手动调节状态。 F=2，自动状态且禁止从面板切换到手动状态。 例如：一台 AI-808P 型仪表通电后在原来位置继续执行，并且有测量值启动功能和准备功能，仪表处于自动工作状态，可设置 A=2，D=3，F=0。则： run= 2×1+3×8+0×32=26	

根据需要定义表 4-6 所列的变量。

表 4-6　工程定义的变量表

变量名	变量类型	连接设备	寄存器类型	值的范围	备注
比例 1	I/O 实数	调节仪一	M50	0～9999	
积分 1	I/O 实数	调节仪一	P	0～9999	
微分 1	I/O 实数	调节仪一	t	0～9999	
比例 2	I/O 实数	调节仪二	M50	0～9999	
积分 2	I/O 实数	调节仪二	P	0～9999	
微分 2	I/O 实数	调节仪二	t	0～9999	
上水箱液位设定值	I/O 实数	调节仪一	SV	0～100	
上水箱液位测量值	I/O 实数	调节仪一	PV	0～100	
输出值 1	I/O 实数	调节仪一	mv	0～100	
下水箱液位设定值	I/O 实数	调节仪二	sv	0～100	

（续）

变 量 名	变 量 类 型	连 接 设 备	寄存器类型	值 的 范 围	备 注
下水箱液位测量值	I/O 实数	调节仪二	pv	0～100	
输出值 2	I/O 实数	调节仪二	mv	0～100	
run1	I/O 整数	调节仪一	run	0～1	
run2	I/O 整数	调节仪二	run	0～1	
调整跨度	内存整数				历史曲线用
卷动百分比	内存整数				历史曲线用

4.3.4 监控画面的制作

分析双容水箱液位控制系统所要实现的功能，具体的上位机监控软件应包括如下画面。

1．主监控画面

在主监控画面上包括双容水箱液位系统画面和主调节器、副调节器的比例、积分、微分参数调整画面如图 4-17 所示，为了能够方便地切换到其他画面，增加了副菜单，如图 4-18 所示。

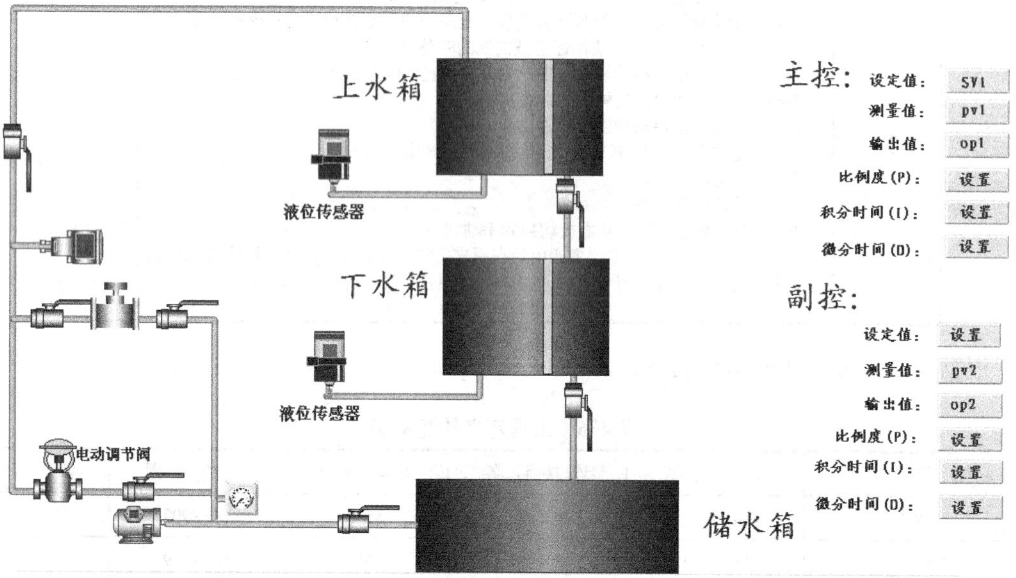

图 4-17 主控画面

图 4-18 副菜单

2．报警窗口的制作

运行报警和事件记录是控制软件必不可少的功能，当变量的数值或数值的变化异常时将产生报警，以便操作者采取必要的措施。

组态王中的报警和事件主要包括变量报警事件、操作事件、用户登录事件和工作站事件。

组态王中报警和事件的处理方法是：当报警和事件发生时，组态王把这些信息存于内存中的缓冲区中，报警和事件在缓冲区中是以先进先出的队列形式存储，所以只有最近的报警和事件在内存中。当缓冲区达到指定数目或记录定时时间到时，系统自动将报警和事件信息进行记录。报警的记录可以是文本文件、开放式数据库或打印机。另外，用户可以从人机界面提供的报警窗中查看报警和事件信息。

组态王系统“定义变量”对话框中的“报警定义”选项卡用于变量报警条件的定义。报警定义后，如果在运行阶段，变量的数值或变化情况满足已定义的报警条件或从报警条件恢复正常状态或报警应答时均可以产生报警事件（报警发生、报警恢复、报警应答）。同时对每一个变量的报警可以规定报警的优先级和所在的报警组，分别用于描述报警的严重程度和报警分类信息。报警信息可以在报警窗口中显示。报警窗口的制作过程如下。

1）创建报警画面。

新建一个画面，命名为“报警窗口”，画面宽度为“1024”，画面高度为“400”，其他采用默认值，在“报警窗口”画面上，可以选取工具箱的第三行第六列“报警窗口”控件，或者是通过“工具”下拉菜单中选择“报警窗口”，如图 4-19 所示。

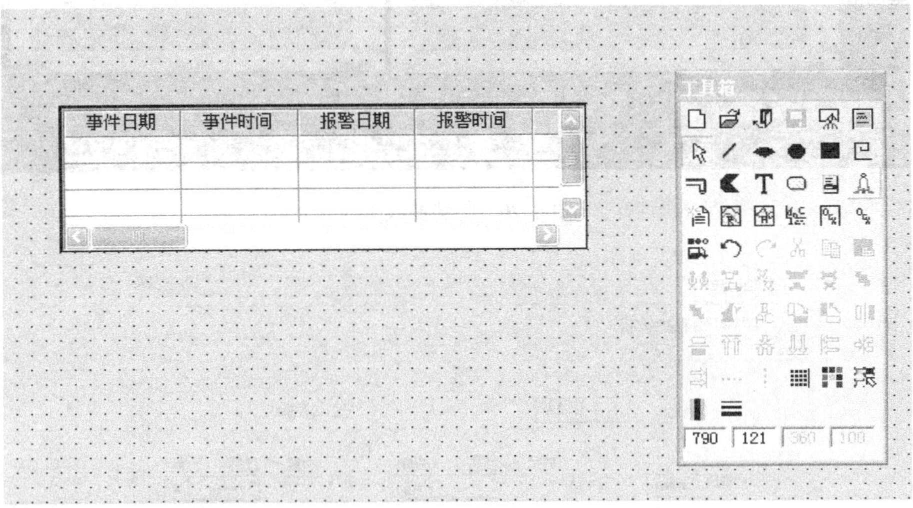

图 4-19　选择“报警窗口”控件

2）变量的报警属性配置。

下水箱液位的报警属性设置见表 4-7。

表 4-7　下水箱液位的报警属性设置表

报警属性	报警低低限	报警低限	报警高限	报警高高限	变化率报警
报警值	0	10	85	95	30%

3）变量的记录属性配置。

“定义变量”对话框的“记录和安全区”选项卡用于配置变量的历史数据记录信息，可选择“不记录”“数据变化记录”或“定时记录”。选择“数据变化记录”时，“变化灵敏”采用默认值“1”。

3. 趋势曲线画面的制作

新建一个画面，命名为“趋势曲线”，通过工具箱选取“实时曲线”控件，然后将该控件放到画面上，拖放至合适的大小，采取同样的方法将“历史曲线”控件放到画面上并拖放至合适的大小，如图 4-20 所示。双击曲线对象，打开“实时趋势曲线”对话框。在“曲线定义”选项卡下的“表达式”文本框中，将曲线 1 连接变量“下水箱液位测量值”，曲线 2 连接变量“下水箱液位设定值”，如图 4-21 所示。

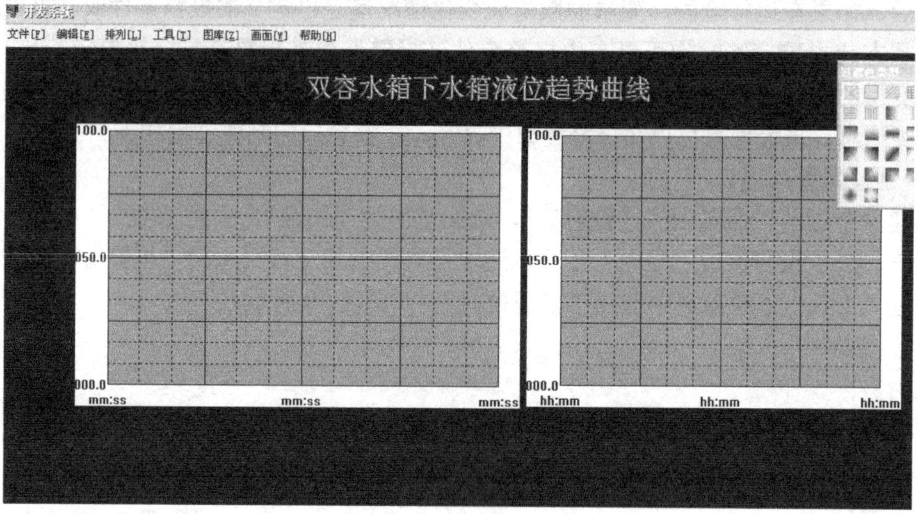

图 4-20　趋势曲线画面

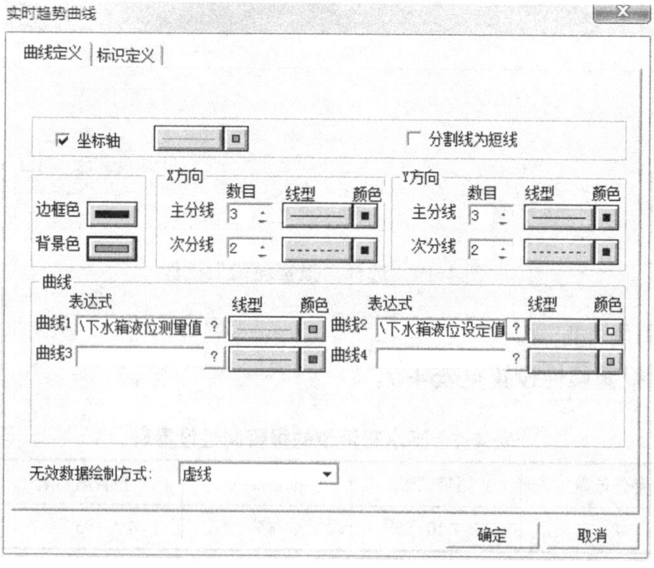

图 4-21　实时曲线变量连接画面

任务 4.4　双容水箱液位控制系统的调试

双容水箱液位控制系统的调试工作任务单见表 4-8。

表 4-8　双容水箱液位控制系统的调试任务单

项目名称	项目 4　双容水箱液位串级控制系统的设计与调试		学时：8
工作任务	任务 4　双容水箱液位控制系统的调试		学时：2
授课地点	过程控制实训室	授课教师	
教学目标	1．专业能力目标 掌握串级控制主、副回路 PID 参数的设置方法，掌握常用的调试方法和手段，掌握故障检查和排除的方法。 2．方法能力目标 具有自主学习创新能力；具有信息获取、制定与评估计划的能力和具有按照计划实施的能力；具有解决实际问题的思路或方法。 3．社会能力目标 具有批评与自我批评的能力；具有良好的自身修养和职业道德；具有团队合作和协作能力；具有良好的心理素质和克服困难的能力；具有角色及利益的定位、顾及他人的能力；具有环保意识		
工作任务描述	1．智能仪表设备的参数设置； 2．测量变送器的校准； 3．主、副回路 PID 控件参数设置； 4．实时曲线的采集及分析		
教学重点	串级控制参数整定方法，系统调试方法及故障排除方法		
教学难点	串级控制参数整定方法		
考核标准	1．设备操作规范，遵守操作规程； 2．水位控制结果； 3．团队合作精神； 4．主、副回路 PID 参数设置正确； 5．工作记录单。		
教学设备	AE2000A 过程控制对象		
相关资料及资源	情境描述卡、工作任务单、教材、实验指导书、视频、学习手册、PPT 课件、设备说明书、操作规程、课程网站		
提交成果	工作记录单、情境考核单、学习心得体会等		
注意事项	1．遵守安全操作规范，安全第一； 2．动手操作之前一定要阅读实验指导书； 3．要发挥团队协作精神		

4.4.1　设备的连接与检查

在调试前，先要确保 AE2000A 实验装置各个硬件正常，检查步骤如下。

1）打开以丹麦泵、电动调节阀、涡轮流量计组成的动力支路至上水箱的出水阀门，关闭动力支路上通往其他对象的切换阀门。

2）打开上水箱和下水箱的出水阀至适当开度。

3）检查电源开关是否关闭。

4.4.2　系统连线图

1）电源控制板上的三相电源、单相泵电源开关打在关的位置。

2）智能调节仪的 0～220V 电源开关打在关的位置。

3）如图 4-22 所示，将 I/O 信号接口板上的下水箱液位的钮子开关打到 OFF 位置，上水箱液位的钮子开关打到 ON 位置。

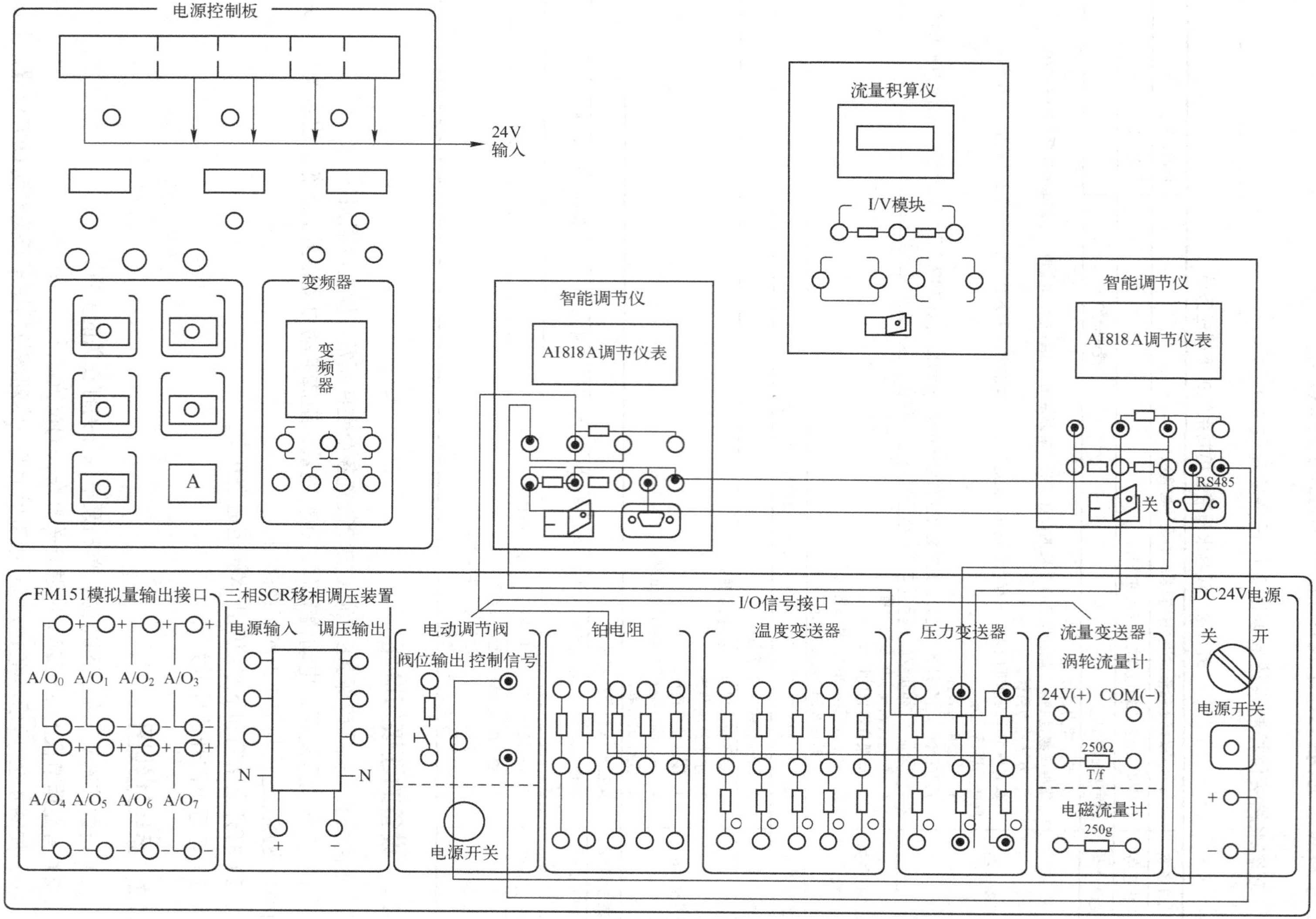

图4–22 双容水箱串级控制实验接线图

4）将主调节仪的 4～20mA 输出接至 I/O 信号面板的转换电阻上转换成 1～5V 电压信号，再将此转换信号接至另一调节仪（副调节器）的 1 端和 2 端作为外部给定，上水箱液位信号转换为 0.2～1V 的信号后接入副调节器的 3、2 两端。调节器输出的 4～20mA 接电动调节阀的 4～20mA 控制信号两端。

4.4.3 实验装置的启动

1）将实验装置电源插头接到 380V 的三相交流电源。

2）打开电源三相带漏电保护断路器，电压表指示 380V。

3）打开总电源钥匙开关，按下电源控制屏上的启动按钮，即可开启电源。

4）启动组态王 6.55 组态软件，进入实验系统相应的实验，如图 4-17 所示，在主控画面上，设置下水箱液位值，主、副回路的 PID 参数。通过查看实时曲线，获得理想的主、副回路的 P、I、D 参数。

4.4.4 参数整定方法

串级控制系统的控制器参数整定可采取下述两种方法。

（1）二步整定法

二步整定法的步骤如下。

1）将主回路闭合，主、副控制器的积分时间置最大值，微分时间置零，系统纯比例运行。

2）将主控制器比例度置于 100%，按某种衰减比（如 4∶1）整定副回路（整定时副控制器比例度应由大到小逐渐改变），求取在该衰减比下副控制器的比例度 δ_{2s} 数值和操作周期 T_{2s}。

3）将副控制器比例度置于 δ_{2s} 值，用同样方法和同样衰减比整定主回路，求取在该衰减比下主控制器的比例度 δ_{1s} 数值和操作周期 T_{1s}。

4）由 δ_{1s}、T_{1s} 及 δ_{2s}、T_{2s} 数据，结合控制器的选型，按整定时所选择的衰减比，选择适当的经验公式，求取主、副控制器的参数。

当整定时选用的衰减比为 4∶1 时，主、副控制器参数可按表 4-9 中的数据计算。

表 4-9 两步整定法的控制器参数经验数据

调节规律	调节参数		
	比例度 δ/%	积分时间 T_I/min	微分时间 T_D/min
P	δ_s		
PI	$1.2\delta_s$	$0.5T_s$	
PID	$0.8\delta_s$	$0.3T_s$	$0.1T_s$

5）按“先副后主”与“先比例次积分后微分”的次序，依次将计算出的主、副控制器参数放置好。

6）观察控制过程，必要时进行适当的调整。

（2）一步整定法

一步整定法的步骤如下。

1）根据副变量的类型，按表 4-10 的经验数据选择好副控制器的比例度。

表 4-10　一步整定法的控制器参数经验数据

副变量类型	副控制器放大系数 K_{C2}	副控制器比例度 δ/%
温度	1.7～5	20～60
压力	1.4～3	30～70
流量	1.25～2.5	40～80
液位	1.25～5	20～80

2）将副控制器参数置于经验值，然后按单回路控制系统中任一整定方法整定主控制器参数。

3）观察控制过程，根据主、副控制器放大系数匹配的原理，适当调整主、副控制器的参数，使主变量控制质量最好。

4）若出现振荡，可加大主（或副）控制器的δ，即可将其消除。如出现剧烈振荡，可先转入遥控，待稳定之后，重新投运和整定。

项目 5　35t/h 工业链条炉计算机控制系统设计与调试

项目引入

本项目来源于某集团供热公司的工业链条炉自动控制系统的改造，此系统采用计算机作为控制器，板卡作为输入/输出设备，应用组态王 6.55 制作上位机监控画面。通过本项目的学习，读者能够了解工业链条炉的生产工艺，掌握计算机控制系统设计的原则，掌握组态王 6.55 命令语言的使用。

任务 5.1　工业链条炉计算机控制系统方案设计

工业链条炉计算机控制系统方案设计工作任务单见表 5-1。

表 5-1　工业链条炉计算机控制系统方案设计任务单

项目名称	项目 5　35t/h 工业链条炉计算机控制系统设计与调试		学时：10
工作任务	任务 1 工业链条炉计算机控制系统方案设计		学时：3
授课地点	过程控制实训室	授课教师	
教学目标	1. 专业能力目标 了解工业链条炉生产工艺，确定整个系统的控制方案设计，确定控制手段，进行设备选型。 2. 方法能力目标 具有自主学习创新能力；具有信息获取、制定与评估计划的能力和具有按照计划实施的能力；具有解决实际问题的思路或方法。 3. 社会能力目标 具有批评与自我批评的能力；具有良好的自身修养和职业道德；具有团队合作和协作能力；具有良好的心理素质和克服困难的能力；具有角色及利益的定位、顾及他人的能力；具有环保意识		
工作任务描述	1. 任务工艺要求分析； 2. 了解工业链条炉生产工艺； 3. 根据控制参数确定控制方案； 4. 硬件设备的选型。		
教学重点	1. 设计任务书的分析；　2. 正确画出系统集成控制图； 3. 工业链条炉控制回路的设计；　4. 设备选型		
教学难点	工业链条炉控制回路的设计		
考核标准	1. 根据任务要求正确选择硬件设备；2. 能规范和正确地用绘图软件绘制出系统的控制原理图；3. 能根据控制参数正确的设计控制回路		
教学设备	安装有组态王 6.55、AutoCAD 绘图软件及 OFFICE 办公软件的计算机、投影仪		
相关资料及资源	情境描述卡、工作任务单、教材、实验指导书、视频、学习手册、安全操作手册、课程网站		
提交成果	工作记录单、系统方案图、学习心得体会等		
注意事项	1. 遵守安全操作规范，安全第一； 2. 动手操作之前一定要弄懂相关的工作原理； 3. 要发挥团队协作精神		

5.1.1　项目要求

某供热公司 5 号锅炉为 35t/h 工业链条炉，原锅炉系统存在以下问题：

1）所有电动机均工作在工频 50Hz 状态下，电能消耗量大，浪费严重而且噪声非常大；

2）磁调速电动机的滑差部分封闭性差，在运行环境较恶劣的锅炉现场长期使用易产生滑差头抱死的情况，可靠性差，维护工作量大；

3）普通控制方式基本上为手动操作、调节，锅炉运行人员劳动强度大、控制精度低；

4）由于水量/压和风量/压不能准确控制，致使水、煤量消耗较大；

5）原有的自耦减压起动装置在电动机起动时仍存在较大的冲击电流，对一次开关回路电器元件、二次继电回路仪表和电缆的容量要求较高且系统可靠性较低，维护工作量大等。

基于节能降耗的要求提出自动化改造，设计依据主要为《35t/h 蒸汽锅炉配电、自控仪表修改方案书》，主要技术指标及功能如下：

1）保证锅炉汽包水位维持在 15～30mm 范围内稳定运行；

2）保证锅炉实现经济燃烧，运行过程中不出现冒黑烟现象；

3）维持蒸汽压力在 1.2～1.3MPa，保证某集团的用汽需求，并且在运行过程中，炉排调节平缓，防止炉链因突然加速而断裂；

4）应用软件应具有报警功能；

5）应用软件应具有报表功能。

5.1.2 锅炉计算机控制系统的现状

锅炉是应用广泛的工业民用设备，我国目前运行的多数锅炉由于控制水平不高，其效率普遍低于国家标准，大多数锅炉仍处于能耗高、环境污染严重的生产状态，每年因为热效率低而多消耗的标准煤达到近 2000 万吨。传统的手工仪表监控系统已不适应节能降耗的要求，当今大多数企业采用自动控制系统实现对锅炉的控制。当前锅炉采用的自动控制系统的结构形式，从自控的角度可以划分为 PLC 系统、DCS 系统、IPC+PLC 系统、总线式工业控制机构成的系统等。它们各自有着自己的优点和不足，适用范围也不同，现比较如下。

1）可编程序控制器（PLC）系统。PLC 是一种专门为了在工业环境下运用而设计的数字运算操作的电子系统。它适用于恶劣的环境，但由于其原设计定位就是以处理开关量为主的顺序控制的自动化产品，在其工作过程中只有顺序执行而没有工作周期的概念，因此，对于有大量复杂控制回路和人机联系较密切的生产过程，用 PLC 来控制是不合适的。而锅炉控制恰恰是一个多回路调节系统，如果说在 PLC 系统的基础上再应用上工控机，实际上是不经济的。

2）分布式控制系统（DCS）。当前电厂的锅炉由于需要控制的点数多、控制回路多，而且还要求能够与企业信息管理系统结合起来，所以普遍采用的是 DCS 系统。随着计算机技术、通信技术、控制技术和 CTR 技术的发展，DCS 系统的功能越来越完善，系统的价格也越来越具有竞争力。所以一些大型的、经济效益好的热力公司也普遍采用 DCS 系统。

3）总线式工业控制机构成的系统。然而由于我国经济发展的不平衡，各个地区经济存在着较大的差异，所以大多数中小热力公司普遍采用的仍是总线式工业控制机构成的系统。总线式工业控制机构成的系统因为它独有的特点而受到一些厂家的欢迎。

根据厂家的要求和报价，采用总线式工业控制机构成的系统来实现 5 号锅炉的自动控制。把工控机、组态软件和变频器运用于 5 号锅炉控制系统，具备了传统计算机控制系统的低成本和易操作性，加之采用先进的控制算法，实现了锅炉节能、高效运行。

5.1.3 链条锅炉工艺简介及控制任务

1. 链条锅炉工艺简介

链条锅炉是火床燃烧炉的一种，煤在水平运动的炉排上燃烧，空气经预热器从炉排下方自下而上引入。煤从煤斗落到炉排上，经过炉闸门时被刮成一定厚度后进入炉膛，煤在炉排上分段燃烧成渣，炉渣随着炉排的转动排出。炉膛中燃烧的煤所释放的热量，被炉膛周围的水壁吸收进而在汽包中达到汽水分离，高温高压蒸汽进入分汽缸通过换热站供给用户。燃烧产生的烟气被引风机带动经过省煤器、空气预热器换热后再经过除尘排入大气。工艺流程如图 5-1 所示。

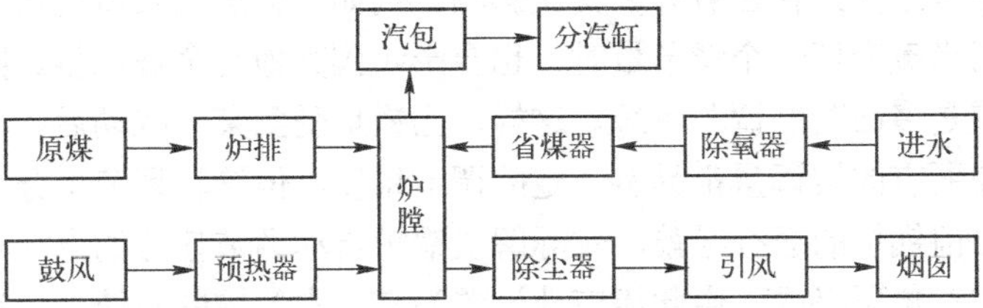

图 5-1　链条锅炉工艺流程简图

炉排炉燃烧的特点是：燃料（指固体燃料，以煤为主）在固定的、活络的、推动的、振动的或转动的炉排上燃烧。燃烧所需空气由炉排下供给，与燃料发生激烈化学反应，放出热量，并形成具有较高温度的烟气（包括一氧化碳，碳氢化合物等可燃气体），在炉膛空间继续燃烧放出热量，最后离开炉膛，进入对流热面、尾部受热面，进行换热，由烟囱排出。

链条炉排是一种可以循环转动的炉排。燃煤进入炉膛后，随着炉排的转动，依次完成预热、干馏、着火、燃烧、燃烬阶段。由于运行可靠，燃烧稳定，目前被广泛采用。

链条炉排的煤借煤的自重通过煤斗落到炉排上。用煤的多少，是根据锅炉的负荷，用煤闸板控制，煤闸板上的金属框架嵌有耐火材料。另外，它由机械传动调节其开度。为了防止煤闸板烧坏、变形，一方面耐火材料要具有较高的耐火度，另一方面还可以在煤闸板上安装循环水冷却管，冷却煤闸板。

链条炉排的一次空气，是由炉排下部进入的。风道可由一侧引入，对于较宽炉排，也有从两侧同时引入的。一般分段送入，俗称分段送风。分段风室有 3～5 个，相互隔绝，每个风室都有蝴蝶挡板控制其风压与风量。风室是由薄钢板焊接成的。

炉排工作面约有 40%是在较高温度下工作，其余炉排在下面空走，使炉排片得到了良好的冷却。链条炉排的后部装有挡渣装置，其作用为延长灰渣在炉排后部的停留时间，以使夹杂在灰渣中的可燃物进一步燃尽。

2. 工业锅炉的主要控制任务

工业锅炉自动运行的主要任务是：①保持汽包水位在规定的范围内；②控制蒸汽压力的稳定；③控制炉膛负压在规定的范围内；④维持经济燃烧。所以设计计算机控制系统必须按照以上原则进行。

工业锅炉是一个复杂的调节对象，有许多个调节参数和被调节参数，还存在着错综复杂的扰动参数。这些参数的相互作用如图 5-2 所示。

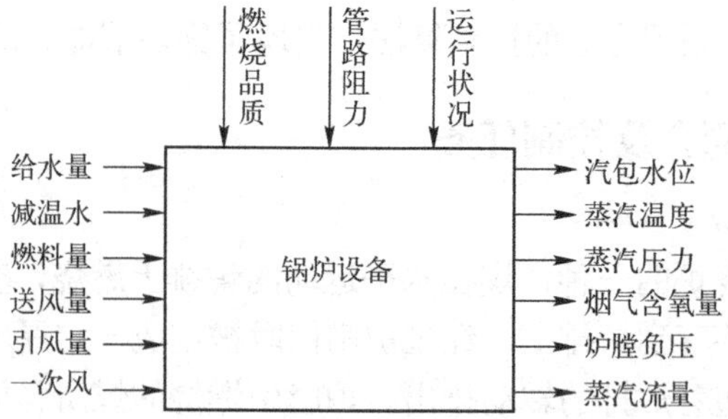

图 5-2　锅炉输入参数与输出参数之间的相互影响示意图

由图可以看出，锅炉是一个多输入、多输出、多回路、非线性的、相互关联的对象，调节参数与被调节参数之间，存在着许多交叉影响。例如当锅炉的负荷变化时，所有的被调量都会发生变化。而当改变任一个调节量时，也会影响到其他几个被调量。因此，理想的锅炉自动调节系统应该是多回路的调节系统。这样，当锅炉受到某一扰动后，同时协调地动作，改变其调节量，使所有的被调量都具有一定的调节精度。但这种调节十分复杂，要实现起来比较困难。根据目前锅炉的运行经验，实际解决锅炉自动调节任务的方法是将锅炉当作由几个相对独立的调节对象所组成，由此相应地设置为汽包水位控制系统、蒸汽压力控制系统、炉膛负压控制系统、燃煤经济燃烧控制系统。

5.1.4　工业链条炉计算机控制系统的设计

1. 系统规模

模拟量输入点：①给水泵变频器输入；②鼓风机变频器输入；③引风机变频器输入；④炉前温度；⑤炉膛温度；⑥炉后温度；⑦主蒸汽温度；⑧省煤器出口水温；⑨给水流量；⑩蒸汽流量；⑪炉膛负压；⑫主蒸汽压力；⑬汽包水位；⑭给煤机转速；⑮炉排转速；⑯给水压力。

模拟量输出点：①给水泵变频器输出；②鼓风机变频器输出；③引风机变频器输出；④给煤机转速输出；⑤炉排转速输出。模拟量输入、输出表见表 5-2。

表 5-2　锅炉计算机控制系统的模拟量输入、输出变量表

序　号	名　称	量程范围	通道号	备　注
1	主蒸汽压力	0～2.5MPa	AD0	模拟量输入
2	给水压力	0～2.5MPa	AD1	
3	炉膛负压	-200～200Pa	AD2	
4	蒸汽流量	0～40t/h	AD3	
5	给水流量	0～50t/h	AD4	
6	汽包水位	-50～100mm	AD5	
7	引风机输入	0～50Hz	AD6	
8	鼓风机输入	0～50Hz	AD7	
9	给水泵输入	0～50Hz	AD8	
10	主蒸汽温度	0～300℃	AD9	
11	炉前温度	0～1000℃	AD10	

（续）

序　　号	名　　称	量 程 范 围	通 道 号	备　　注
12	炉后温度	0～1000℃	AD11	模拟量输入
13	炉膛温度	0～1000℃	AD12	
14	炉排转速	0～1200r/min	AD13	
15	给煤机转速	0～1500r/min	AD14	
16	省煤器出口水温	0～300℃	AD15	
17	给水泵变频器输出	0～50Hz	DA1	模拟量输出
18	引风机变频器输出	0～50Hz	DA2	
19	鼓风机变频器输出	0～50Hz	DA3	
20	给煤机转速输出	0～1500r/min	DA4	
21	炉排转速输出	0～1200r/min	DA5	

2．系统硬件配置

系统硬件配置如图 5-3 所示。35t/h 工业链条炉要求检测的信号较多，图中为该系统的主要检测信号。

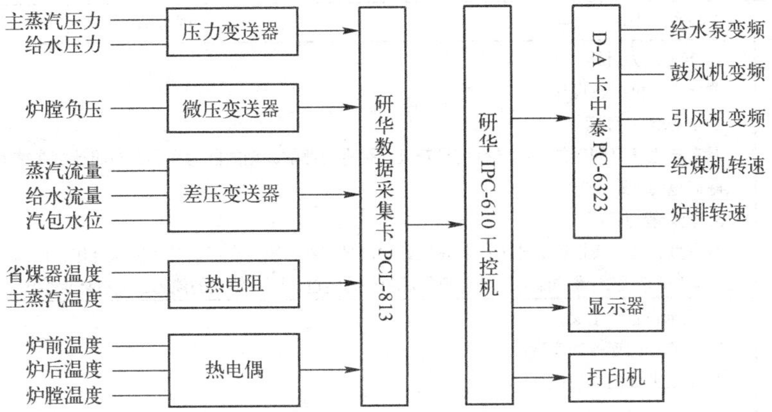

图 5-3　工业锅炉硬件系统配置图

控制器采用研华 IPC-610，原装研华 PIV 工控机，参数为 6006LV/6114P4/2.4G/256MB DDR/40GB/光驱/软驱。

A-D 卡采用研华 PCL-813 多功能数据采集卡，性能指标如下：

- 32 路单端 12 位模拟量输入通道；
- 超过 5000Vrms 绝缘；
- 12 位逐次逼近 A-D 转换器（AD574 或兼容芯片）；
- 一个采样/保持芯片；
- 可编程增益控制；
- 双极性或单极性模拟输入范围；
- 软件可编程增益控制；
- 为稳定的输入操作提供 DC-DC 集成转换器；
- 4 层 PCB，带内部地层。

D-A 卡采用中泰 PC-6323 光电隔离型模出接口卡，性能指标如下：

- D-A：8 bit 8CH；
- 电压输出：0～10V、±5V、0～5V、1～5V；
- 电流输出：0～10mA、4～20mA；
- 隔离电压≥500V；
- 电压输出方式负载能力：≤5mA / 路；
- 电流输出方式负载电阻范围：15V：0～250Ω / 24V：0～750Ω；
- 本卡自带隔离电源（DC/DC）。

任务 5.2　工业链条炉计算机控制系统上位机监控软件制作

工业链条炉计算机控制系统上位机监控软件制作工作任务单见表 5-3。

表 5-3　工业链条炉计算机控制系统上位机监控软件制作任务单

项目名称	项目 5　35t/h 工业链条炉计算机控制系统设计与调试		学时：10
工作任务	任务 2　工业链条炉计算机控制系统上位机监控软件制作		学时：3
授课地点	组态软件实训室	授课教师	
教学目标	1. 专业能力目标 掌握上位机组态设计。 2. 方法能力目标 具有自主学习创新能力；具有信息获取、制定与评估计划的能力和具有按照计划实施的能力；具有解决实际问题的思路或方法。 3. 社会能力目标 具有批评与自我批评的能力；具有良好的自身修养和职业道德；具有团队合作和协作能力；具有良好的心理素质和克服困难的能力；具有角色及利益的定位、顾及他人的能力；具有环保意识		
工作任务描述	1. 板卡设备的定义； 2. 特殊动画连接的实现； 3. 历史曲线的组态； 4. 掌握安全机制；		
教学重点	1. 板卡设备的定义； 2. 特殊动画效果的实现； 3. 历史曲线函数的使用； 4. 用户及安全机制。		
教学难点	1. 特殊动画效果的实现； 2. 用户及安全机制。		
考核标准	1. 人机界面设计简单美观；　2. 正确的定义设备； 3. 变量定义正确；4. 动画连接正确；5. 能实现自/手动切换		
教学设备	安装有组态王 6.55、AutoCAD 绘图软件及 OFFICE 办公软件的计算机、投影仪		
相关资料及资源	情境描述卡、工作任务单、教材、实验指导书、视频、学习手册、安全操作手册、课程网站		
提交成果	工作记录单、组态工程、学习心得体会等		
注意事项	1. 遵守安全操作规范，安全第一； 2. 通信电缆不能带电插拔； 3. 可以采用不同的动画连接实现相同的功能； 4. 要发挥团队协作精神		

5.2.1 设备的定义

根据此系统的硬件配置，需要定义两个 I/O 设备，一个是研华公司的 PCL-813，在组态王中命名为“evoc813”，设备地址为 200H；另一个是中泰的 PC-6323A，命名为“AO6323”，设备地址设置为 300H。

5.2.2 变量的定义

系统中主要的模拟量定义如图 5-4 所示。

$日期	内存字符串	7		
$时间	内存字符串	8		
$用户名	内存字符串	9		
$访问权限	内存实型	10		
$启动历史记录	内存离散	11		
$启动报警记录	内存离散	12		
$启动后台命令语言	内存离散	13		
$新报警	内存离散	14		
$双机热备状态	内存整型	15		
$毫秒	内存实型	16		
$网络状态	内存整型	17		
主蒸汽压力	I/O实型	21	evoc813	AD0.F3L5.G2
给水压力	I/O实型	22	evoc813	AD1.F3L5.G2
炉膛负压	I/O实型	23	evoc813	AD2.F3L5.G2
蒸汽流量	I/O实型	24	evoc813	AD3.F3L5.G2
给水流量	I/O实型	25	evoc813	AD4.F3L5.G2
汽包水位	I/O实型	26	evoc813	AD5.F3L5.G2
引风机输入	I/O实型	27	evoc813	AD6.F3L5.G2
鼓风机输入	I/O实型	28	evoc813	AD7.F3L5.G2
给水泵输入	I/O实型	29	evoc813	AD8.F3L5.G2
主蒸汽温度	I/O实型	30	evoc813	AD9.F3L5.G2
炉前温度	I/O实型	31	evoc813	AD10.F3L5.G2
炉后温度	I/O实型	32	evoc813	AD11.F3L5.G2
炉膛温度	I/O实型	33	evoc813	AD12.F3L5.G2
炉排转速	I/O实型	34	evoc813	AD13.F3L5.G2
给煤机转速	I/O实型	35	evoc813	AD14.F3L5.G2
省煤器出口水温	I/O实型	36	evoc813	AD15.F3L5.G2
给水泵变频器输出	I/O实型	37	AO6323	DA1
引风机变频器输出	I/O实型	38	AO6323	DA2
鼓风机变频器输出	I/O实型	39	AO6323	DA3
给煤机转速输出	I/O实型	40	AO6323	DA4
炉排转速输出	I/O实型	41	AO6323	DA5
新建...				

图 5-4　系统模拟量在组态王中的定义

5.2.3 各监控画面的设计

在现代集成监控系统中，要求任何大中型控制系统具备形象、直观、良好的人机交互界面。本系统充分利用了组态王 6.55 的功能，按照系统的监控要求构造了系统工程图形，设计了监控画面。

1. 锅炉监控主画面的设计

根据工业链条锅炉的生产工艺流程，利用组态王 6.55 提供的丰富的图库和编辑工具，绘出形象直观的蒸汽生产主画面，本着方便、实用、功能完善的思想，其主系统画面如图 5-5 所示。从主画面上可以显示系统的概况，如汽包水位、蒸汽压力、给水泵转速、引风机转速、鼓风机转速、炉排转速、给煤转速等，操作员的操作级别，各需要控制的热工变量的理想设定值，汽包液位的实时变化棒图等。

2．趋势曲线模块

趋势曲线用来反映数据随时间的变化情况，能细致地描绘出生产过程值每次的变化，并以曲线方式显示一段时间内的生产状态和趋势。趋势曲线分为实时趋势曲线和历史趋势曲线。实时趋势曲线上的数据随时间的变化一目了然，能快速反映数据变量的新变化；历史趋势曲线则完成历史数据的查看工作。实时曲线模块是根据厂家的要求，对一些重要的热工变量（汽包水位、蒸汽压力、给水流量、蒸汽流量、炉膛负压等），显示其实时曲线，并将一些有关系的变量在一个画面上采用不同颜色的趋势笔显示，使之更直观，如图 5-6 所示。

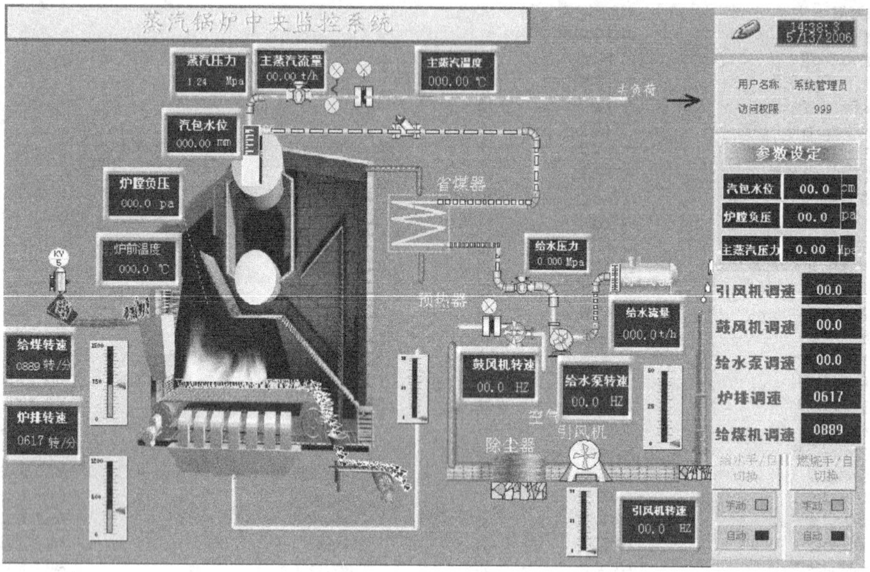

图 5-5　主监控画面

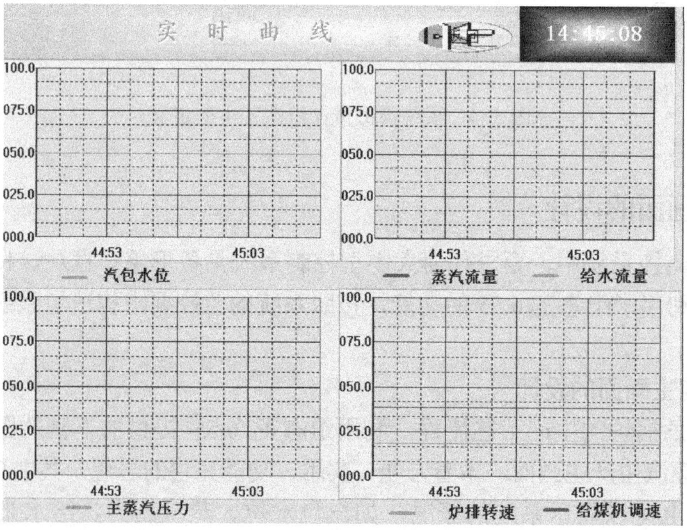

图 5-6　实时曲线图

历史趋势曲线是用一个曲线控件，将所有应该显示的热工变量分为压力组、温度组、频率组、流量组、液位组等。如图 5-7 所示。

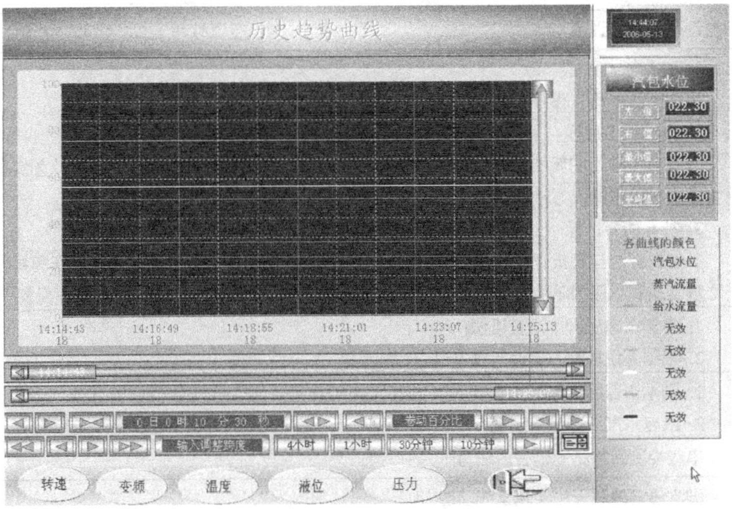

图 5-7　历史趋势曲线图

3．报表程序模块

该报表程序能实现实时报表的浏览，历史报表的查询，并具有打印功能，根据厂家要求每 2min 记录一个数据。

4．报警模块

报警窗口用于反映变量的不正常变化，自动对需要的变量进行监测，当发生异常时，要在报警窗口中显示出来。报警窗口分为实时报警窗口和历史报警窗口，实时报警窗口只显示当前的报警事件，要查阅历史报警事件只能通过历史报警窗口。

本系统对汽包液位、蒸汽压力、炉排转速等重要的影响锅炉安全的热工变量均设置了报警的上、下限，当这些变量越限时，采用声音提示报警，并在报警窗口以红色字体显示变量名和报警状态。如图 5-8 所示。

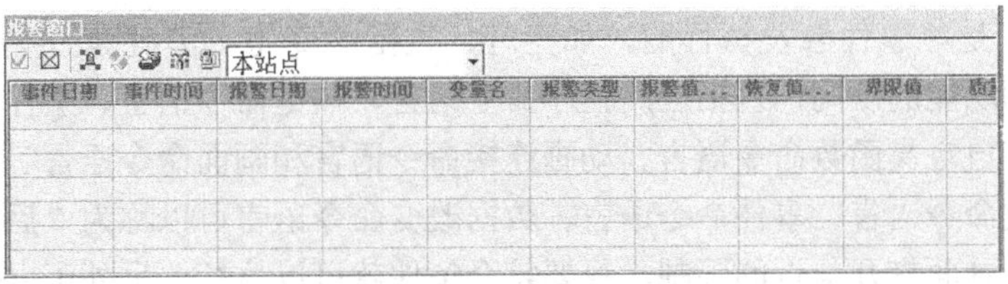

图 5-8　报警窗口

任务 5.3　工业链条炉计算机控制系统控制程序编写

工业链条炉计算机控制系统控制程序编写工作任务单见表 5-4。

表 5-4　工业链条炉计算机控制系统控制程序编写任务单

项目名称	项目 5　35t/h 工业链条炉计算机控制系统设计与调试		学时：10
工作任务	任务 3 工业链条炉计算机控制系统控制程序编写		学时：2
授课地点	自动化软件实训室	授课教师	
教学目标	1. 专业能力目标 组态王脚本语言程序编制能力。 2. 方法能力目标 具有自主学习创新能力；具有信息获取、制定与评估计划的能力和具有按照计划实施的能力；具有解决实际问题的思路或方法。 3. 社会能力目标 具有批评与自我批评的能力；具有良好的自身修养和职业道德；具有团队合作和协作能力；具有良好的心理素质和克服困难的能力；具有角色及利益的定位、顾及他人的能力；具有环保意识		
工作任务描述	1. 掌握组态王脚本语言语法； 2. 根据系统控制方案编写脚本语言控制程序		
教学重点	1. 脚本语言的语法； 2. 汽包水汽三冲量的实现		
教学难点	串级控制回路脚本语言的编写		
考核标准	脚本语言编制程序实现系统功能		
教学设备	安装有组态王 6.55、AutoCAD 绘图软件及 OFFICE 办公软件的计算机、投影仪、PLC 设备、SC-09 编程电缆		
相关资料及资源	情境描述卡、工作任务单、教材、实验指导书、视频、学习手册、安全操作手册、课程网站		
提交成果	工作记录单、组态工程、学习心得体会等		
注意事项	1. 遵守安全操作规范，安全第一； 2. 要发挥团队协作精神		

5.3.1　组态王命令语言的应用

组态王中命令语言在语法上类似 C 语言，工程人员可以利用命令语言程序处理一些算法和操作，以增强应用程序的灵活性。组态王命令语言具有完备的语法查错功能、丰富的运算符、数学函数、字符串函数、控件函数、SQL 函数和系统函数。命令语言通过“命令语言编辑器”编辑输入，在组态王运行系统中被编译执行。

1．组态王命令语言的类型

命令语言都是靠事件触发执行的，如定时、数据的变化、键盘键的按下、鼠标的单击等。根据事件和功能的不同，包括应用程序命令语言、热键命令语言、事件命令语言、数据改变命令语言、自定义函数命令语言、动画连接命令语言和画面命令语言等。其中应用程序命令语言、热键命令语言、事件命令语言、数据改变命令语言可以称为“后台命令语言”，它们的执行不受画面打开与否的限制，只要符合条件就可以执行。另外可以使用运行系统中的主菜单“特殊→开始执行后台任务”和“特殊→停止执行后台任务”来控制所有这些命令语言是否执行。也可以通过修改系统变量“$启动后台命令语言”的值来实现上述控制，该值置 0 时停止执行，置 1 时开始执行。

下面分别介绍各种类型的命令语言。

（1）应用程序命令语言

应用程序命令语言是指在组态王运行系统应用程序启动时、运行期间和程序退出时执行的命令语言程序。如果是在运行系统运行期间，该程序按照指定时间间隔定时执行。

在工程浏览器的目录显示区，选择“文件→命令语言→应用程序命令语言”，在右边的内容显示区出现“请双击这儿进入<应用程序命令语言>对话框…”图标，双击图标，弹出“应用程序命令语言”对话框，如图 5-9 所示：

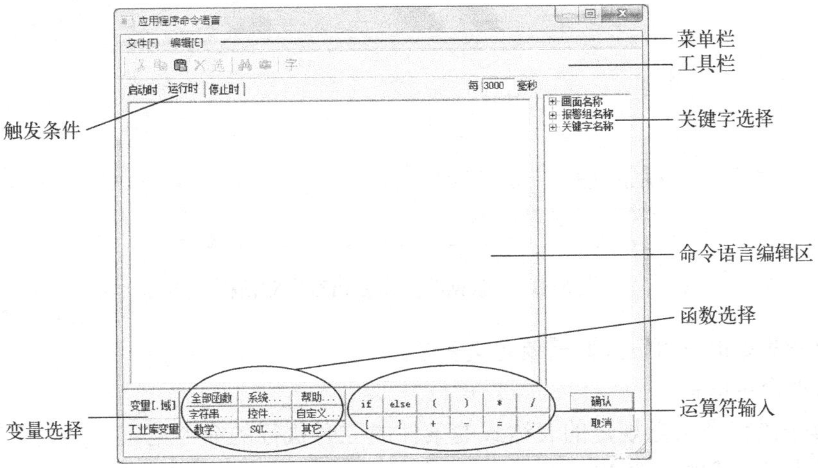

图 5-9 “应用程序命令语言”对话框

在命令语言编辑区输入程序，在输入时，除汉字外，其他关键字，如标点符号必须以西文状态输入。命令语言编辑器提供了许多便利，使用户可以在关键字选择区直接选择诸如画面名称、报警组名称、函数等到编辑器中，避免了繁杂的手工输入。

如图 5-9 所示，当选择“运行时”选项卡时，会有输入执行周期的编辑框“每……毫秒”。输入执行周期，则组态王运行系统运行时，将按照该时间周期性地执行这段命令语言程序，无论打开画面与否。

选择“启动时”选项卡，在该编辑器中输入命令语言程序，该段程序只在运行系统程序启动时执行一次。

选择“停止时”选项卡，在该编辑器中输入命令语言程序，该段程序只在运行系统程序退出时执行一次。

应用程序命令语言只能定义一个。

（2）数据改变命令语言

在工程浏览器的目录显示区，选择“文件→命令语言→数据改变命令语言”，在浏览器右侧双击“新建……”图标，弹出“数据改变命令语言”对话框，如图 5-10 所示。数据改变命令语言触发的条件为连接的变量或变量的域的值发生了变化。

在命令语言编辑区“变量[.域]”文本框中输入或通过单击“？”按钮来选择变量名称（如原料罐液位）或变量的域（如原料罐液位.Alarm）。这里可以连接任何类型的变量或变量的域，如离散型、整型、实型、字符串型等。当连接的变量的值发生变化时，系统会自动执行该命令语言程序。

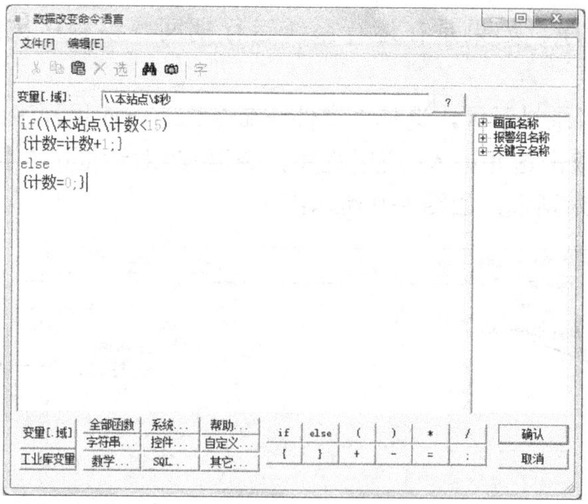

图 5-10 “数据改变命令语言”对话框

数据改变命令语言可以按照需要定义多个。

（3）事件命令语言

事件命令语言是指当规定的表达式的条件成立时执行的命令语言。如某个变量等于定值，某个表达式描述的条件成立。

在工程浏览器的目录显示区，选择“文件→命令语言→事件命令语言”，在浏览器右侧双击“新建……”图标，弹出“事件命令语言”对话框，如图 5-11 所示。

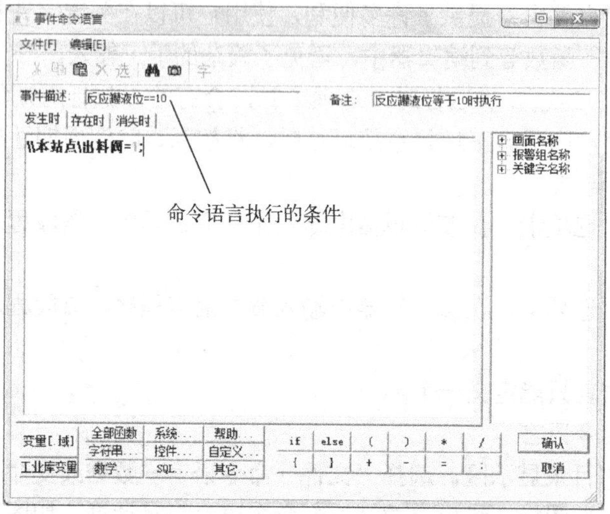

图 5-11 “事件命令语言”对话框

事件命令语言有 3 种类型：

发生时：事件条件初始成立时执行一次。

存在时：事件存在时定时执行，在“每……毫秒”文本框中输入执行周期，则当事件条件成立存在期间周期性执行命令语言。

消失时：事件条件由成立变为不成立时执行一次。

（4）热键命令语言

“热键命令语言”链接到工程人员指定的热键上，软件运行期间，工程人员随时按下键盘上相应的热键都可以启动这段命令语言程序。热键命令语言可以指定使用权限和操作安全区。

输入热键命令语言时，在工程浏览器的目录显示区，选择“文件→命令语言→热键命令语言”，双击右边的内容显示区“新建…”图标，弹出“热键命令语言”对话框，如图 5-12 所示。

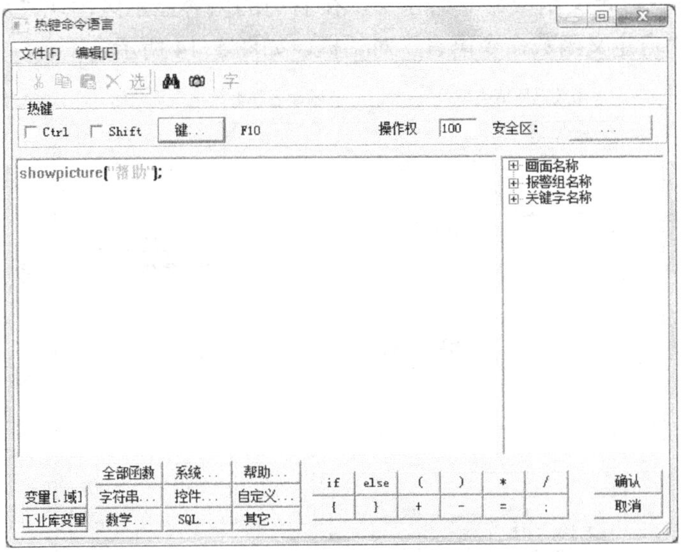

图 5-12 “热键命令语言”对话框

热键定义区的右边为键按钮选择区，用鼠标单击此按钮，弹出如图 5-13 所示的对话框，在此对话框中选择一个键，则此键被定义为热键，还可以与〈Ctrl〉和〈Shift〉键构成组合键。

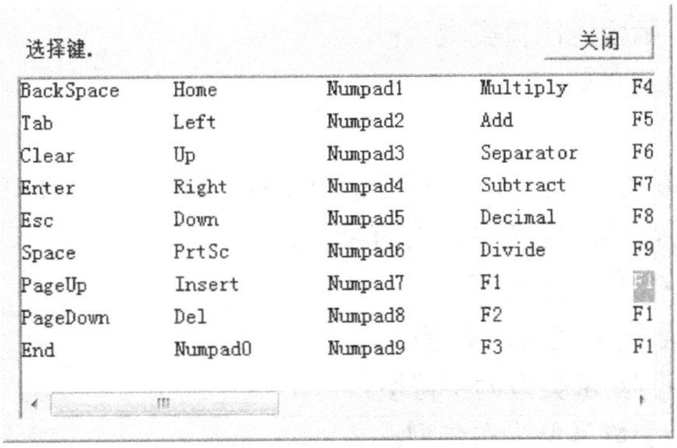

图 5-13 选择键对话框

热键命令语言可以定义安全管理，包括操作权限和安全区，两者可单独使用，也可合并使用。例如，设置操作权限为 918。只有操作权限大于或等于 918 的操作员登录后按下热键时，才会激发命令语言的执行。

（5）用户自定义函数

如果组态王提供的各种函数不能满足工程的特殊需要，组态王还提供用户自定义函数功能。用户可以自己定义各种类型的函数，通过这些函数能够实现工程特殊的需要。如特殊算法、模块化的公用程序等。

自定义函数是利用类似 C 语言来编写的一段程序，其自身不能直接被组态王触发调用，必须通过其他命令语言来调用执行。编辑自定义函数时，在工程浏览器的目录显示区，选择“文件→命令语言→自定义函数命令语言”，在右边的内容显示区出现“新建”图标，双击此图标，将出现“自定义函数命令语言”对话框，如图 5-14 所示。

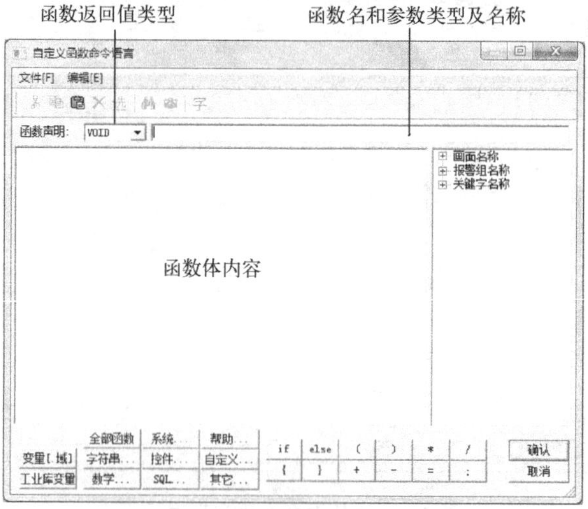

图 5-14 “自定义函数命令语言”对话框

自定义函数的语法与 C 语言中定义子函数的格式类似。自定义函数命令语言是由变量定义部分和可执行语言组成的单独实体。

自定义函数定义的内容为：

自定义函数类型（函数返回值类型）；

函数名和参数类型及名称；

函数体内容。

自定义函数里有 6 个关键字，分别是：LONG、FLOAT、STRING、BOOL、VOID、RETURN，大小写均可，语法含义和 C 语言类似：

LONG：表示数据/变量类型为整型；

FLOAT：表示数据/变量类型为实型；

STRING：表示数据/变量类型为字符型；

BOOL：表示数据/变量类型为布尔型；

VOID：表示函数无返回值或返回值类型为空(NULL)类型；

RETURN：表示函数的返回值，并且返回到主调函数中。

在“函数声明”后的列表框中选择函数返回值的数据类型，包括下面 5 种：VOID、LONG、FLOAT、STRING、BOOL，按照需要选择一种。如果函数没有返回值，则直接选择“VOID”。

在“函数声明”数据类型后的文本框中输入该函数的名称，不能为空。函数名称的命名应该符合组态王的命名规则，不能为组态王中已有的关键字或变量名。函数名后应该加小括号“（）”，如果函数带有参数，则应该在括号内声明参数的类型和参数名称。参数可以设置多个。注意：自定义函数中的函数名称和在函数中定义的变量不能与组态王中定义的变量、组态王的关键字、函数名等相同。

在“函数体（执行代码）”编辑框中输入要定义的函数体程序内容。在函数内容编辑区内，可以使用自定义变量。函数体内容是指自定义函数所要执行的功能。函数体中的最后部分是返回语句。如果该函数有返回值，则使用 ReturnValue（Value 为某个变量的名称）。对于无返回值的函数也可以使用 Return，但只能单独使用，表示当前命令语言或函数执行结束。

例：实现将给定的角度转换成弧度

返回类型为：float

函数名为：弧度转换(float Ref)

函数体内容为：

```
float pai;//圆周率
float Ret;
pai=3.14159265;
Ret=(Ref/180)*pai;
return Ret;//返回结果
```

（6）画面命令语言

画面命令语言就是与画面显示与否有关的命令语言程序。画面命令语言定义在画面属性中。

打开一个画面，选择主菜单“编辑→画面属性”，或用鼠标右键单击画面，在弹出的快捷菜单中选择“画面属性”菜单项，或按下〈Ctrl+W〉键，打开“画面属性”对话框，在对话框上单击“命令语言…”按钮，弹出“画面命令语言”对话框，如图 5-15 所示。

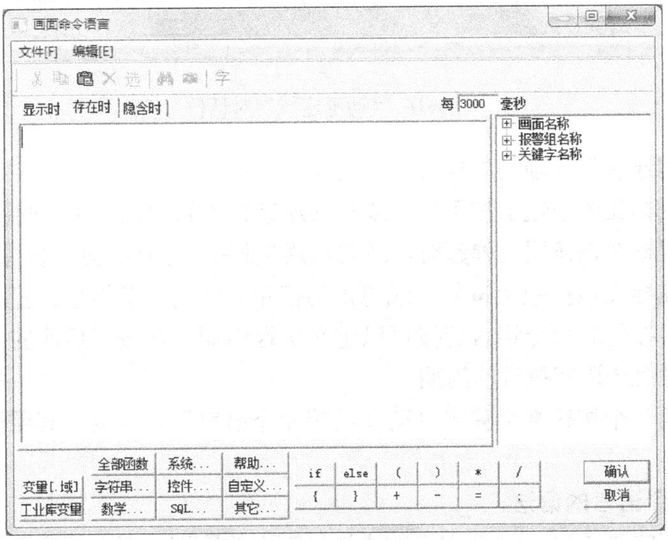

图 5-15 “画面命令语言”对话框

画面命令语言分为 3 部分：显示时、存在时和隐含时。

显示时：打开或激活画面为当前画面，或画面由隐含变为显示时执行一次。

存在时：画面在当前显示时，或画面由隐含变为显示时周期性执行，可以定义指定执行周期，在“存在时”中的“每…毫秒”文本框中输入执行的周期时间。

隐含时：画面由当前激活状态变为隐含或被关闭时执行一次。

只有画面被关闭或被其他画面完全遮盖时，画面命令语言才会停止执行。只与画面相关的命令语言可以写到画面命令语言里——如画面上动画的控制等，而不必写到后台命令语言中——如应用程序命令语言等，这样可以减轻后台命令语言的压力，提高系统运行的效率。

（7）动画连接命令语言

对于图素，有时一般的动画连接表达式完成不了工作，而程序只需要单击一下画面上的按钮等图素才执行，如单击一个按钮，执行一连串的动作，或执行一些运算、操作等。这时可以使用动画连接命令语言。该命令语言是针对画面上的图素的动画连接的，组态王中的大多数图素都可以定义动画连接命令语言。

在画面上放置一个按钮，双击该按钮，弹出“动画连接”对话框，如图 5-16 所示。

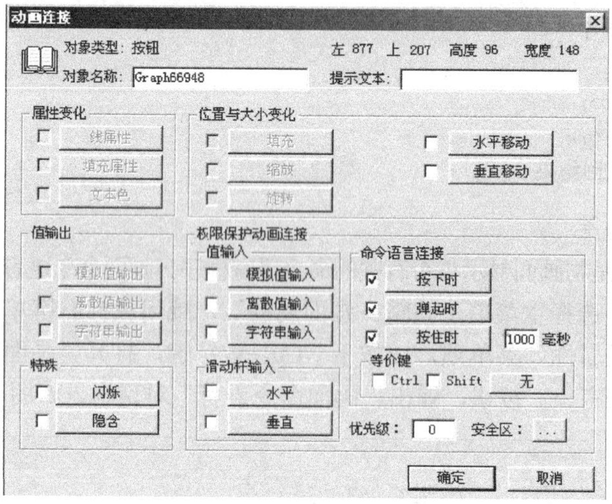

图 5-16 “动画连接”对话框

在“命令语言连接”选项区中包含三个选项：

按下时：当鼠标在该按钮上按下时，或与该连接相关联的热键按下时执行一次。

弹起时：当鼠标在该按钮上弹起时，或与该连接相关联的热键弹起时执行一次。

按住时：当鼠标在该按钮上按住，或与该连接相关联的热键按住，没有弹起时周期性执行该段命令语言。按住时命令语言连接可以定义执行周期，在按钮后面的“毫秒”文本框中输入按钮被按住时命令语言执行的周期。

单击上述任何一个按钮都会弹出“动画连接命令语言”对话框，其用法与其他命令语言相同。

2．组态王命令语言的语法

命令语言程序的语法与一般 C 程序的语法没有大的区别，每一程序语句的末尾应该用分号“;”结束，在使用 if…else…、while（）等语句时，其程序要用花括号“{}”括起来。

组态王的所有命令语言中都支持注释。注释分为单行注释和多行注释两种。注释可以在程序的任何地方进行。

单行注释在注释语句的开头加注释符“//”。

多行注释是在注释语句前加“/*”，在注释语句后加“*/”。多行注释也可以用在单行注释上。

（1）运算符

用运算符连接变量或常量就可以组成较简单的命令语言语句，如赋值、比较、数学运算等。命令语言中可使用的运算符以及算符优先级与连接表达式相同。运算符种类见表 5-5。

表 5-5 运算符的种类

运 算 符	功 能 说 明
~	取补码，将整型变量变成“2”的补码
*	乘法
/	除法
%	模运算
+	加法
−	减法（双目）
&	整型量按位与
|	整型量按位或
^	整型量异或
&&	逻辑与
||	逻辑或
<	小于
>	大于
<=	小于或等于
>=	大于或等于
==	等于（判断）
!=	不等于
=	等于（赋值）
−	取反，将正数变为负数（单目）
!	逻辑非
()	括号，保证运算按所需次序进行

表 5-6 列出算符的运算次序。首先计算最高优先级的算符，再依次计算较低优先级的算符。同一行的算符有相同的优先级。

表 5-6 运算符的运算次序

运算符	优先级
() −(单目)、!、~ *、/、% +、− <、>、<=、>=、==、!= &、|、^ &&、|| =	最高优先级 ↓ 最低优先级

（2）赋值语句

赋值语句用得最多，语法为：

变量（变量的可读写域）＝表达式;

可以给一个变量赋值，也可以给可读写变量的域赋值。

例如：

```
自动开关=1；//表示将自动开关置为开（1 表示开,0 表示关）
颜色=2；//将颜色置为黑色（如果数字 2 代表黑色）
反应罐温度.priority=3;        //表示将反应罐温度的报警优先级设为 3
```

（3）If-Else 语句

If-Else 语句用于按表达式的状态有条件地执行不同的程序，可以嵌套使用。语法为：

```
If(表达式)
{
一条或多条语句（以；结尾）
}
Else
{
```

一条或多条语句;

```
}
```

注意：If-Else 语句里如果是单条语句，则可省略花括号“{}”，多条语句必须在一对花括号“{}”中，Else 分支可以省略。

例如：

```
if（出料阀==1）
出料阀=0;/*将离散变量“出料阀”设为 0 状态*/
else
出料阀=1;
```

上述语句表示将内存离散变量“出料阀”设为相反状态。If-Else 里是单条语句，可以省略“{}”。

（4）While（）语句

当 While（）括号中的表达式条件成立时，循环执行后面“{}”内的程序。语法如下：

```
While(表达式)
{
一条或多条语句(以；结尾)
}
```

例如：

```
While(循环<=10)
{
```

```
ReportSetCellvalue ("实时报表",循环,1,原料罐液位);
循环=循环+1;
}
```

当变量“循环”的值小于等于 10 时，向报表第一列的 1～10 行添入变量“原料罐液位”的值。应该注意使 While 表达式条件满足，然后退出循环。

3．命令语言执行中如何跟踪变量的值

命令语言一旦运行起来，往往看到的是最终的结果，如果结果出现差错，就需要查看命令语言的执行过程——调试命令语言。组态王提供了一个函数——Trace（），该函数可以将规定的信息发送到组态王信息窗口中，类似于程序的调试，根据这些信息，用户可以了解到命令语言执行的过程和期间变量的值。该函数可以添加到命令语言程序的任何需要跟踪的位置，当命令语言调试完成后，可以将其删除。函数的具体使用方法参见组态王函数手册。

4．在命令语言中使用自定义变量

自定义变量是指在组态王的命令语言里单独指定类型的变量，这些变量的作用域为当前的命令语言，在命令语言里，可以参加运算、赋值等。当该命令语言执行完成后，自定义变量的值随之消失，相当于局部变量。自定义变量不被计算在组态王的点数之中，适用于应用程序命令语言、事件命令语言、数据改变命令语言、热键命令语言、自定义函数、画面命令语言、动画连接命令语言、控件事件函数等。自定义变量功能极大地方便了用户编写程序。

自定义变量的类型有 BOOL（离散型）、LONG（长整型）、FLOAT（实数型）、STRING（字符串型）和自定义结构变量类型。其在命令语言中的使用方法与组态王变量相同。

5.3.2 汽包水位的三冲量控制算法的实现

汽包水位是工业蒸汽锅炉安全、稳定运行的重要指标。水位高会导致蒸汽带水进入过热器并在过热管内结垢，影响传热效率，严重的将引起过热器爆管；水位过低又将破坏部分水冷壁的水循环，引起水冷壁局部过热而爆管。高性能的锅炉产生的蒸汽流量很大，而汽包的体积相对来说较小，液位的时间常数很小。大容量锅炉若给水不及时，则数十秒之内就可能达到危险水位。 所以锅炉水位控制显得非常重要。

影响锅炉汽包水位变化的因素很多，概括起来有 4 个主要方面：一是给水方面的扰动，包括给水母管压力的变化和给水变频器的变化；二是蒸汽负荷的变化；三是燃料量的变化，还包括影响燃料发热量变化的种种因素；四是汽包压力的变化，汽包压力对汽包水位的影响，是通过汽包内部汽水系统的“自凝结”和“自蒸发”起作用的。对于液位定值控制，常用的控制方式是单回路 PID 控制，其优点是系统结构简单，易于实现，但对于汽包运行中出现的“虚假液位”现象却无能为力。本文针对汽包锅炉给水过程的特点，应用汽包水位三冲量控制和一种带有参数在线自校正模糊 PID 控制器的三冲量控制系统，实现工业锅炉汽包水位的定值控制。

锅炉运行中，负荷突然增大，汽包供汽量上升，致使汽包压力下降，从而加速了汽包内水的汽化过程，水中出现大量气泡，引起汽包水位上升。 这时，汽包中的水量非但没有增加，反而因供汽量上升而下降。这种因汽包负荷增大引起的水量减少，水位上升现象称为

"虚假液位"。若采用单回路 PID 控制方式控制汽包水位，而不采取一定措施，则在出现"虚假液位"时，控制系统将会减少汽包进水流量，致使汽包中水量进一步减少。显然，单回路 PID 控制方式是难以适应汽包水位控制的。为了克服"虚假液位"现象，必须采取三冲量控制，控制系统框图如图 5-17 所示。

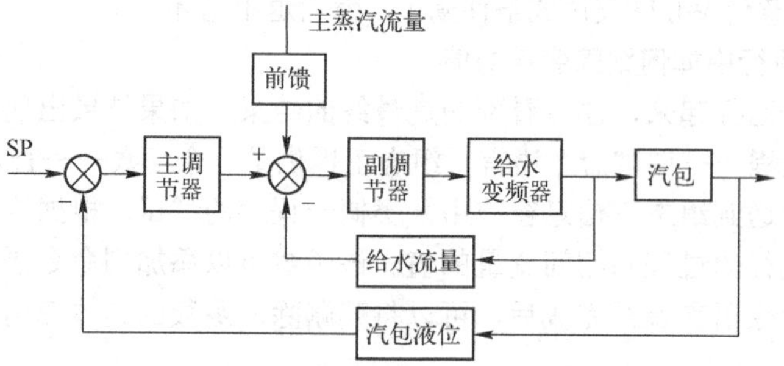

图 5-17　三冲量给水控制框图

所谓三冲量，是引入了三个测量信号：汽包水位、给水流量和蒸汽流量。整个控制系统形成两个闭合回路。其一是给水流量测量装置、调节算法、给水变频器构成的回路，称为水流量回路，也称为内回路，其作用是消除给水侧的扰动，稳定给水流量，在水位控制中起辅助作用；其二是由水位变送器、调节算法、整个内回路及对象控制通道所构成的回路，称为水位回路，也称为外回路，其作用是消除各种扰动对水位的影响，维持汽包水位接近给定值。蒸汽流量信号是前馈信号。在回路中只形成开环，不影响上面两个闭环的稳定性。它在系统中的作用有两个：其一是改善蒸汽量干扰下对水位的控制品质，克服虚假水位所引起的调解算法的误动作操作输出；其二是与给水流量信号配合，达到希望的水位静特性。

为了实现汽包水位三冲量的控制算法，需要在组态王软件的数据库的数据词典中定义一些内部变量，变量名称及变量说明见表 5-7。

表 5-7　实现汽包水位三冲量控制算法定义的内部变量表

序　号	变量名称	变量类型	变量说明
1	手动自动切换	内存离散	实现汽包水位手动/自动切换
2	汽包液位设定	内存实数	汽包水位的设定值
3	qbek	内存实数	汽包水位当前时刻的偏差
4	qbek1	内存实数	汽包水位前一个采样周期的偏差
5	qbek2	内存实数	汽包水位前两个采样周期的偏差
6	qbpid1out	内存实数	主调节器当前时刻的输出值
7	qbpid1out1	内存实数	主调节器前一个采样周期的输出值
8	qbpid1out2	内存实数	主调节器前两个采样周期的输出值
9	qbswkp1	内存实数	主调节器的比例系数
10	qbswki1	内存实数	主调节器的积分增益
11	qbswkd1	内存实数	主调节器的微分增益
12	qbfek	内存实数	给水流量当前时刻的偏差

（续）

序　号	变量名称	变量类型	变量说明
13	qbfek1	内存实数	给水流量前一个采样周期的偏差
14	qbfek2	内存实数	给水流量前两个采样周期的偏差
15	qbpid2out	内存实数	副调节器当前时刻的输出值
16	qbpid2out1	内存实数	副调节器前一个采样周期的输出值
17	qbpid2out2	内存实数	副调节器前两个采样周期的输出值
18	qbswkp2	内存实数	副调节器的比例系数
19	qbswki2	内存实数	副调节器的积分增益
20	qbswkd2	内存实数	副调节器的微分增益
21	deltqbout	内存实数	副调节器的增量输出

汽包水位的三冲量控制算法如下：

```
if (\\本站点\手动自动切换==1)
{ qbek2=qbek1;
qbek1=qbek;
qbek=\\本站点\汽包液位设定-\\本站点\汽包水位;
qbpid1out2=qbpid1out1;
qbpid1out1=qbpid1out;
qbpid1out=qbpid1out1+qbswkp1*(qbek-qbek1)+qbswki1*qbek+qbswkd1*(qbek-2*qbek1+qbek2);
qbfek2=qbfek1;
qbfek1=qbfek;
qbfek=qbpid1out-\\本站点\给水流量+1.2*\\本站点\蒸汽流量;//加入了蒸汽流量的前馈补偿
qbpid2out1=qbpid2out;
qbpid2out=\\本站点\给水变频调节;
deltqbout=qbswkp2*(qbfek-qbfek1)+qbswki2*qbfek+qbswkd2*(qbfek-2*qbfek1+qbfek2);
if (deltqbout>3)
{deltqbout=3;}
if(deltqbout<-3)
{deltqbout=-3;}
\\本站点\给水变频调节=qbpid2out+\\本站点\deltqbout;
if(给水变频调节>50)
{给水变频调节=50;}
if(给水变频调节<37)
{给水变频调节=37;}
}//给水变频调节限幅作用
if(\\本站点\手动自动切换==0)//即变为手动
{qbpid2out=\\本站点\给水变频调节;
\\本站点\给水变频调节=给水变频调节;
qbswkp1=0;qbswki1=0;qbswkd1=0;qbswkp2=0;qbswki2=0;
qbswkd2=0;
qbfek2=0;qbfek1=0;qbek1=0;qbek2=0;
}
```

任务 5.4　工业链条炉计算机控制系统调试

工业链条炉计算机控制系统调试工作任务单见表 5-8。

表 5-8　工业链条炉计算机控制系统调试任务单

学习情境	项目 5　35t/h 工业链条炉计算机控制系统设计与调试		学时：10
工作任务	任务 4 工业链条炉计算机控制系统调试		学时：2
授课地点	组态软件实训室	授课教师	
教学目标	1. 专业能力目标 掌握板卡设备的校准和调试，掌握串级控制回路的调试，掌握常用的调试方法和手段，掌握故障检查和排除的方法。 2. 方法能力目标 具有自主学习创新能力；具有信息获取、制定与评估计划的能力和具有按照计划实施的能力；具有解决实际问题的思路或方法。 3. 社会能力目标 具有批评与自我批评的能力；具有良好的自身修养和职业道德；具有团队合作和协作能力；具有良好的心理素质和克服困难的能力；具有角色及利益的定位、顾及他人的能力；具有环保意识		
工作任务描述	1. 板卡设备的校准及地址参数设定； 2. 检验系统能否正常运行，发生故障时，分析故障产生原因并及时排除故障，并作好记录和分析； 3. 各个控制回路的参数设置； 4. 各个被控变量的实时曲线		
教学重点	1. 板卡设备的校准；2. 控制回路参数设置方法		
教学难点	串级控制回路参数调整		
考核标准	1. 对系统能够实现正确的调试； 2. 对调试中碰到的故障进行排除并作好记录和分析		
教学设备	安装有组态王 6.55、AutoCAD 绘图软件及 OFFICE 办公软件的计算机、投影仪		
相关资料及资源	情境描述卡、工作任务单、教材、实验指导书、视频、学习手册、安全操作手册、课程网站		
提交成果	工作记录单，控制参数实时曲线图，学习心得体会等		
注意事项	1. 遵守安全操作规范，安全第一； 2. 注意安装板卡时要先释放静电； 3. 要发挥团队协作精神		

5.4.1　系统硬件的相关设置和测试

1．研华 PCL-813 的设置和测试

（1）开关和跳线的设置

面板上有一个 DIP 开关，该开关用来选择设置 PCL-813 在计算机上的基地址；JP100 用来设置单极性或双极性输入模式。

（2）I/O 地址的选择

大多数的外设和接口卡都是通过计算机的 I/O 口来控制的，它们各自都有一个独立的 I/O 存储空间以免相互之间发生地址冲突。PCL-813 使用 16 个连续的 I/O 地址空间，图 5-18 给出了它的 I/O 地址选择。地址的选择可通过面板上的 6 位 DIP 开关 SW1 的设置来设定。PCL-813 的有效地址范围是 000～3F0（十六进制），初始默认地址为 220，可以根据系统的资源占用情况，给 PCL-813 分配正确的地址。

CARD I/O Address (SW1)						
I/O ADDRESS RANGE	SWITCH POSITION					
	1	2	3	4	5	6
(HEXADECIMAL)	A9	A8	A7	A6	A5	A4
000 - 100	●	●	●	●	●	●
100 - 10F	●	○	●	●	●	●
——	-	-	-	-	-	-
——	-	-	-	-	-	-
200 - 20F	○	●	●	●	●	●
* 210 - 21F	○	●	●	●	●	○
220 - 22F	○	●	●	●	○	●
——	-	-	-	-	-	-
300 - 30F	○	○	●	●	●	●
——	-	-	-	-	-	-
3F0 - 3FF	○	○	○	○	○	○

○=Off ●=On *=Factory default setting

注意：A4～A9是和计算机上的地址线相对应

图 5-18 PCL-813 I/O 地址设置

（3）板卡的测试

采用研华提供的测试软件 Device Manager 进行板卡的测试。

第一步：参照如上所述，完成板卡开关和跳线的设置。

第二步：关闭计算机，将板卡插入到计算机机箱后面空闲的 ISA 插槽中（注意：在手持板卡之前触摸一下计算机的金属机箱壳，以免手上的静电损坏板卡）。安装 PCL-813 的驱动程序。

第三步：打开 Advantech Device Manager，如图 5-19 所示，在 Supported Devices 列表中选中所要安装的器件 PCL-813。

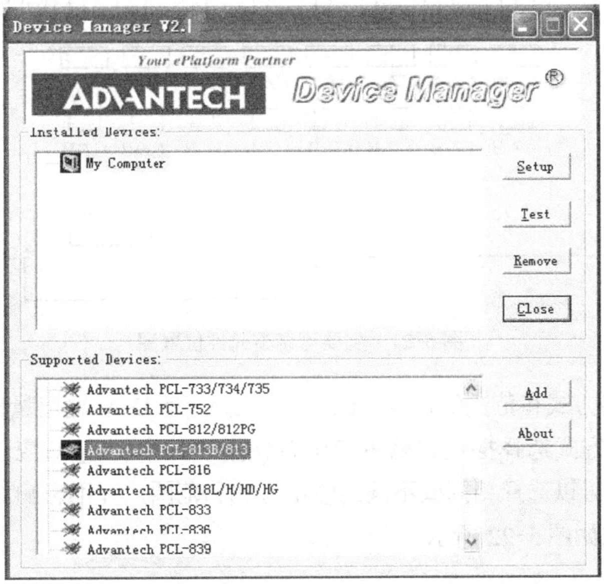

图 5-19 研华板卡添加对话框

第四步：单击“Add”按钮，进行地址和单、双极性的选择（注意：地址的选择和单、双极性的选择要和硬件设置相符）。

第五步：单击图 5-19 所示的“Test”按钮，弹出图 5-20 所示的测试对话框，进行测试即可。

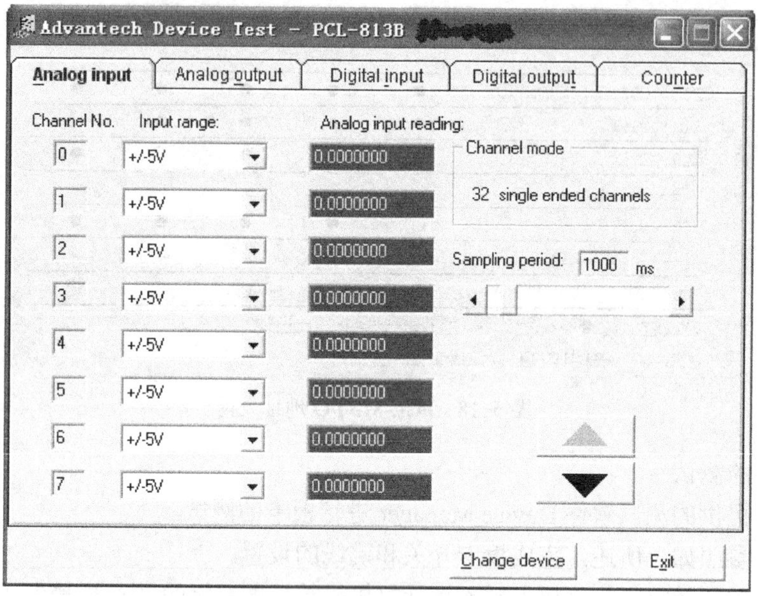

图 5-20　研华板卡测试对话框

2．中泰 PC-6323 的设置和调试

中泰 PC-6323 主要可调整元件位置如图 5-21 所示。

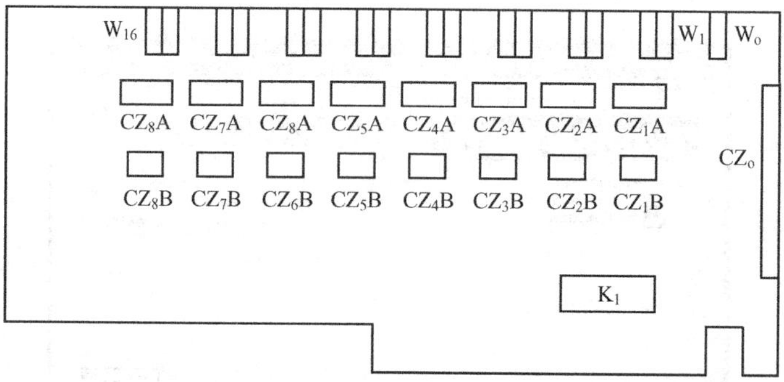

图 5-21　主要可调整元件位置图

首先要进行输出方式和范围的设定。CZ_1A～CZ_8A 为 D-A 输出量程选择插座，CZ_1B～CZ_8B 为 D-A 输出方式选择插座，两者应配合使用。其中 CZ_1 对应 D-A1、CZ_2 对应 D-A_2……。8 路 D-A 可以选择相同或不同的输出方式和范围，互不影响。使输出为 4～20mA 各组插座的使用方法如图 5-22 所示。

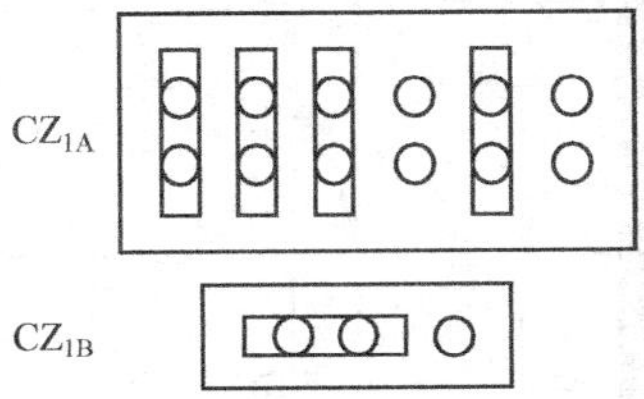

图 5-22　4～20mA 输出方式的设置

PC-6323 模出调整如下。

凡改变模出的工作方式和量程范围后，如果输出结果误差较大时，则需要对模出进行调整。调整时需要注意，一般情况下不需要调整零点，应该首先进行满度调整，尤其是在由 0～10V 方式改变为 0～5V 或 4～20mA 方式时，更应进行此项调整。待满度调整完毕后再观察零点情况并决定是否进行调整，并在必要时对满度和零点进行多次统调，以满足使用要求。具体调整方式如下。

1）基准源的调整：LM-336－5.0V 基准源是为 1～5V 电压方式和 4～20mA 电流方式提供偏移基准的，出厂时已调好。如果在使用上述两种方式时发现偏差较大，单靠调零电位器不能正常调节时，可用电压表测量 LM-336 的 OUT 端，调节 W_0 使该脚电压等于-5.0V，或能满足使用要求即可。

2）零点调整：在单极性方式时调整 W_1(D-A1)、W_3(D-A2)、W_5(D-A3)、W_7(D-A4)、W_9(D-A5)、W_{11}(D-A6)、W_{13}(D-A7)、W_{15}(D-A8)使其偏差最小。

3）满度调整：在零点调整正常情况下，如果满度偏差较大，可通过调整 W_2(D-A1)、W_4(D-A2)、W_6(D-A3)、W_8(D-A4)、W_{10}(D-A5)、W_{12}(D-A6)、W_{14}(D-A7)、W_{16}(D-A8)使满度符合要求。

5.4.2　各控制系统的调试

一个实际工程项目做的是否成功，关键看其在现场调试中能否完成客户要求的一切功能，一些在系统设计过程中考虑不到的问题，只有到了现场，才会显现出来。再有，即使问题全部解决，有些方法在现场实际操作过程中也需要进行改进，总之必须把设计阶段和调试阶段结合起来，理论联系实际，解决理论方面和实际方面的问题，才能完成性能优良、安全可靠的控制系统。

1. 汽包水位控制系统的调试

汽包水位三冲量控制系统从控制算法本质上属于前馈+串级控制系统，所以参数整定的方法可借鉴项目 4，在此不再赘述。

经过现场调试三冲量控制算法，水位设定值在 25mm。主、副回路 PID 参数设置为：Kp1=4，Ki1=0.02，Kp2=6，Ki2=0.2，Kd2=0.6。水位控制范围为 10～25mm。实际效果图如图 5-23 所示。图中曲线 1 是汽包水位设定值，曲线 2 是汽包水位实际值，曲线 3 是给水变频器输出值。纵坐标显示的是工程量的百分比。

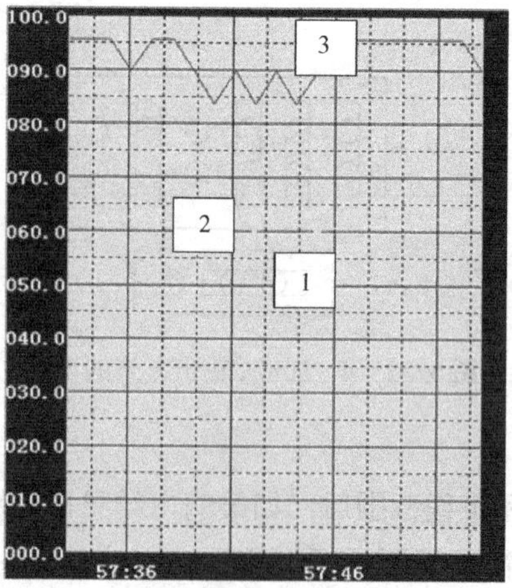

图 5-23　三冲量控制汽包水位效果图

2. 锅炉燃烧控制系统的调试

锅炉燃烧控制系统包括：蒸汽压力控制、炉膛负压控制和经济燃烧控制。蒸汽压力控制采用串级控制方案、炉膛负压控制采用单回路 PID 控制，经济燃烧控制是最复杂的，目前效果较好的是采用模糊控制策略，本书不做详述。

项目 6　泵站计算机监控系统的制作

项目引入

本项目以某钢铁公司的泵站为监控对象，根据设计需要，要求计算机监控系统实现泵站状态和运行参数检测、接收故障报警信息、分级报警功能、操作权限管理功能、数据库查询、趋势曲线显示、报表统计和打印工程，通过项目的实施，读者能进一步掌握组态王报表和数据库的使用。

任务 6.1　泵站计算机监控系统的方案设计

泵站计算机监控系统的方案设计任务单见表 6-1。

表 6-1　泵站计算机监控系统的方案设计任务单

项目名称	项目 6　泵站计算机监控系统的制作		学时：8
工作任务	任务 1 泵站计算机监控系统的方案设计		学时：2
授课地点	组态软件实验室	授课教师	
教学目标	1. 专业能力目标 了解本项目的要求，正确地进行系统选择，掌握系统整体方案的设计。 2. 方法能力目标 具有自主学习创新能力；具有信息获取、制定与评估计划的能力和具有按照计划实施的能力；具有解决实际问题的思路或方法。 3. 社会能力目标 具有批评与自我批评的能力；具有良好的自身修养和职业道德；具有团队合作和协作能力；具有良好的心理素质和克服困难的能力；具有角色及利益的定位、顾及他人的能力；具有环保意识		
工作任务描述	1. 项目功能分析； 2. 资料收集； 3. 系统的整体方案设计； 4. 监控软件方案的设计； 5. 系统硬件的选择		
教学重点	1. 系统功能要求；　2. 整体方案设计； 3. 软件实现功能		
教学难点	系统整体方案的设计		
考核标准	1. 能够说明系统软件实现的功能；2. 正确地进行硬件选型		
教学设备	计算机、投影仪		
相关资料及资源	情境描述卡、工作任务单、教材、实验指导书、视频、学习手册、安全操作手册、课程网站		
提交成果	工作记录单，系统硬件清单，学习心得体会等		
注意事项	1. 遵守安全操作规范，安全第一； 2. 动手操作之前一定要弄懂相关的工作原理； 3. 要发挥团队协作精神		

在钢铁企业中，水泵站担负着钢铁冶炼中确保高炉正常运转的任务。目前国内大部分的泵站控制和管理机制与国外相比还是处于相当落后的状况。泵站自动化监控程度低，大部分泵站的管理记录和统计都是手工操作，泵站控制和管理没有形成区域化的网络。

在泵站计算机监控或者改造中，由于目前还没有泵站计算机监控系统设计的国家规范，建设单位、设计单位、工程管理单位对泵站计算机监控系统应该具有的功能、技术指标以及当前计算机控制技术的现状和发展趋势等方面内容的理解各有不同，因而各泵站的计算机系统结构形式、系统功能、性能指标等方面差别很大。主要表现为如下几个问题。

1）标准不一，缺乏统一的功能和技术指标，系统扩展和功能重组难。

2）采用的技术和设备层次多，差距大，不能充分利用代表当前技术发展水平和发展趋势的成熟、先进的技术，不能保证先进性，甚至有的系统不能安全可靠运行。

3）缺乏系统概念，设计、施工、验收分离，不能实现和其他系统的互联，通信接口不标准或者遵循的标准不统一等。

6.1.1 总体方案的设计

1. 泵站的监控系统的功能要求

泵站的监控系统是在泵站管理所内的监控中心的控制台实现对各泵站设备的监测、控制功能，实现监视泵站状态和运行参数、接收故障报警信息、通过智能终端设备下达控制信号，并具有分级报警功能、操作权限管理功能、报表统计和打印功能等。

（1）状态采集功能

能动态采集下列信号：电动机有功功率、电动机无功功率、电动机电压、电动机电流、清水及循环水水温、清水及循环水水位、清水及循环水水压、水流量、水泵的启停、阀门的开合。

（2）状态数据的处理与分析

①能对采集数据进行存储；②能对监控参数进行趋势分析；③能对监控参数进行趋势预报；④能对监控参数的异常状态进行关联分析。

（3）报警功能

对监控参数能实施报警功能，能进行记录（包括发生时间、监测参数数据，相关参数数据等），自动生成异常状态数据库。

（4）集中显示功能

主要设备的运行状态显示：①工艺流程的动态显示；②主要参数的实时报表及趋势显示；③相关参数的历史报表及趋势显示；④实时、历史报警及特种记录显示。

（5）存储功能

①各种监控参数的动态存储；②各种监控参数的异常动态存储；③控制行为的动态存储。

（6）查询功能

①各种监控参数的历史数据查询；②各种监控参数的曲线趋势查询；③异常状态查询；④控制行为查询。

（7）报表及打印功能

①各种监控参数的报表自动生成；②各种监控参数的指定时间段数据打印；③各种监控参数的报表打印；④异常状态及控制行为的报表打印。

2. 系统总体方案的设计

泵站计算机监测与管理系统主要有连续及顺序控制系统——SCADA（Supervisory Control And Data Acquisition）、集散型控制系统——DCS（Distributed Control System）、分布式控制系统——IPC+PLC 系统（工业计算机+可编程序控制器）及总线式控制系统。

根据某钢铁公司泵站的地理位置分布、工艺特点等要求，拟采用分布式控制系统——IPC+PLC 系统。系统设计的基本原则是：实时监控、动态管理；功能丰富，使用方便；效果良好，稳定可靠。

其中，工业控制计算机（IPC）采用研华 IPC610L，可编程序控制器（PLC）采用西门子 S7-200 系列 PLC，硬件可靠，稳定性好。监控软件采用组态王软件，该系统可以方便地构造需要的“数据采集系统”，具有强大的网络功能，可靠性高，界面一致性好，使用方便。接口采用 PC/PPI 串口通信方式，以实现可编程序控制器与远程 I/O 连接。系统具有良好的可靠性、兼容性及扩展性。

6.1.2 监控软件方案的设计

计算机监控系统是以监测控制计算机为主机，加上检测装置、执行机构，与被监测控制的对象（生产过程）共同构成的整体。在这个系统中，计算机直接参与生产过程的检测（monitor）、监督（supervise）和控制（control），或者说应具有下述 3 方面的功能。

（1）采集与处理功能

主要是对生产过程的参数进行检测、采样和必要的预处理，并以一定的形式输出（如打印制表和 CRT 屏幕显示）、为生产人员提供详实的数据，以便于他们分析、了解生产情况，监视生产过程的进行。

（2）监督功能

将检测的实时数据、人工输入的数据等信息进行分析、归纳、整理、计算等二次加工，并制成实时和历史数据库加以存储。根据实际生产过程的需求及生产进程的情况，进行工况分析、故障诊断、险情预测，并图、文、声等多种形式及时作出报道，以进行操作指导、事故报警。

（3）控制功能

在检测的基础上进行信息加工，根据事先决定的控制策略形成控制输出，直接作用于生产过程。

完整的计算机监测控制系统是上述 3 种功能的综合集成，它利用计算机高速度、大容量和智能化的特点，可以把一个复杂的生产过程组织管理成为一个综合、完整、高效的自动化整体。

在实际使用中，根据实际对象的需求情况，系统只具有上述一项或两项功能，或是以某一项为主，而辅以其他的功能。这样可以更针对实际应用的需要，以降低成本，减少复杂性，增强可维护性。

根据需要，本项目只用到采集与处理功能和监督功能。

6.1.3 系统的硬件选型

监控技术是依靠传感器、变送器等设备来检测信息的，检测到的信息越多越精确，监控作用就越大。根据系统的检测要求，数据采集系统也采用分布式数据采集装置，系统共设置51个数据采集点。其中温度采集点4个，水位采集点2个，电动机有功功率2个，电动机无功功率2个，母线电压2个，电动机电流11个，水压5个，水流量5个，水泵的启停18个。本系统采用北京万群自动化控制设备有限公司生产的RWBATATAL2D12M2PC温度变送器，还有与泵站水位相关的液位变送器SBP28812C1N，压力变送器SBP800G8C1ND，电压变送器AM-T-AC300/I4，电流变送器AM-T-ACI5/I4，以上变送器均输出4～20mA电流。

（1）液位检测

在选用液位变送器时尽量满足以下条件。

① 稳定性好、精度高。

② 直接投入被测介质中，安装使用方便。

③ 固态结构，无可动部件，高可靠性，使用寿命长。

④ 从水、油到黏度较大的糊状物都可进行高精度的测量，不受被测介质起泡、沉积、电气特性的影响。

⑤ 无材料疲劳磨损、对振动、冲击不敏感。

⑥ 宽范围的温度补偿。

⑦ 具有电源反相极性保护及过载限流保护。

据此选用SBP28812C1N液位变送器，其工作原理如下。

根据静压法测量原理，当液位变送器投入到被测液中某一深度时，传感器迎液面受到的压力为

$$P = \rho \cdot g \cdot H + P_0 \tag{6-1}$$

式中，P——传感器迎液面受到的压力，单位为Pa；

ρ——被测液体密度，单位为kg/m^3；

g—当地重力加速度，单位为m/s^2；

P_0——液面上的大气压，单位Pa；

H——传感器投入液体的深度，单位为m。

同时，通过导气电缆将液面上的大气压 P_0 引入到传感器的背压腔，以抵消传感器迎液面受到的压力 P，使传感器测得压力为

$$P = \rho \cdot g \cdot H$$

通过测取压力 P，可以得到液位深度 H。传感器检测的压力信号经电路转换放大补偿后以标准信号输出。

（2）压力检测

在选用压力变送器时，尽量满足以下条件：精度高、全天候结构、安装过程简单、抗浪涌电压、稳定性高、温度补偿、过程腐蚀保护、过范围保护、反极性保护、抗射频干扰、现场指示、零点正负迁移。

据此选用SBP800G8C1ND压力变送器，其工作原理如下。

不锈钢膜片感知过程压力，通过硅油传输到硅油片的一侧，同时参考压力（大气压、密封压、绝压）作用于膜片的另一侧，压力差产生一个应力场，它使硅膜片一侧拉伸，分别处于压缩区的两个应变电阻和拉伸区两个应变电阻感受压力变化引起阻值变化。这4个电阻组成惠斯通电桥，在恒流源供电情况下，将压力信号转换为电信号。此信号经差分归一化放大

器、功率放大器、电压电流转换，变成与压力成线性对应关系的4～20mA标准输出信号。

（3）温度检测

在选取温度变送器时，尽量满足以下条件。

1）输出4～20mA标准恒流信号，只与被测温度成线性关系，而与负载电阻大小无关。

2）输出高阻抗、大信号、无射频干扰影响。

3）防爆、防振、防潮、防热、防有害气体。

4）电源极性反接保护。

5）安装使用方便。

据此选用RWBATATAL2D12M2PC温度变送器，其工作原理如下。

温度变送器采用热电偶、热电阻作为测温元件，从测量元件输出信号送到变送器模块、经过稳压滤波、运算放大、非线性校正、V/I 转换、恒流及反向保护等电路处理后，转换成与温度呈线性关系的4～20mA恒流信号输出。

温度变送器原理框图如图6-1所示。

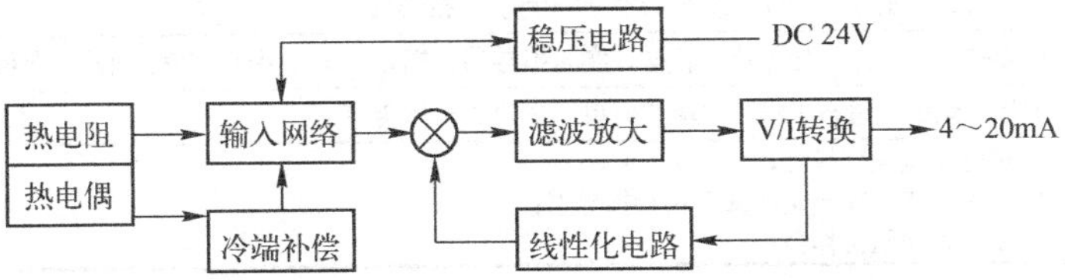

图6-1 温度变送器的工作原理图

（4）流量检测

根据系统功能要求，选取插入式LUGB系列涡街流量变送器，其工作原理如下。

涡街流量变送器是根据“卡门涡街”原理研制成的一种流体振荡型仪表。在流体中插入一个柱状物体时，从柱状物体两侧就会产生两列有规则的漩涡。漩涡分离的频率与流速成正比，与柱状物的宽度成正比。所以测量出卡门涡街分离频率便可算出瞬时流量。本工程选取的LUGB型涡街流量变送器采用压电晶体元件检测漩涡分离频率。由于漩涡在柱状物体后部两侧产生压力脉动，安装在柱体后部的探体将感受到一个交变力，埋没在探头体内部的压电晶体元件受到这一交变力的作用而产生交变电荷，这一交变电荷经检测放大器信号处理，达到检测的目的。

（5）电流、电压检测

一般的电流、电压检测用互感器进行测量，本项目采用AM信号转换隔离器模块。其特点如下。

① 采用新型电磁隔离原理，高精度、微功耗。

② 稳定性好，特别适合工频至中频的电流电压测量。

③ 具有有效值输出及二进制输出等多种输出。

任务6.2 泵站计算机监控系统监控软件的制作

泵站计算机监控系统监控软件的制作工作任务书见表6-2。

表 6-2　泵站计算机监控系统监控软件的制作任务书

项目名称	项目 6 泵站计算机监控系统的制作		学时：8
工作任务	任务 2 泵站计算机监控系统监控软件的制作		学时：6
授课地点	组态软件实验室	授课教师	
教学目标	1. 专业能力目标 掌握上位机监控软件立体棒图的使用、实时与历史报表、报警限的在线修改和数据库的使用。 2. 方法能力目标 具有自主学习创新能力；具有信息获取、制定与评估计划的能力和具有按照计划实施的能力；具有解决实际问题的思路或方法。 3. 社会能力目标 具有批评与自我批评的能力；具有良好的自身修养和职业道德；具有团队合作和协作能力；具有良好的心理素质和克服困难的能力；具有角色及利益的定位、顾及他人的能力；具有环保意识		
工作任务描述	1. 各画面功能的分配； 2. 根据系统要求正确地进行数据库组态； 3. 人机界面设计，包括主界面、报表、报警窗口、数据库查询		
教学重点	报表的实现、数据库查询的实现		
教学难点	数据库查询的实现		
考核标准	1. 设备定义正确；2. 主界面功能完善；3. 分画面能实现基本功能；4.能实现数据库查询		
教学设备	安装有组态王 6.55 和 OFFICE 软件的计算机、投影仪		
相关资料及资源	情境描述卡、工作任务单、教材、实验指导书、视频、学习手册、PPT 课件、课程网站		
提交成果	工作记录单，组态工程、情境考核单、学习心得体会等		
注意事项	1. 遵守安全操作规范，安全第一； 2. 动手操作之前一定要阅读实验指导书； 3. 要发挥团队协作精神		

6.2.1　监控主画面的制作

主界面主要进行工业现场模拟。由于泵站的布局、水的流向、各采样点的位置等信息都包含在主界面中，因此用户不必去现场即可获知泵站实际的总体情况。

如图 6-2 所示为实现主界面动画效果。画面中既能显示水的流向，定义内存整型变量“流体状态 1”，又能进行实时声音报警。画面“存在时”的命令语言如下

```
if(\\本站点\$新报警==1)
{playsound(“ ”,4);}
```

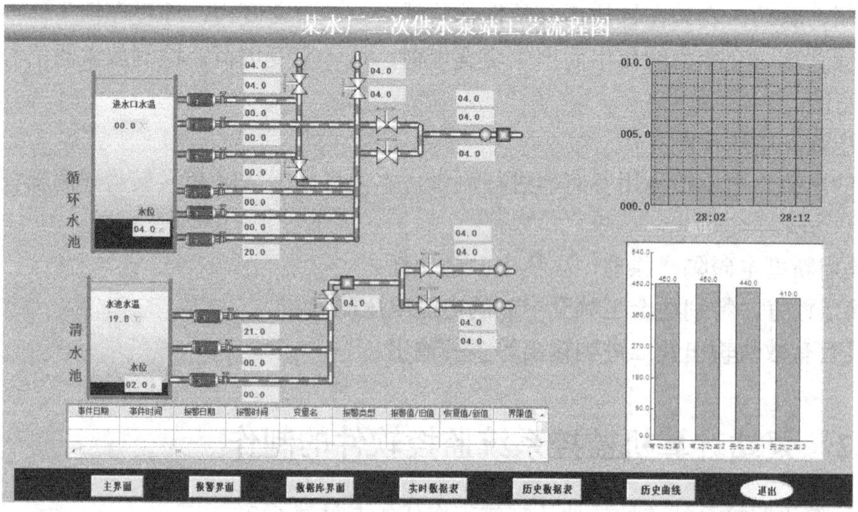

图 6-2　主界面的开发环境

循环水池和清水池的水位用剖面图表示，用圆角矩形的“填充”动画连接来实现水位的动态变化，动画连接设置如图 6-3 所示。

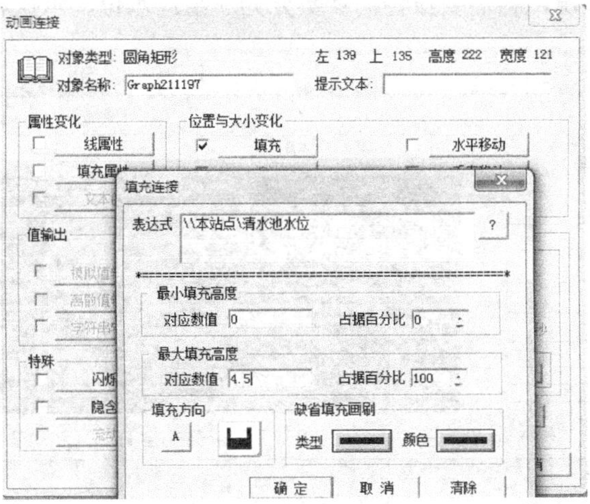

图 6-3　水位动画连接

为了形象直观地表示数据的变化，有功功率和无功功率用棒图表示，在画面“显示时”采用“chartAdd（）”函数，在画面“存在时”采用“chartSetValue（）”函数。系统中所有的###均是和 I/O 变量连接，水位、水温、流量、电流、电压、功率的连接均是“模拟量输出”。组态王开发系统中提供了图库管理器，泵和阀门均是从其中取出，双击图素即可建立其与变量的连接。

主界面中母线电压状态监测用实时趋势曲线表示，其定义如图 6-4 所示。

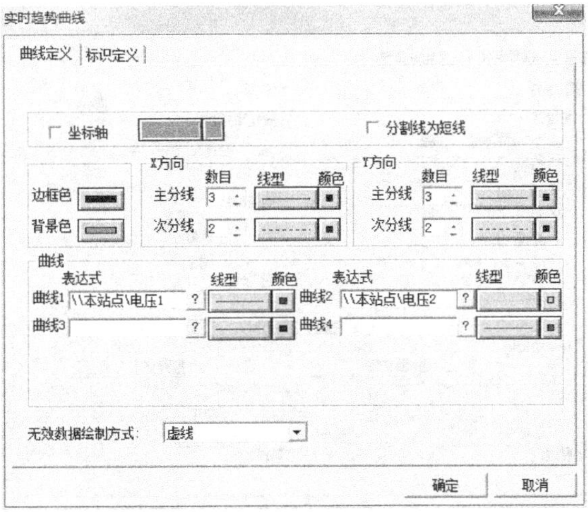

图 6-4　实时趋势曲线定义

6.2.2　报警界面的制作

系统中部分变量如电流、水压、水位需要进行报警设置。设计报警界面如下。

如图 6-5 所示，画面中用红灯表示新报警发生，同时发出声音提示。如果按下红灯，即是对发生的报警进行确认，红灯会变成绿灯。正在报警的变量名、时间及类型会显示在报警状态表中。根据实际情况，将需要报警的参数分为 3 组：水位、水压和电流。

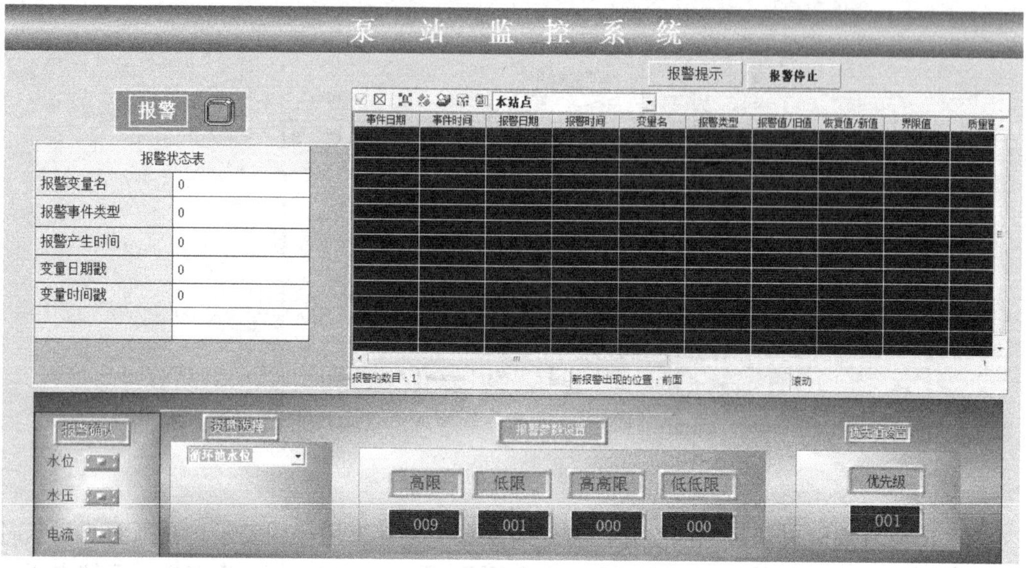

图 6-5　历史报警画面

在泵站实际运作过程中，有时需要重新设置报警限和报警优先值，所以在监测系统中加上此项功能，从而使操作灵活方便，实时性强。

在变量定义中，首先根据实际需要设置报警组、报警限及优先级如图 6-6 所示。

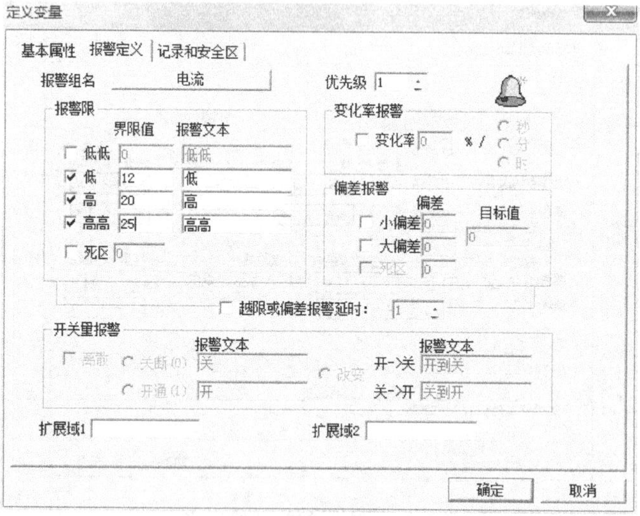

图 6-6　变量的报警定义

在制做报警画面之前，需要在“命令语言—自定义函数命令语言”中将报警的变量传递给对应的内存变量。自定义函数如下。

1）实型：void $System_RealAlarm(RealTag rTag, long time, long nEvent, long nAction)命令语言如下

```
//实型变量产生的事件。nAction == 1 时表示双击报警条，
//nAction == 0 时表示报警或事件产生
\\本站点\报警变量名=rTAG.Name;
if (nEvent==0)
{\\本站点\报警事件类型="报警产生";}
if (nEvent==1)
{\\本站点\报警事件类型="报警恢复";}
if (nEvent==2)
{\\本站点\报警事件类型="报警确认";}
\\本站点\报警时间=StrFromTime( nTime, 3 );
\\本站点\报警变量日期戳=rTag.TimeDateString;
\\本站点\报警变量时间戳=rTag.TimeTimeString;
```

2）整型：void $System_LongAlarm(LongTag lTag, long time, long nEvent, long nAction)命令语言如下

```
//整型变量产生的事件。nAction == 1 时表示双击报警条，
//nAction == 0 时表示报警或事件产生
\\本站点\报警变量名=lTAG.Name;
if (nEvent==0)
{\\本站点\报警事件类型="报警产生";}
if (nEvent==1)
{\\本站点\报警事件类型="报警恢复";}
if (nEvent==2)
{\\本站点\报警事件类型="报警确认";}
\\本站点\报警时间=StrFromTime( nTime, 3 );
\\本站点\报警变量日期戳=lTag.TimeDateString;
\\本站点\报警变量时间戳=lTag.TimeTimeString;
```

3）离散型：void $System_DiscAlarm(DiscTag dTag, long time, long nEvent, long nAction)命令语言如下

```
//离散型变量产生的事件。nAction == 1 时表示双击报警条，
//nAction == 0 时表示报警或事件产生
\\本站点\报警变量名=dTAG.Name;
if (nEvent==0)
{\\本站点\报警事件类型="报警产生";}
if (nEvent==1)
{\\本站点\报警事件类型="报警恢复";}
if (nEvent==2)
{\\本站点\报警事件类型="报警确认";}
\\本站点\报警时间=StrFromTime( nTime, 3 );
\\本站点\报警变量日期戳=dTag.TimeDateString;
\\本站点\报警变量时间戳=dTag.TimeTimeString;
```

图 6-5 中显示的“报警状态表”由报表控件插入，为使报表显示相应的字符串，须在画面“显示时”输入以下命令语言

```
ReportSetCellString("报警报表", 2, 1,"报警变量名");
ReportSetCellString("报警报表", 3, 1,"报警时间类型");
ReportSetCellString("报警报表", 4, 1,"报警产生时间");
ReportSetCellString("报警报表", 5, 1,"报警变量日期戳");
ReportSetCellString("报警报表", 6, 1,"报警变量时间戳");
```

为使报表显示相应的数值，在画面“存在时”输入以下命令语言

```
ReportSetCellString("报警报表",2,2,\\本站点\报警变量名);
ReportSetCellString("报警报表",3,2,\\本站点\报警事件类型);
ReportSetCellString("报警报表",4,2,\\本站点\报警时间;)
ReportSetCellString("报警报表",5,2,\\本站点\报警变量日期戳);
ReportSetCellString("报警报表",6,2,\\木站点\报警变量时间戳);
```

系统中实时报警有实时声音报警和实时灯光报警。

实时灯光报警采用图库中的按钮，双击它可将其与“$新报警”变量连接。

在设置报警值和优先级时，由于变量较多，故采用列表框控件。如图 6-7 所示，列表框属性设置如下。

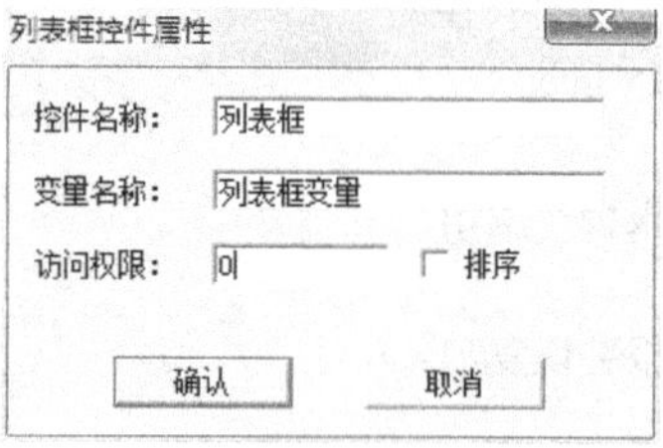

图 6-7 “列表框控件属性”对话框

将需要设置报警值和优先级的变量输入记事本，并将文本保存为“组合框表.csv”文件。然后用 ListLoadList 命令将文件调入到“列表框”控件中显示。当在列表框中选择要报警的变量值时，会在字符串框中相应地进行显示，并在报警值设置和优先值设置栏中显示相应的已设置好的值，并可以进行修改。

以“水压 1”为例，说明报警值和优先值的动画连接。

低低限的“模拟值输出连接”的表达式为“水压 1.LoLoLimit”；低低限的“模拟值输入连接”的变量名为“水压 1. LoLoLimit”，提示信息：“水压 1 低低报警限”，值范围：最小 0.4，最大 0.7。隐含连接的条件表达式为“\\本站点\列表框变量==“水压 1”，表达式为真时“显示”。低限、高限、高高限与此类似。

优先值的“模拟值输出连接”的表达式为“水压 1.Priority”；低低限的“模拟值输入连接”的变量名为“水压 1.Priority”，值范围：最小 0，最大 999。隐含连接的条件表达式“\\本站点\列表框变量==“水压 1”，表达式为真时“显示”。

6.2.3 数据库查询界面制作

为方便用户进行数据查询，系统中设计了数据库查询界面。所有实时数据均在其中显

示，若用户需要，可创建表格将该数据输出。通过 DDE（动态数据交换）的方式，组态王系统不但可以将下位机传来的数据经 DB 导出以 EXCEL 表格的格式输出，而且还能将 EXCEL 表格经 DB 导入后传送给控制系统进行控制。如图 6-8 所示。

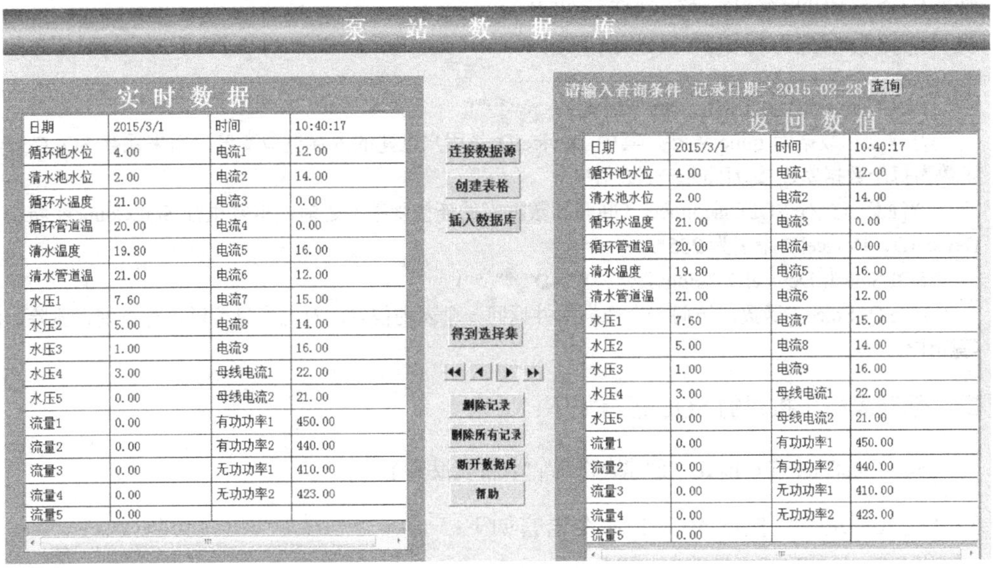

图 6-8　数据库查询界面

该界面中向数据库中插入数据建立过程如下。

1）建立一个空 ACCESS 文件，其扩展名为.mdb。

2）进入“控制面板”中的“管理工具”，双击“数据源 (ODBC)”选项，弹出“ODBC 数据源管理器”对话框，单击“系统 DSN”选项卡，如图 6-9 所示。单击“添加”按钮，在“创建新数据源”对话框中选择“Microsoft Access Driver”按钮，单击“完成”按钮。在随后弹出的对话框中定义数据源名为“mine”。选取 mydb.mdb 的路径，最后单击“确定”按钮。完成对数据库的配置。

图 6-9　ODBC 数据源管理器

3）在“数据词典”里定义一内存整型变量，名称为 DeviceID。

4）运用 SQL 语言进行“连接数据源”“创建表格”“插入数据库”“删除表格”“删除所有记录”“断开数据库”等按钮的命令语言定义。

画面中各按钮的命令语言动画连接如下。

1）“连接数据源”按钮的 SQL 语言如下：

```
SQLConnect( DeviceID, "dsn=mine;uid=;pwd=");
/*建立和数据库 mine 连接，其中 DeviceID 是用户创建的内存整型变量，用来保存 SQLConnect()函数为每个数据库连接分配的一个数值*/
/*注意在执行 SQLDisconnect（断开和数据库的连接函数）之前，重复执行 SQLConnect 将会增加 DeviceID，DeviceID 最多为 255*/
SQLSelect( DeviceID, "kingview", "BIND", "", "");
/* SQLSelect()函数：访问一个数据库并返回一个表的信息，对此信息可以进行查询、删除、清空等操作*/
```

2）“创建表格”按钮的 SQL 语言如下：

```
SQLCreatTable(DeviceID, "创建表格名", "表格模板名");
```

3）“插入记录体”按钮的 SQL 命令语言如下：

```
SQLInsert( DeviceID, "创建表格名", "组态王记录体名");
```

界面中数据库查询部分的实现如下。

1）定义记录体 2，用于定义查询时的连接，记录体中添加记录日期、记录时间、变量 1 返回值、变量 2 返回值…字段（注：字段名称应和数据库中字段名称一致）。

2）得到选择集，定义按钮 得到选择集 ，命令语言如下：

```
SQLSelect( DeviceID, "表格名称", "记录体",函数起作用的条件, 排序的列和方向);
```

3）在画面上进行文本输出，可以看到返回值数据。

4）条件查询可根据实际要求运用 SQL 函数。用户只需在 请输入查询条件 #### 中输入要查询的条件，单击“查询”按钮，即可在“返回数值”栏中看到符合条件的记录。查询条件“####”的字符串输入、输出的连接为“\\本站点\查询语句”。

5）为方便用户使用数据库，建立“SQL 帮助”画面。通过 ShowPicture("SQL 帮助"); 打开画面，帮助界面是调用记事本文件实现的，画面“显示时”命令语言如下：

```
START=1;
```

画面“存在时”命令语言如下：

```
if(START==1)
{
string 工程路径=InfoAppDir()+"SQL 帮助.rtf";
LoadText( "帮助", 工程路径, ".RTF" );
START=0;
}
```

效果如图 6-10 所示。

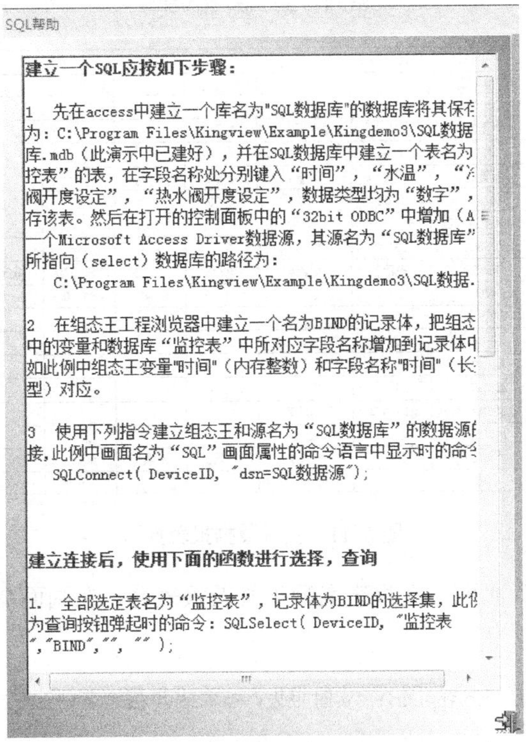

图 6-10 “SQL 帮助”画面

6.2.4 数据报表的制作

数据报表是反应生产过程中的数据、状态等，并对数据进行记录的一种重要形式，是生产过程必不可少的一部分。本系统中数据报表分实时数据报表和历史数据报表两种。实时数据报表能反映系统实时的生产情况，历史数据报表能对长期的生产过程进行统计、分析，使管理人员能够实时掌握和分析生产情况。

1. 实时数据报表

实时数据报表的设计简介如下。根据报表的通用格式及实际需要的检测内容，设置表格的行数和列数。对需要显示时间和实时数据的按照组态王变量的设置格式进行设置和布局。实时数据报表界面如图 6-11 所示。

报表控件名称改为“实时数据报表”。

界面中“打印实时报表”按钮的命令语言如下：

```
ReportPrint2("实时报表");
```

界面中“修改报表名”按钮的命令语言如下：

```
ShowPicture("修改报表名");
```

实时数据报表									
报表日期	2015/3/1 11:07:59								
水位	循环水位	清水水位							
	4.00	2.00							
水压	水压1	水压2	水压3	水压4	水压5				
	7.60	5.00	1.00	3.00	0.00				
流量	流量1	流量2	流量3	流量4	流量5				
	0.00	0.00	0.00	0.00	0.00				
水温	循环水进口水温	循环水管道水温	清水水温	清水管道水温					
	21.00	20.00	19.80	21.00					
电流	电流1	电流2	电流3	电流4	电流5	电流6	电流7	电流8	电济
	12.00	14.00	0.00	0.00	44.00	50.00	30.00	40.00	42.
母线电流	电流10	电流11							
	22.00	21.00							
母线电压	电压1	电压2							
	216.00	218.00							
母线功率	有功功率1	有功功率2	无功功率1	无功功率2					
	450.00	440.00	410.00	423.00					
水泵开停	水泵1	水泵2	水泵3	水泵4	水泵5	水泵6	水泵7	水泵8	水泵
	0	1	0	0	1	0	0	0	0

图 6-11　实时数据报表界面

弹出“修改报表名”画面，在报表名称下修改报表名，在画面命令语言“隐含时”条件输入命令语言如下：

```
\\本站点\报表路径=InfoAppDir()+"实时报表\"+\\本站点\报表名+".rtl";
```

界面中“保存实时报表”按钮的命令语言如下：

```
string FileName=InfoAppDir()+"实时报表\"+\\本站点\报表名+".rtl";
long n=ReportSaveAs("实时报表",FileName);
if(n==0)
\\本站点\存表结果=1;
else
\\本站点\存表结果=0;
```

单击“保存实时报表”按钮后，就会显示“报表结果：保存成功”。

界面中“选取实时报表”按钮的命令语言如下：

```
ShowPicture("选取实时报表");
```

弹出“选取实时报表”画面，通过下拉菜单选择要查看的报表文件，画面“显示时”命令语言如下：

```
string 列表项=InfoAppDir()+"实时报表\*.rtl";
ListLoadFileName( "实时报表列表",列表项);
```

界面中“调取实时报表”按钮的命令语言如下：

```
\\本站点\报表路径=InfoAppDir()+"实时报表\"+\\本站点\列表框选中项+".rtl";
ReportLoad("实时报表",\\本站点\报表路径);
```

2. 历史数据报表

在实际工作中，不仅需要实时数据报表，还需要进行历史数据的查询，因此设计了历史数据报表。历史数据报表设计过程如下。

历史数据报表界面如图 6-12 所示。

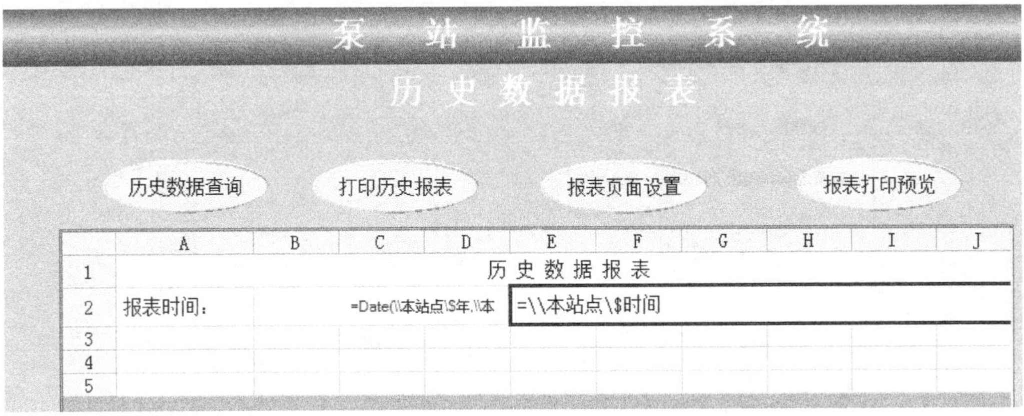

图 6-12　历史数据报表界面

“历史数据查询”按钮的命令语言如下：

```
ReportSetHistData2(3,1);
```

单击此按钮，弹出图 6-13 所示的对话框。

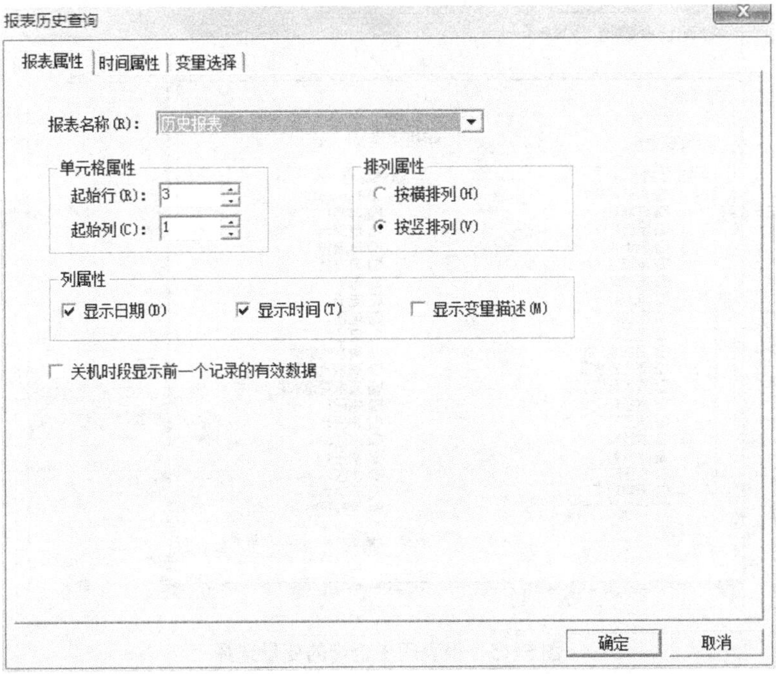

图 6-13　“报表历史查询”对话框

在“时间属性”选项卡中选取时间段，进行时间设置，如图 6-14 所示。

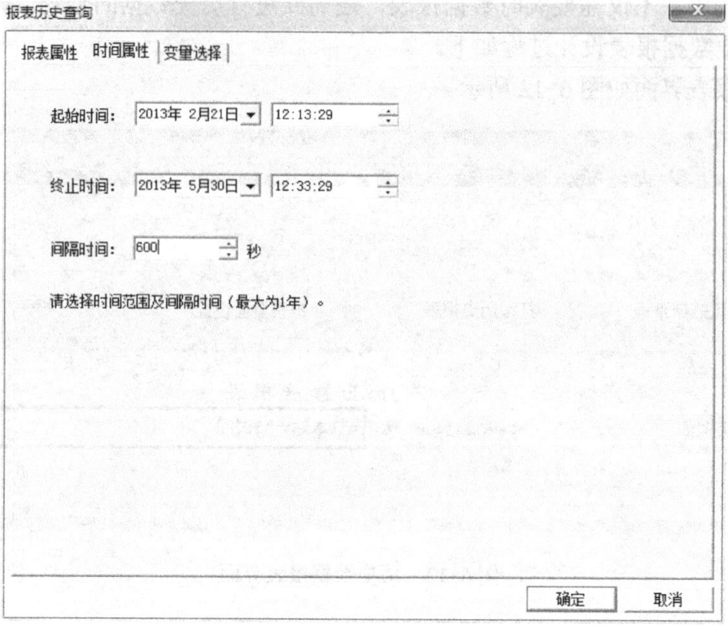

图 6-14　报表历史查询的时间属性设置

在“变量选择”选项卡中选取要显示数据的变量，如图 6-15 所示。

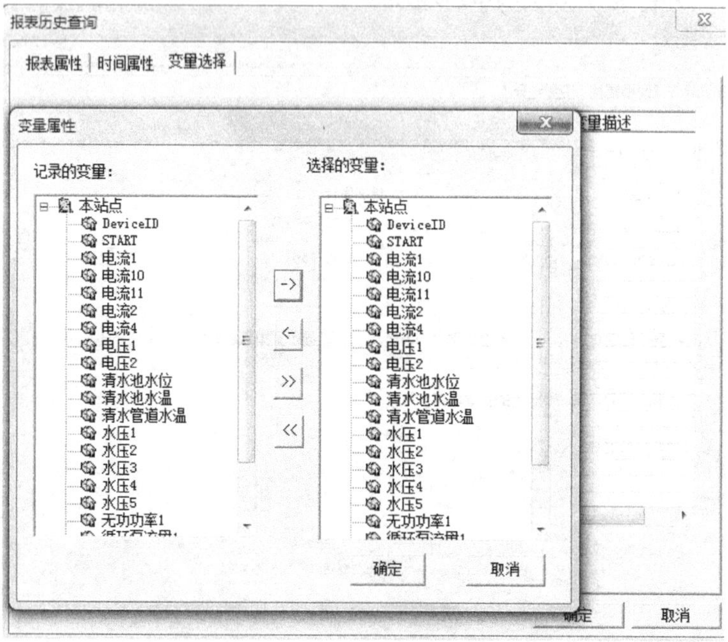

图 6-15　报表历史查询的变量选择

确定这些属性以后即可显示如图 6-16 所示的历史数据报表。

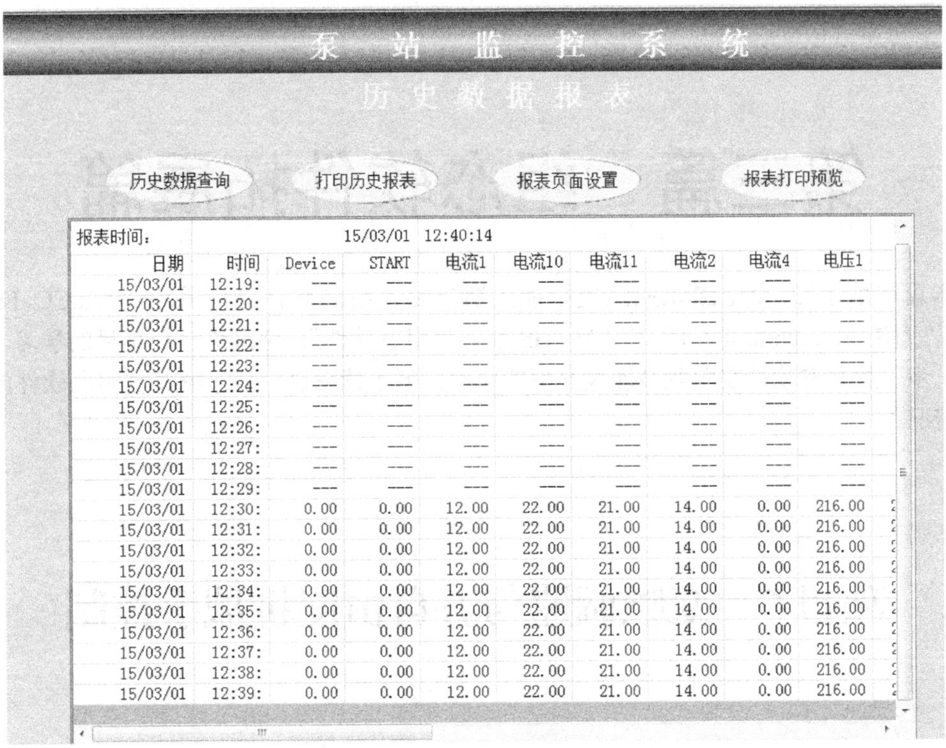

日期	时间	Device	START	电流1	电流10	电流11	电流2	电流4	电压1
15/03/01	12:19:	---	---	---	---	---	---	---	---
15/03/01	12:20:	---	---	---	---	---	---	---	---
15/03/01	12:21:	---	---	---	---	---	---	---	---
15/03/01	12:22:	---	---	---	---	---	---	---	---
15/03/01	12:23:	---	---	---	---	---	---	---	---
15/03/01	12:24:	---	---	---	---	---	---	---	---
15/03/01	12:25:	---	---	---	---	---	---	---	---
15/03/01	12:26:	---	---	---	---	---	---	---	---
15/03/01	12:27:	---	---	---	---	---	---	---	---
15/03/01	12:28:	---	---	---	---	---	---	---	---
15/03/01	12:29:	---	---	---	---	---	---	---	---
15/03/01	12:30:	0.00	0.00	12.00	22.00	21.00	14.00	0.00	216.00
15/03/01	12:31:	0.00	0.00	12.00	22.00	21.00	14.00	0.00	216.00
15/03/01	12:32:	0.00	0.00	12.00	22.00	21.00	14.00	0.00	216.00
15/03/01	12:33:	0.00	0.00	12.00	22.00	21.00	14.00	0.00	216.00
15/03/01	12:34:	0.00	0.00	12.00	22.00	21.00	14.00	0.00	216.00
15/03/01	12:35:	0.00	0.00	12.00	22.00	21.00	14.00	0.00	216.00
15/03/01	12:36:	0.00	0.00	12.00	22.00	21.00	14.00	0.00	216.00
15/03/01	12:37:	0.00	0.00	12.00	22.00	21.00	14.00	0.00	216.00
15/03/01	12:38:	0.00	0.00	12.00	22.00	21.00	14.00	0.00	216.00
15/03/01	12:39:	0.00	0.00	12.00	22.00	21.00	14.00	0.00	216.00

图 6-16 历史数据报表

第三篇　组态软件拓展篇

本篇选取了 3 个全国职业院校技能大赛项目，组态软件分别采用“WinCC Flexible 2008”“力控 Forcecontrol 6.1”和“MCGS 嵌入版组态软件”。通过这 3 个项目的学习，读者可进一步了解组态软件在职业技能大赛中的应用，便于读者进一步了解其他组态软件的基本使用情况。

项目 7　变频调速与五自由度机械手控制

7.1　项目任务书

2011 年全国职业院校现代制造及自动化技术教师大赛

“可编程序控制系统设计及应用比赛实操”样题

（总时间：240min）

1. 竞赛要求

1）正确使用工具，操作安全规范。

2）部件安装、电路连接、接头处理正确、可靠，符合要求。

3）爱惜赛场的设备和器材，尽量减少耗材的浪费。

4）保持工作台及附近区域干净整洁。

5）竞赛过程中如有异议，可向现场考评人员反映，不得扰乱赛场秩序。

6）遵守赛场纪律，尊重考评人员，服从安排。

2. 注意事项

1）参赛选手在比赛过程中应该遵守相关的规章制度和安全守则，如有违反，则按照相关规定在考试的总成绩中扣除相应分值。

2）参赛选手的比赛任务书用参赛证号、组别、场次、工位号标识，不得写有姓名或与身份有关的信息，否则成绩无效，在比赛任务书的指定附页内完成电气控制原理图的设计，比赛任务书完成后收回。

3）参赛选手应将编写的程序资料保存在“D:\2011\工位号\程序”文件夹下。

4）由于错误接线等原因引起 PLC、步进电动机及驱动器、变频器、触摸屏和直流电源损坏，取消竞赛资格。

5）参赛选手应在 240min 内完成任务书规定的内容；考试成绩以 100 分进行计算。

7.1.1 设备组成及工作情况描述

××综合传送设备是某生产线传送设备其中两个环节的机电一体化设备，在该设备上可完成两个传送任务，一个是变频传送，另一个是五自由度机械手搬运，设备可通过外部按钮及触摸屏进行操作。

××综合传送设备部件的名称和位置如图 7-1 所示。

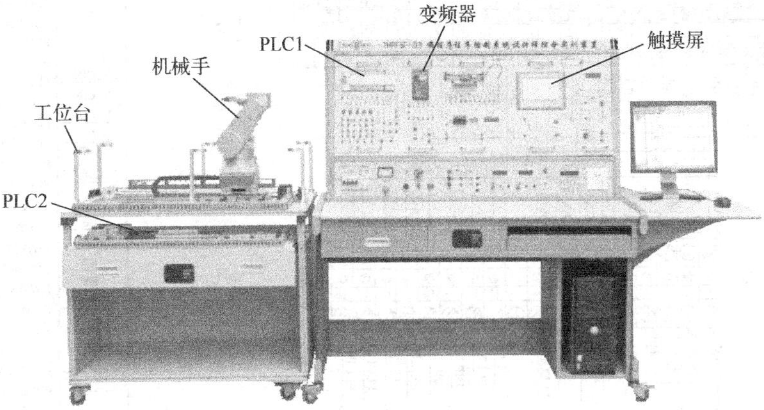

图 7-1 ××综合传送设备部件示意图

7.1.2 需要完成的工作任务

任务 1：电路设计（共 10 分）

仔细阅读变频传送单元的控制要求和参数设置说明，然后根据你对设备及其工作过程的理解，在提供指定的绘制专用页图框内绘制变频传送单元电气控制原理图，包括 PLC 的 I/O 端子分配、变频器主电路和控制电路，并在标题栏的“设计”和“制图”行填写自己的工位号。

变频器控制要求：通过变频器 STF 端子启动变频器，2、5 脚模拟量端子对变频器进行调速控制。

任务 2：线路连接（共 20 分）

1）根据所设计的变频传送单元电路图连接电路。

2）按照给定的五自由度机械手控制电路接线图（图 7-2）和端口分配表（表 7-1），连接机械手单元控制电路。

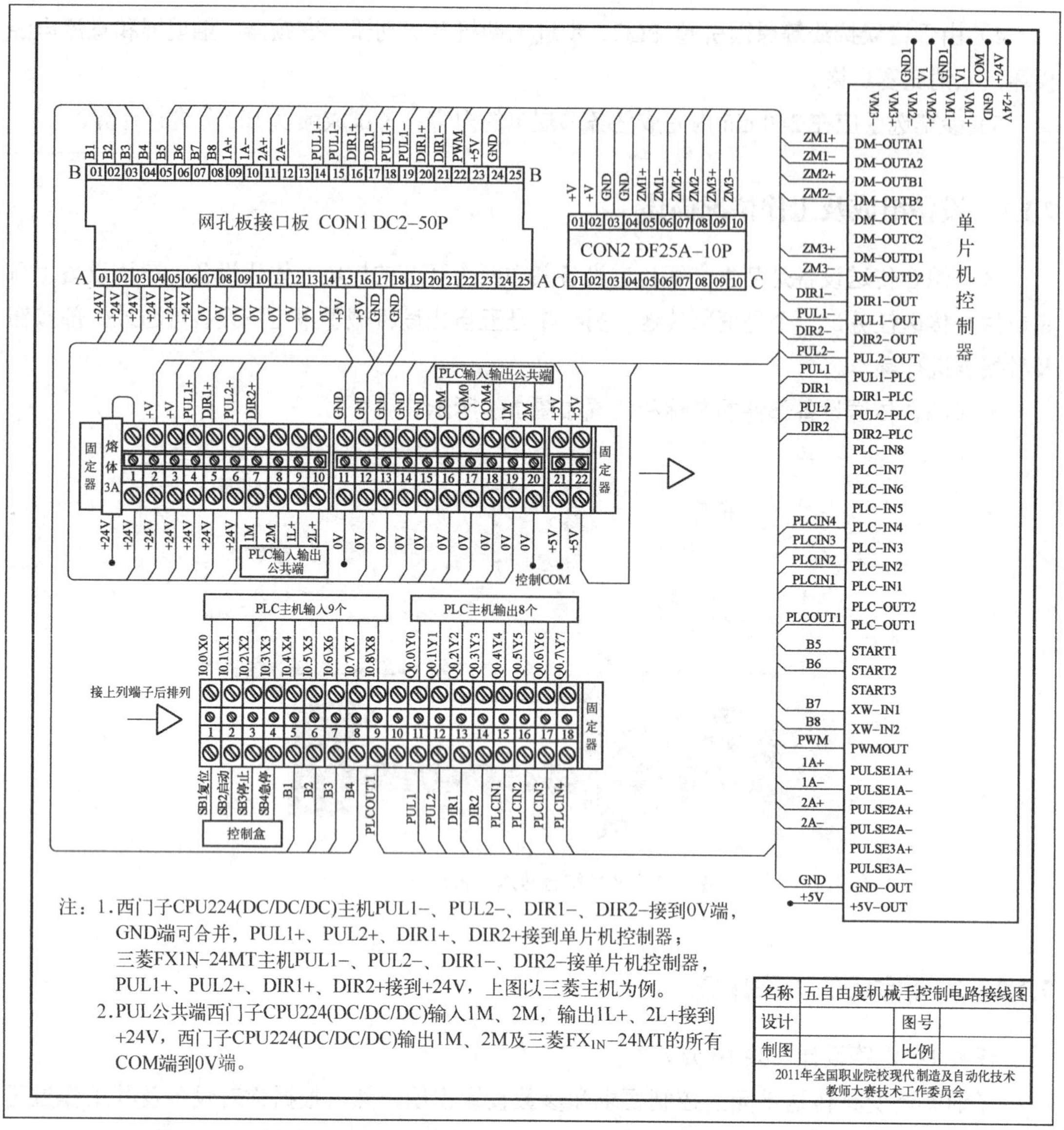

图 7-2 五自由度机械手控制电路接线图

表 7-1 端口分配表

序号	西门子 PLC 地址（PLC 端子）	三菱 PLC 地址（PLC 端子）	电气符号	功能说明
1	I0.0	X00	SB1	复位按钮（黄色）
2	I0.1	X01	SB2	启动按钮（绿色）
3	I0.2	X02	SB3	停止按钮（红色）
4	I0.3	X03	SB4	急停按钮
5	I0.4	X04	B1	原点信号（左）
6	I0.5	X05	B2	减速信号（中）
7	I0.6	X06	B3	限位信号（右）

（续）

序号	西门子 PLC 地址（PLC 端子）	三菱 PLC 地址（PLC 端子）	电气符号	功能说明
8	I0.7	X07	B4	底座旋转限位
9	I1.0	X10	PLCOUT1	单片机动作完成信号
10	Q0.0	Y00	PUL1	水平移动步进驱动器 PUL1+
11	Q0.1	Y01	PUL2	底座旋转步进驱动器 PUL2+
12	Q0.2	Y02	DIR1	水平移动步进驱动器 DIR1+
13	Q0.3	Y03	DIR2	底座旋转步进驱动器 DIR2+
14	Q0.4	Y04	PLCIN1	夹取控制信号
15	Q0.5	Y05	PLCIN2	位置编码信号（1）
16	Q0.6	Y06	PLCIN3	位置编码信号（2）
17	Q0.7	Y07	PLCIN4	位置编码信号（4）
18	主机输入 M1/M2，输出 1L+/2L+接电源+24V		+24V	电源正端
19	主机输出 1M/2ML 接电源 GND	主机 COM0、COM1、COM2、COM3 接电源 GND	0V	电源地端

工艺要求：控制单元网孔板上各器件连接线需放入线槽内，外露部分走线整齐。

3）根据该××综合传送设备的网络控制要求，连接通信网络。触摸屏与主控 PLC 编程口连接。

任务 3：驱动设备参数设置（共 10 分）

（1）变频器参数设置

变频器加减速斜坡时间设置为 2.0s，通过变频器 STF 端子启动变频器，2、5 脚模拟量端子对变频器进行调速控制。

（2）步进驱动器参数设置

ND583 步进驱动器的参数设置如下

SW1	SW2	SW3	SW4	SW5	SW6	SW7	SW8
OFF	OFF	OFF	ON	OFF	OFF	OFF	OF F

M542 步进驱动器的参数设置如下

SW1	SW2	SW3	SW4	SW5	SW6	SW7	SW8
ON	ON	OFF	OFF	OFF	ON	OFF	OFF

任务 4：PLC 程序编制（共 25 分）

根据变频传送单元及五自由度机械手单元的控制要求，编写 PLC 控制程序，并下载到 PLC 中，PLC 程序编辑的内容需通过设备的工作过程进行体现。

（1）变频传送单元控制要求

PLC1 控制程序具有“启动”“停止”和频率设定功能，通过触摸屏界面进行操作。在触摸屏传送监控界面中，单击频率设定输入框，输入 0～50 数值，对变频器进行频率设定，输入数值越大，频率越高，输入数值为 50 时，变频器频率约 50Hz；按下“启动”按钮，变频器启动运行，按下“停止”按钮，变频器停止运行。

（2）五自由度机械手单元控制要求

PLC2 控制程序具有“复位”“启动”“停止”及“急停”功能，黄色按钮为“复位”、绿色按钮为“启动”、红色按钮为“停止”，同时“复位”“启动”“停止”及“急停”功能可通过触摸屏操作。

按下“复位”按钮，五自由度机械手开始复位，基座旋转至原位，五自由度机械手水平移动至左侧原位传感器处停止，复位完成（其中五自由度机械手手臂及手爪复位由单片机来完成），同时主控 PLC1 输出端 Y26 以 1Hz 频率闪烁。

复位完成后，按下“启动”按钮，五自由度机械手先将 1 号位的工件搬运至 3 号位；完成后再将 3 号位的工件搬运至 5 号位；最后再将 5 号位的工件搬运至 1 号位后回到初始位置。这样，一个工作周期完成，如需再次运行，可再按“启动”按钮即可，在机械手运行过程中，同时主控 PLC1 输出端 Y27 常亮，停止运行则 PLC1 输出端 Y27 熄灭。

五自由度机械手在运动过程中，按“停止”按钮，五自由度机械手完成当前动作后停止运行，按“启动”按钮，五自由度机械手继续下一步动作。

在五自由度机械手运动时，按下“急停”开关，五自由度机械手立即停止移动及转向，此时如需再次运行机械手，需人工将本次搬运途中掉下的工件拿到 1 号物料台，再按“复位”按钮，复位完成后，按“启动”方可重新运行。

在运行过程中，按下“复位”3s，系统重新复位。

五自由度机械手运动点位置图如图 7-3 所示。

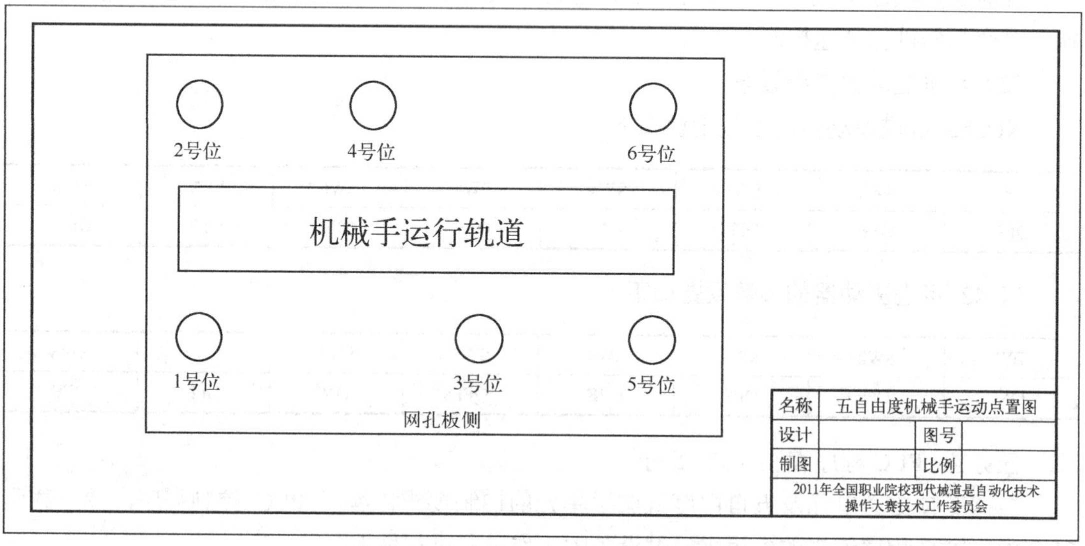

图 7-3　五自由度机械手运动点位置图

夹取控制信号及位置编码信号对应单片机控制位置编码见表 7-2。

表 7-2　夹取控制信号及位置编码信号对应单片机控制位置编码表

位置取放		PLCIN1 (Q0.4\Y04)	PLCIN2 (Q0.5\Y05)	PLCIN3 (Q0.6\Y06)	PLCIN4 (Q0.7\Y07)
1 号位置	取	1	0	0	1
	放	0	0	0	1
2 号位置	取	1	0	1	0
	放	0	0	1	0
3 号位置	取	1	0	1	1
	放	0	0	1	1
4 号位置	取	1	1	0	0
	放	0	1	0	0
5 号位置	取	1	1	0	1
	放	0	1	0	1
6 号位置	取	1	1	1	0
	放	0	1	1	0
复位		1	1	1	1

任务 5：触摸屏组态工程编辑，实现规定的监控（共 10 分）

系统采用 Smart 700 触摸屏，打开 WinCC Flexible 2008 软件，制作 3 个界面。

界面 1：主界面。制作两个画面切换元件并有相关文字说明，分别进入变频传送和机械手搬运监控界面。

界面 2：变频传送监控界面。制作 3 个按钮元件，一个数值输入元件并有相应的文字说明，两个按钮元件用于控制变频器的启动、停止；一个按钮元件用于返回主界面；一个数值输入元件，输入范围 0～50，可对变频器频率进行设定。

界面 3：机械手搬运监控界面。制作 5 个按钮元件并有相应的文字说明，其中 4 个按钮元件分别用于控制机械手装置的复位、启动、停止和急停；一个按钮元件用于返回主界面。

PLC 程序中增加触摸屏配套程序段，实现上述功能。

任务 6：系统调试（共 15 分）

根据五自由度机械手控制电路接线图、五自由度机械手台面接线图、五自由度机械手主电路接线图，调试机械手机械部件和检测元件的位置、编写的 PLC 控制程序和触摸屏工程，满足××综合传送设备的控制要求。

任务 7：综合素质（10 分）

包括设备操作规范性；材料利用效率，接线及材料损耗；工具、仪器、仪表使用情况；竞赛现场安全、文明生产；工作合理安排情况。

7.2　组态监控任务的实现

1. 项目建立

打开“WinCC Flexible 2008”软件，选择“创建一个空项目”，在设备选择对话框选择“Smart Line→Smart 700”，单击“确定”按钮。

2. 设备定义

打开新建的项目，选择窗口左侧的“通信→连接”，定义设备名称为“PLC”，选择的通信驱动程序为“Mitsubishi FX”，在线选择“开”。通信参数设置如下

波特率（bit/s）	奇偶校验	数据位	停止位	类型
9600	偶	7	1	RS422

3. 变量定义

项目新建的变量表见表 7-3。

表 7-3 项目定义的变量表

序　　号	变量名称	变量类型	连接设备	地　　址	采集周期/ms
1	变频器输出	Word	PLC	D0	100
2	变频器启动	Bit	PLC	M0	100
3	变频器停止	Bit	PLC	M1	100
4	机械手复位	Bit	PLC	M110	100
5	机械手启动	Bit	PLC	M111	100
6	机械手停止	Bit	PLC	M112	100
7	机械手急停	Bit	PLC	M113	100

4. 画面组态

根据任务要求，建立 3 个画面，一个是主画面（见图 7-4），一个是变频器控制画面（图 7-5），一个是机械手控制画面（图 7-6）。

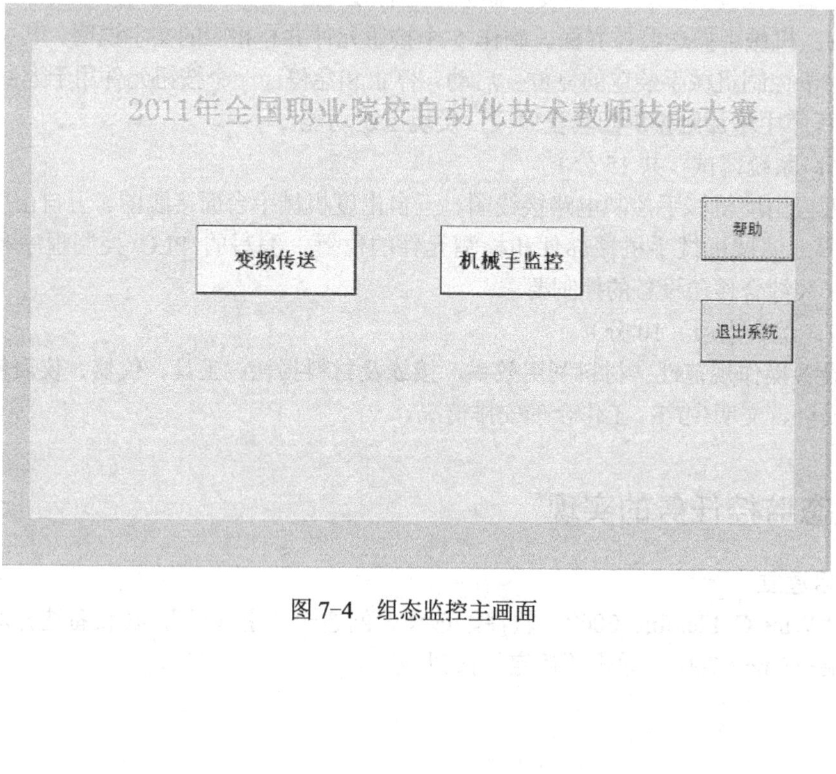

图 7-4 组态监控主画面

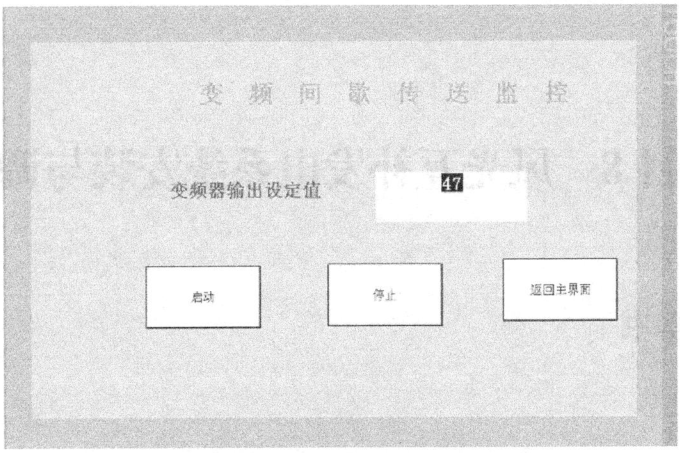

图 7-5　变频器控制画面

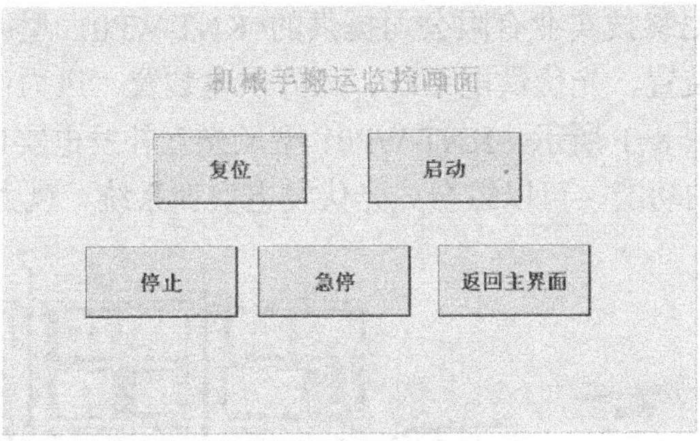

图 7-6　机械手控制画面

7.3　项目实际操作技术要点

可编程序控制系统设计及应用实际操作成绩满分为 100 分，由裁判根据评分细则进行评定。各单元评分指标体系及所占分值见表 7-4。

表 7-4　评分指标体系

一级指标	分　值	二级指标	分　值
设计计算逻辑思维部分	45	1. 电气线路设计	10
		2. PLC 程序设计	25
		3. 触摸屏组态工程设计	10
动手动脑结合实践操作部分	45	1. 电路连接	20
		2. 参数设置	10
		3. 设备运行调试	15
综合素质	10	1. 设备操作规范性	2
		2. 材料利用效率，接线及材料损耗	2
		3. 工具、仪器、仪表使用情况	2
		4. 竞赛现场安全、文明生产	2
		5. 工作合理安排情况	2

项目 8　风光互补发电系统安装与调试

8.1　项目任务书

8.1.1　设备介绍

2012 年全国职业院校技能大赛高职组“风光互补发电系统安装与调试”赛项指定使用的大赛设备是由南京康尼科技实业有限公司提供的 KNT-WP01 型风光互补发电实训系统。该系统主要由光伏供电装置、光伏供电系统、风力供电装置、风力供电系统、逆变与负载系统、监控系统组成，如图 8-1 所示。KNT-WP01 型风光互补发电实训系统采用模块式结构，各装置和系统具有独立的功能，可以组合成光伏发电实训系统、风力发电实训系统。

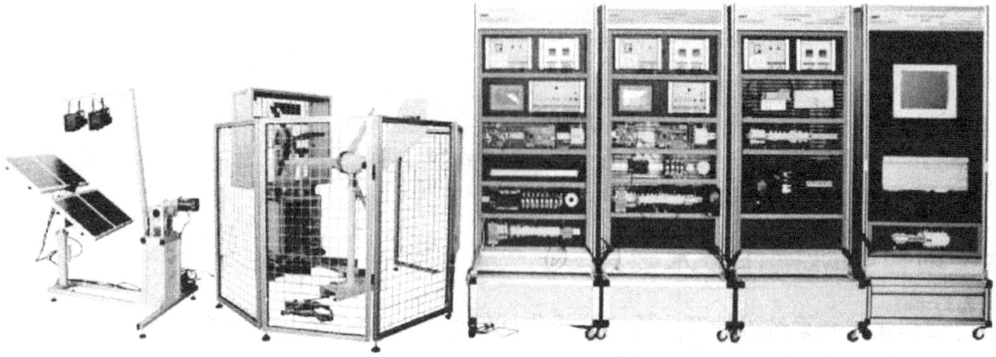

图 8-1　KNT-WP01 型风光互补发电实训系统

8.1.2　竞赛内容

比赛内容涉及光伏供电系统、风力供电系统、逆变与负载系统、监控系统的安装、接线、调试、PLC 程序设计和分析等，具体如下。

（1）离网型风、光互补发电系统规划；

（2）根据功率要求，选择、安装和连接光伏电池组件；

（3）根据功率要求，选择、安装和连接风力发电机；

（4）基于 MCU 的光伏电池组件最大功率跟踪程序设计；

（5）基于 MCU 的风力发电机最大功率跟踪的程序设计；

（6）蓄电池容量匹配计算与选型；

（7）蓄电池充放电参数设置、保护参数设置；

（8）逆变器参数设置；

（9）监控系统组态及操作；

（10）光伏供电系统调试；

（11）风力供电系统调试；

（12）风光互补发电系统调试；

（13）电能质量的监测、调试和分析。

1. 光伏供电系统

1）将大赛提供的光伏电池组件、投射灯、光线传感器、水平和俯仰方向运动机构、交流电动机、减速箱、摆杆支架等器件与设备组装成如图 8-2 所示的光伏供电装置。

要求：4 块光伏电池组件按任务书进行连接，组成光伏电池方阵。光线传感器安装在光伏电池方阵中央，两盏投射灯安装在摆杆支架上。

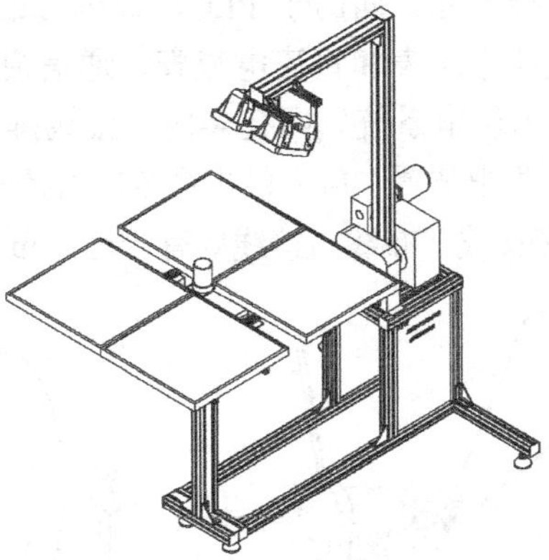

图 8-2　光伏供电装置

2）将大赛提供的 DSP 主控制单元、西门子 PLC、人机对话模块、接口模块、控制单元、直流电压表、直流电流表、蓄电池组、负载、按钮、继电器、断路器等器件与设备安装在“光伏供电系统”网孔架内（接线排和走线槽已经安装好）。

3）根据大赛所提供的光伏供电装置、光伏供电系统电气原理图和接线图，完成光伏供电装置和光伏供电系统的布线和接线。布线与接线要有合理的布线路径、线径和线标套管。

4）定义西门子 PLC 的输入、输出端口。编制光伏电池方阵手动跟踪模式和光伏电池方阵自动跟踪模式的程序。

要求：在手动跟踪模式下，分别按下向东按钮、向西按钮、向南按钮、向北按钮时，光伏电池方阵分别向东、向西、向南、向北偏移。分别按下投射灯 1 按钮、投射灯 2 按钮、摆杆东西向运动按钮、摆杆西东向运动按钮时，灯 1、灯 2 分别点亮，并随摆杆完成东西向或西东向运动。

在自动跟踪模式下，按下启动按钮，投射灯点亮并随摆杆运动，光伏电池方阵跟踪投射灯运动。

5）通过人机对话模块设置光伏电池方阵参数、PWM 充电参数、蓄电池充放电保护参数。

要求：实现光伏发电对蓄电池组的 PWM 充电过程。通过示波器检测蓄电池充、放电过程以及保护过程的波形并进行分析。

6）通过调节光伏电池方阵负载和投射灯的光照度，检测光伏电池方阵的输出电压和电流，计算光伏电池方阵的输出功率，绘制光伏电池方阵的输出功率曲线，分析光伏电池方阵的非线性输出特性和MPPT（最大功率点跟踪）特性。

7）正确选取元器件，焊接光伏供电系统的接口电路模块，要求焊接的接口电路模块能够替代光伏供电系统上的接口电路模块。

8）设置光伏供电系统控制器的通信地址，完成光伏供电系统与后台监控系统的通信，实现监控系统遥测光伏供电系统的运行状态。

9）完成光伏供电系统PLC与监控系统的通信，实现监控系统遥控PLC动作。

2. 风力供电系统

1）将大赛提供的叶片、轮毂、发电机、机舱、塔架、风场运动机构、测速仪、偏航控制单元、护栏等器件与设备，组装成如图8-3所示的风力供电装置。

2）将大赛提供的DSP主控单元、西门子PLC、人机对话模块、接口模块、控制单元、交流电压表和交流电流表、直流电压表和直流电流表、通信模块、负载、按钮、继电器、断路器等器件与设备安装在“风力供电系统”网孔架内（接线排和走线槽已经安装好）。

3）根据大赛所提供的风力供电装置、风力供电系统电气控制原理图和接线图，完成风力供电装置和风力供电系统的布线和接线。布线与接线要有合理的布线路径、线径和线标套管。

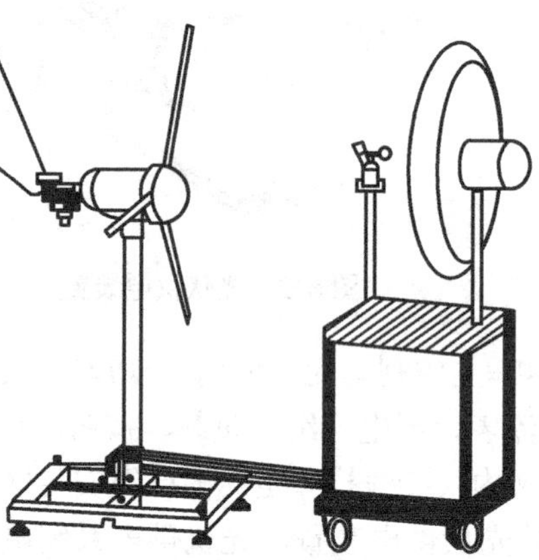

图8-3　风力供电装置

4）定义西门子PLC的输入、输出端口。编制风力发电手动控制模式和风力发电自动控制模式的程序。

要求：在手动控制模式下，分别按下风场顺时针运动按钮或逆时针运动按钮时，模拟风场运动机构分别作顺时针和逆时针圆弧运动，实现风场的风向变化。按下给风和偏航按钮时，水平轴风力发电机迎风发电。当按下旋转风速控制旋钮时，风场改变风速，当风场提供的风速达到设定的大风量状态时，水平轴风力发电机作侧风偏航运动。

在自动控制模式下，按下启动按钮，风场自动进行风向和风速变化，水平轴风力发电机作自动偏航运动。当风场提供的风速达到设定的大风量状态时，水平轴风力发电机自动作侧风偏航运动。

5）通过人机对话模块设置风速、风向、风力发电机切入风速、切除风速、输出功率等参数。设置PWM充电参数、蓄电池充放电保护参数。

要求：实现风力发电，交流电压表和交流电流表显示风力发电机的输出电压和电流值。

直流电压表和直流电流表显示经过整流后的电压和电流值。

实现风力发电对蓄电池组的 PWM 充电过程。通过示波器检测蓄电池充、放电过程以及保护过程的波形并进行分析。

通过调节风场的风速和风力发电机的负载，检测风力发电机的输出电压和电流，计算风力发电机的输出功率，绘制风力发电机的输出功率曲线并分析输出特性。

6）设置风力供电系统控制器的通信地址，完成风力供电系统与后台监控系统的通信，实现监控系统遥测风力供电系统的运行状态。

7）完成风力供电系统 PLC 与监控系统的通信，实现监控系统遥控 PLC 动作。

3. 逆变与负载系统

1）将大赛提供的 DSP 主控单元、IGBT 逆变模块、交流电压表和交流电流表、人机对话模块、变频器、交流电动机、LED 显示模块等器件与设备安装在“逆变与负载系统”网孔架内（接线排和走线槽已经安装好）。

2）根据大赛所提供的逆变与负载系统电气原理图和接线图，完成逆变与负载系统的布线和接线。布线与接线要有合理的布线路径、线径和线标套管。

3）检测逆变器输出电压、电流、频率、功率因数。

4）通过人机对话模块设置 SPWM、H 桥死区、功率因数、谐波等参数，通过示波器检测逆变过程的相关波形并分析。

5）通过人机对话模块设置逆变过载、短路保护参数，完成过载、短路保护功能调试。

6）将变频器和交流电动机组成交流调速系统，实现调速功能。

7）设置逆变系统控制器的通信地址，完成逆变系统与后台监控系统的通信，实现监控系统遥测逆变系统的运行状态。

4. 监控系统

1）完成组态主界面，用于显示光伏供电系统、风力供电系统、逆变与负载系统的实时运行数据，数据至少应包含电压、电流、功率、有功、无功等必要信息。光伏供电系统、风力供电系统、逆变与负载系统的通信状态开关量显示。

2）完成光伏供电系统、风力供电系统、逆变与负载系统界面，分别显示各自的运行状态参数，参数单元应包含电压、电流等系统相关的信息。

3）设计光伏发电采集报表和风力发电采集报表，采集数据不少于 10 次，每 3min 记录一次光伏输出电压、电流，风力发电机的输出电压、电流；逆变与负载系统的逆变输入电压、输入电流、逆变输出电压、电流、功率等数据并打印数据报表。

4）对监控系统的谐波分析仪中的谐波波形信息进行分析。

5. 风光互补

实现光伏供电、风力供电和风光互补供电，供电方式由环境条件决定。

8.2 监控系统任务实施

8.2.1 设备的定义

根据项目监控任务要求，监控系统上位机与光伏供电系统的 PLC、风力供电系统的

PLC、风力供电系统的变频器、6 块智能数显仪表、光伏供电系统的充电控制器、风力供电系统的充电控制器的、风力供电变频器和逆变控制器通信。在“力控 Forcecontrol 6.1”中定义的设备具体情况见表 8-1。

表 8-1　设备定义表

序号	定义的设备名称	实际设备	串口号	设备地址	通信协议	备　注
1	S7_200_1	光伏供电系统 PLC	COM1	2	PPI 通信协议	
2	S7_200_2	风力供电系统 PLC	COM2	2	PPI 通信协议	
3	VFD	风力供电系统变频器	COM2	3	USS 协议	
4	I_Ctrl	逆变控制器	COM6	1	Modbus RTU 通信协议	
5	S_Ctrl	光伏充电控制器	COM4	1	RS-232	
6	W_Ctrl	风能充电控制器	COM5	1	RS-232	
7	SUN_I	太阳能电流表	COM3	1	RS-485	6 块智能数显仪表
8	SUN_V	太阳能电压表	COM3	2	RS-485	
9	WIN_I	风能电流表	COM3	3	RS-485	
10	WIN_V	风能电压表	COM3	4	RS-485	
11	INVE_I	逆变电流表	COM3	5	RS-485	
12	INVE_V	逆变电压表	COM3	6	RS-485	

8.2.2　变量定义

本项目需要定义的模拟量变量见表 8-2，数字量变量见表 8-3。

表 8-2　项目中定义的模拟量变量

序　号	变 量 名	变 量 描 述	IO 设备	寄存器
1	I_SUN	太阳能电流表电流	SUN_I	HRF6
2	V_SUN	太阳能电压表电压	SUN_V	HRF6
3	I_WIND	风能电流表电流	WIN_I	HRF6
4	V_WIND	风能电压表电压	WIN_V	HRF6
5	I_INVERTER	逆变电流表电流	INVE_I	HRF6
6	V_INVERTER	逆变电压表电压	INVE_V	HRF6
7	SI_SCtrl	太阳能充电电流	S_Ctrl	HRF5
8	SV_SCtrl	太阳能充电电压	S_Ctrl	HRF3
9	BI_SCtrl	蓄电池放电电流（太阳能充电控制器）	S_Ctrl	HRF7
10	BV_SCtrl	蓄电池电压（太阳能充电控制器）	S_Ctrl	HRF1
11	WI_WCtrl	风能充电电流	W_Ctrl	HRF5
12	WV_WCtrl	风能发电电压	W_Ctrl	HRF6
13	BI_WCtrl	蓄电池放电电流	W_Ctrl	HRF7
14	BV_WCtrl	蓄电池电压	W_Ctrl	HRF1
15	SP_WCtrl	风速等级	W_Ctrl	HRF9

表 8-3　项目中定义的数字量变量

序　号	变 量 名	变 量 描 述	寄 存 器	连 接 设 备
1	M1_0_0	旋转开关自动档	M0.0	
2	M1_0_1	启动按钮	M0.1	
3	M1_0_2	停止按钮	M0.2	
4	M1_0_3	向东按钮	M0.3	
5	M1_0_4	向西按钮	M0.4	
6	M1_0_5	向北按钮	M0.5	
7	M1_0_6	向南按钮	M0.6	
8	M1_0_7	灯 1 按钮	M0.7	
9	M1_1_0	灯 2 按钮	M1.0	
10	M1_1_1	东西按钮	M1.1	
11	M1_1_2	西东按钮	M1.2	S7_200_1
12	M1_1_3	停止按钮	M1.3	
13	Q1_0_0	启动按钮指示灯	Q0.0	
14	Q1_0_1	向东按钮指示灯	Q0.1	
15	Q1_0_2	向西按钮指示灯	Q0.2	
16	Q1_0_3	向北按钮指示灯	Q0.3	
17	Q1_0_4	向南按钮指示灯	Q0.4	
18	Q1_0_5	灯 1 按钮指示灯、KA7 线圈	Q0.5	
19	Q1_0_6	灯 2 按钮指示灯、KA8 线圈	Q0.6	
20	Q1_0_7	东西按钮指示灯	Q0.7	
21	Q1_1_0	西东按钮指示灯	Q1.0	
22	Q1_1_1	停止按钮指示灯	Q1.1	
23	M2_2_0	启动按钮	M2.0	
24	M2_2_1	顺时按钮	M2.1	
25	M2_2_2	逆时按钮	M2.2	
26	M2_2_3	侧风偏航按钮	M2.3	
27	M2_2_4	恢复按钮	M2.4	S7_200_2
28	M2_2_5	停止按钮	M2.5	
29	Q2_0_0	启动按钮指示灯	Q0.0	
30	Q2_0_1	顺时按钮指示灯	Q0.1	
31	Q2_0_2	逆时按钮指示灯	Q0.2	S7_200_2
32	Q2_0_3	侧风偏航按钮指示灯	Q0.3	
33	Q2_0_4	恢复按钮指示灯	Q0.4	
34	Q2_0_5	停止按钮指示灯	Q0.5	
35	I2_0_0	旋转开关自动档	I0.0	

8.2.3　画面组态

根据项目要求，画面包括系统主画面、光伏发电系统画面、风力供电系统、逆变与负载系统、风光互补系统图、报表画面，分别如图 8-4～8-9 所示。

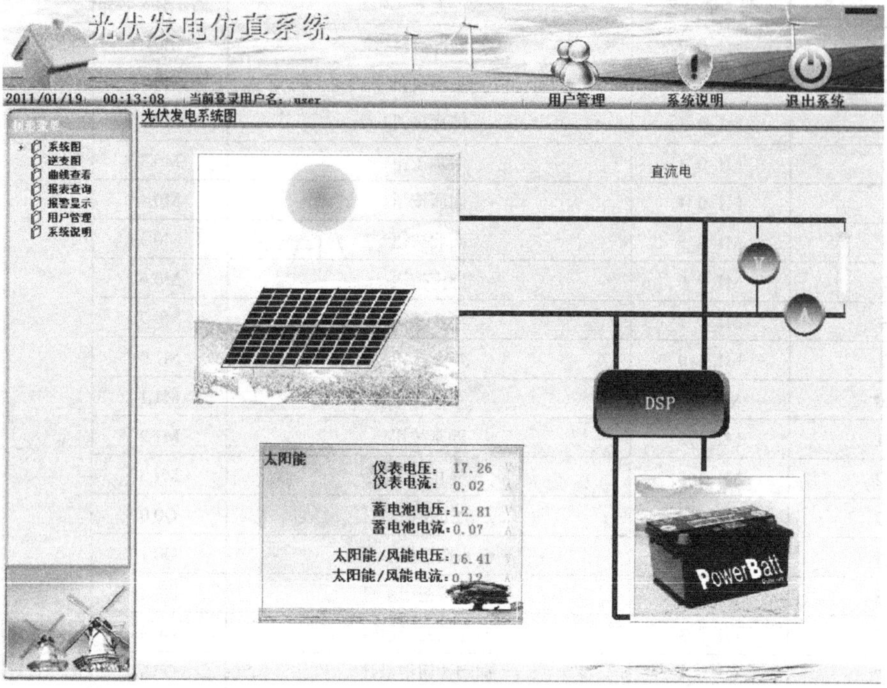

图 8-4　系统主画面

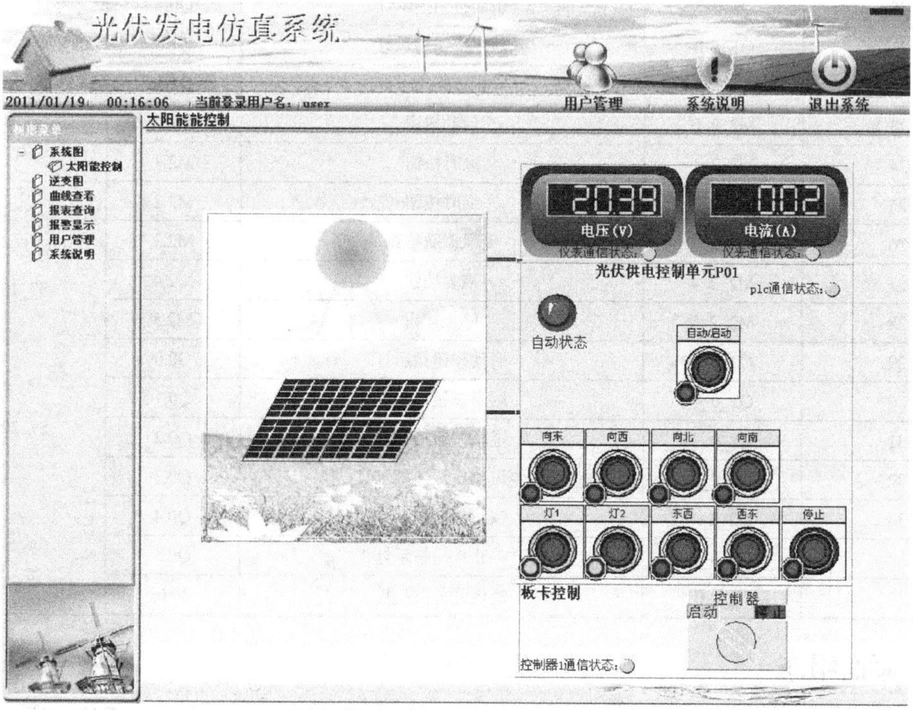

图 8-5　光伏供电系统界面

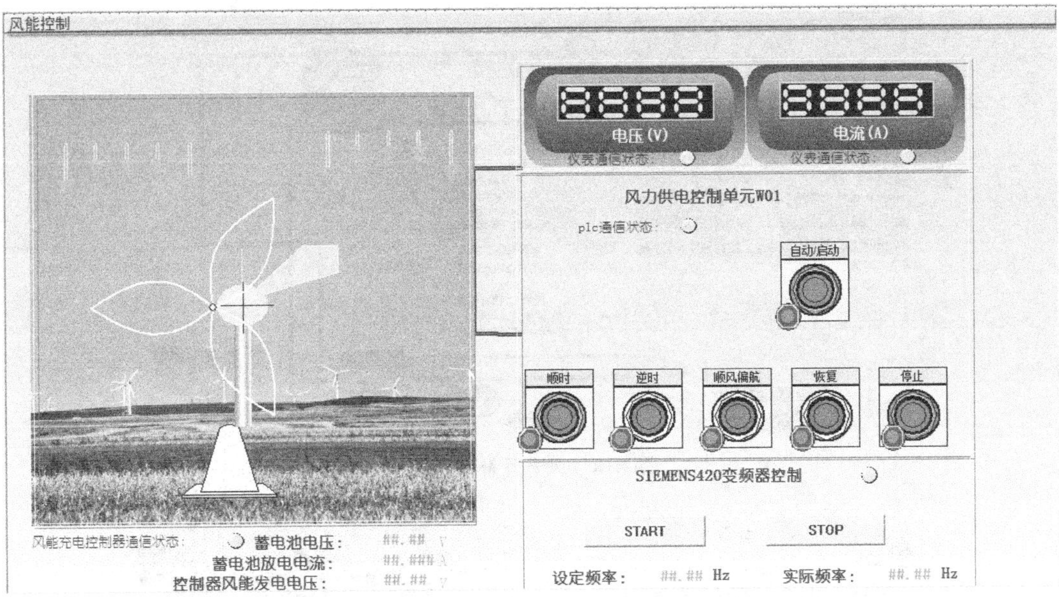

图 8-6　风力供电系统界面

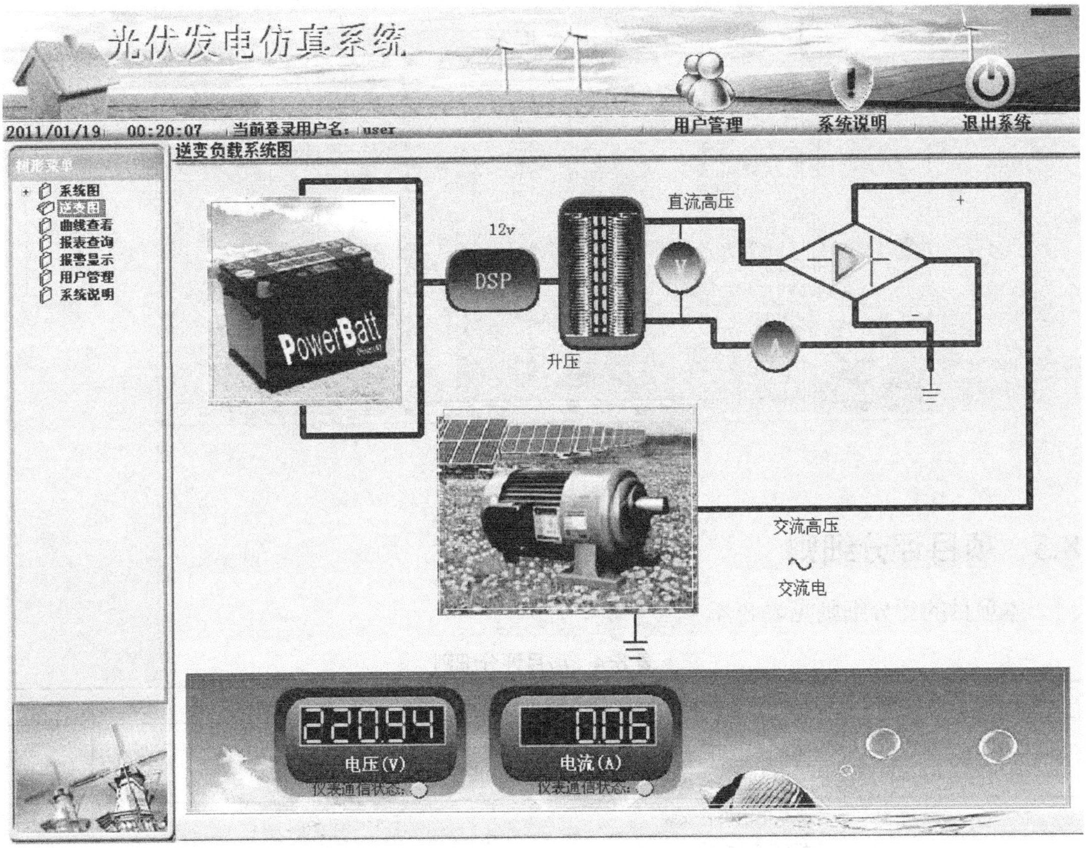

图 8-7　逆变与负载系统界面

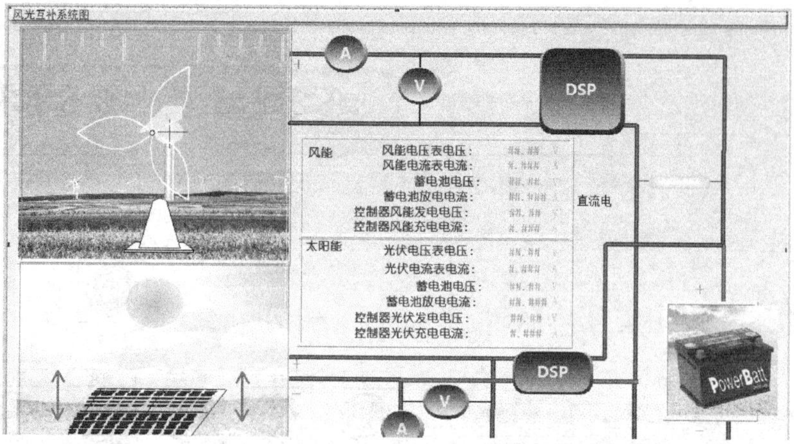

图 8-8　风光互补系统图

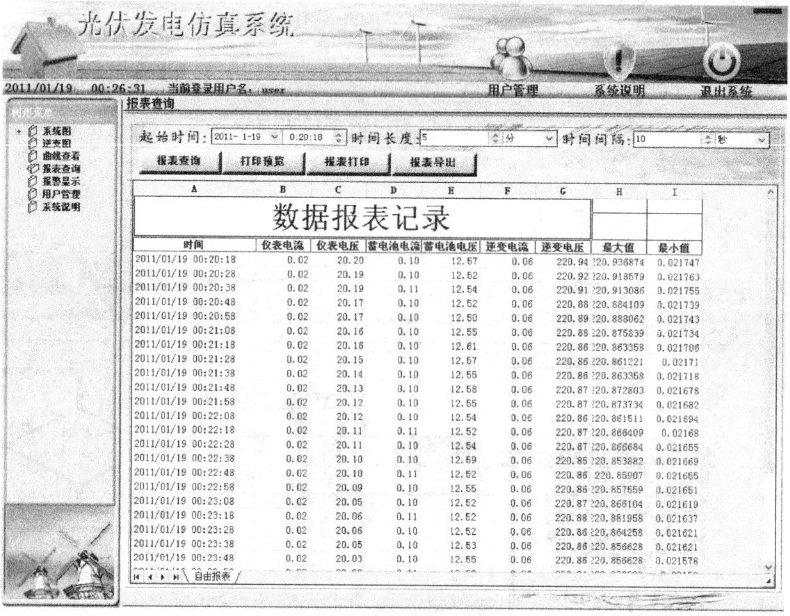

图 8-9　系统报表

8.3　项目评分细则

本项目的评分细则见表 8-4。

表 8-4　项目评分细则

项　　目	竞 赛 内 容	分值
职业与安全意识（5 分）	团队组织、协作和纪律 遵守职业岗位要求 安全意识和安全措施	5
光伏供电系统（26 分）	光伏电池组件安装	1
	投射灯的安装	1
	光线传感器的安装与调试	1
	水平和俯仰运动机构的安装与调试	2

（续）

项　　目	竞 赛 内 容	分值
光伏供电系统（26 分）	电源控制单元、DSP 控制单元、人机对话触摸屏、蓄电池组、直流电压表、直流电流表、继电器、负载等电器组件安装与接线	5
	光伏供电系统 PLC 的安装与接线	2
	光伏电池方阵手动跟踪模式程序设计与调试	2
	光伏电池方阵自动跟踪模式程序设计与调试	2
	光伏电池方阵输出特性测试（MPPT）	3
	蓄电池组的安装	1
	蓄电池 PWM 充电调试	2
	蓄电池的过充、过放、过流等保护参数设置与调试	4
风力供电系统（30 分）	叶片、轮毂、发电机、机舱、塔架、侧风偏航控制单元等安装与调试	5
	风速仪的安装与调试	1
	风场运动机构、护栏等安装与调试	2
	电源控制单元、DSP 控制单元、人机对话触摸屏、蓄电池组、直流电压表、直流电流表、交流电压表、交流电流表、继电器、负载等电器组件安装与接线	5
	风力供电系统 PLC 的安装与接线	2
	风力发电手动模式程序设计与调试	2
	风力发电自动模式程序设计与调试	2
	风力发电机输出特性测试	3
	风力发电机侧风偏航测试	2
	蓄电池 PWM 充电调试和蓄电池的过充、过放、过流等保护参数设置与调试	4
	风光互补能量切换接线与调试	2
逆变与负载系（20 分）	控制单元、DSP 控制单元、IGBT 逆变模块、交流电压表、交流电流表安装、接线与调试	3
	SPWM 调制的测试	2
	逆变 H 桥电路的测试	2
	死区测试与分析	2
	逆变器输出电压、电流测试	1
	逆变器输出功率因数的测试	1
	逆变器输出频率的测试	1
	逆变谐波测试与分析	3
	过载保护、短路保护功能调试	3
	变频器、交流电动机的安装、接线，交流调速功能调试	2
监控系统（16 分）	监控系统的安装与接线	2
	监控系统与其他单元之间的通信调试	2
	设计主界面、光伏供电系统界面、风力供电系统界面、逆变与负载系统界面、风光互补能量转换界面，分别显示各自的运行状态参数	3
监控系统（16 分）	光伏供电系统界面设置相应的按钮，实现光伏电池方阵自动跟踪	2
	风力供电系统界面设置相应的按钮，实现风力发电机侧风偏航控制	2
	风光互补能量转换界面设置切换按钮，实现风、光独立发电及互补发电	2
	设计光伏发电采集报表和风力发电集报表，采集数据不少于 10 次，每 3min 记录一次光伏输出电压、电流，风力发电机的输出电压、电流；逆变与负载系统的逆变输入电压、输入电流、逆变输出电压、电流、功率等数据并打印数据报表	2
	对监控系统的谐波分析仪中的谐波波形信息进行分析	1
工作文档（3 分）	文档正确 文档符合规范	3

项目 9　自动化生产线安装与调试

2012 年全国职业院校技能大赛高职组“自动化生产线装配与调试”竞赛项目样题。

9.1　竞赛设备及任务描述

9.1.1　设备组成及工作情况描述

亚龙 YL-335B 型自动化生产线实训考核装备由安装在铝合金导轨式实训台上的送料单元、加工单元、装配单元、输送单元和分拣单元 5 部分组成，设备可通过外部按钮及触摸屏进行操作。其俯视图如图 9-1 所示。

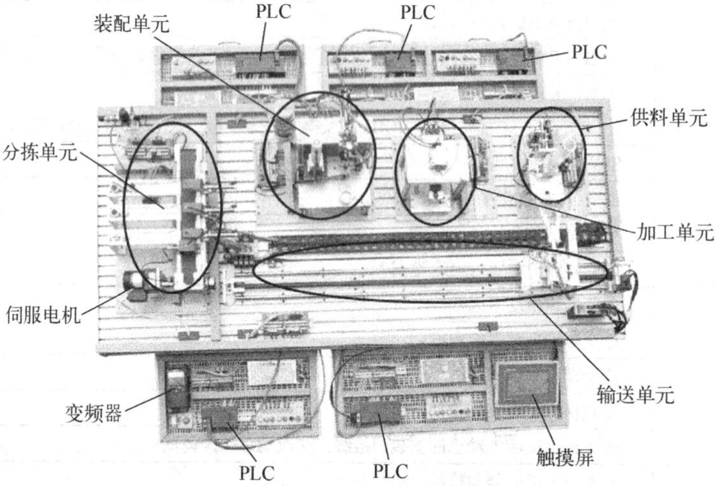

图 9-1　YL-335B 俯视图

在亚龙 YL-335B 设备上应用了多种类型的传感器，分别用于判断物体的运动位置、物体通过的状态、物体的颜色及材质等。

在控制方面，亚龙 YL-335B 采用了基于 RS485 串行通信的 PLC 网络控制方案，即每一工作单元由一台 PLC 承担其控制任务，各 PLC 之间通过 RS485 串行通信实现互联的分布式控制方式。亚龙 YL-335B 型自动生产线实训考核装备主要组成及功能如下。

（1）供料单元

供料单元是亚龙 YL-335B 中的起始单元，在整个系统中，起着向系统中的其他单元提供原料的作用。供料单元主要包括竖式料筒、顶料气缸、推料气缸、物料检测传感器部件、安装支架平台、材料检测装置部件等。

（2）加工单元

加工单元是亚龙 YL-335B 中对工件处理的单元之一，在整个系统中，起着对输送站送来的工件进行模拟冲孔处理或工件冲压等作用。加工单元主要包括滑动料台、模拟冲头、夹紧机械手、物料台伸出/缩回气缸、相应的传感器、电磁阀组件等。

（3）装配单元

装配单元是亚龙 YL-335B 中对工件处理的另一单元，在整个系统中，起着对输送站送来的工件进行装配及小工件供料的作用。装配单元主要包括供料机构、旋转送料单元、机械手装配单元、放料台等。

（4）分拣单元

完成将上一单元送来的已加工、装配的工件进行分拣，使不同颜色和材质的工件从不同的料槽分流、分别进行组合的功能。分拣单元主要包括传送带机构、三相电动机动力单元、分拣气动组件、传感器检测单元、反馈和定位机构等。

（5）输送单元

该单元通过到指定单元的物料台精确定位，并在该物料台上抓取工件，把抓取到的工件输送到指定地点然后放下。输送单元主要包括抓取机械手装置、直线运动传动组件（包括驱动伺服电动机、驱动器、同步轮、同步带等）、拖链装置、PLC 模块和接线端口以及按钮/指示灯模块等部件。

9.1.2 需要完成的工作任务

1. 自动生产线设备部件安装

完成 YL-335B 自动生产线的供料、装配、加工、分拣单元和输送单元的部分装配工作，并把这些工作单元安装在 YL-335B 的工作桌面上。

（1）各工作单元装置侧部分的装配要求

输送单元装置侧部分的机械部件安装、气路连接工作已完成，并已定位在工作台面上。抓取机械手各气缸初始位置要求如下，如不符合需适当调整。

1）提升气缸处于下降位置，手臂伸缩气缸处于缩回位置。

2）摆动气缸处于右限位位置，气动手指处于松开状态。

完成供料、装配、加工和分拣各单元装置侧部件的安装和调整以及工作单元在工作台面上定位。

（2）YL-335B 自动生产线各工作单元装置部分要求安装误差不大于 1mm。

2. 气路连接及调整

按照图 9-2～图 9-5 所示的供料、装配、加工和分拣单元的气动系统图，完成各工作单元的气路连接，并调整气路，确保各气缸运行顺畅和平稳。

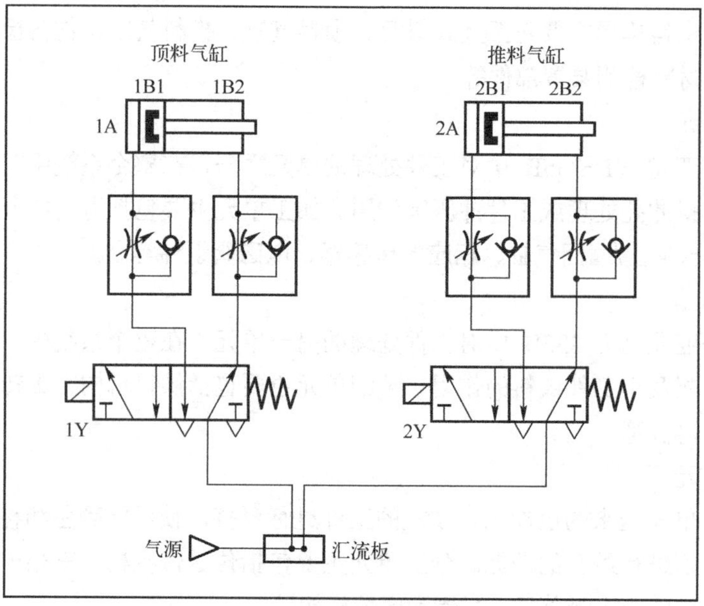

图 9-2　供料单元气动系统原理图

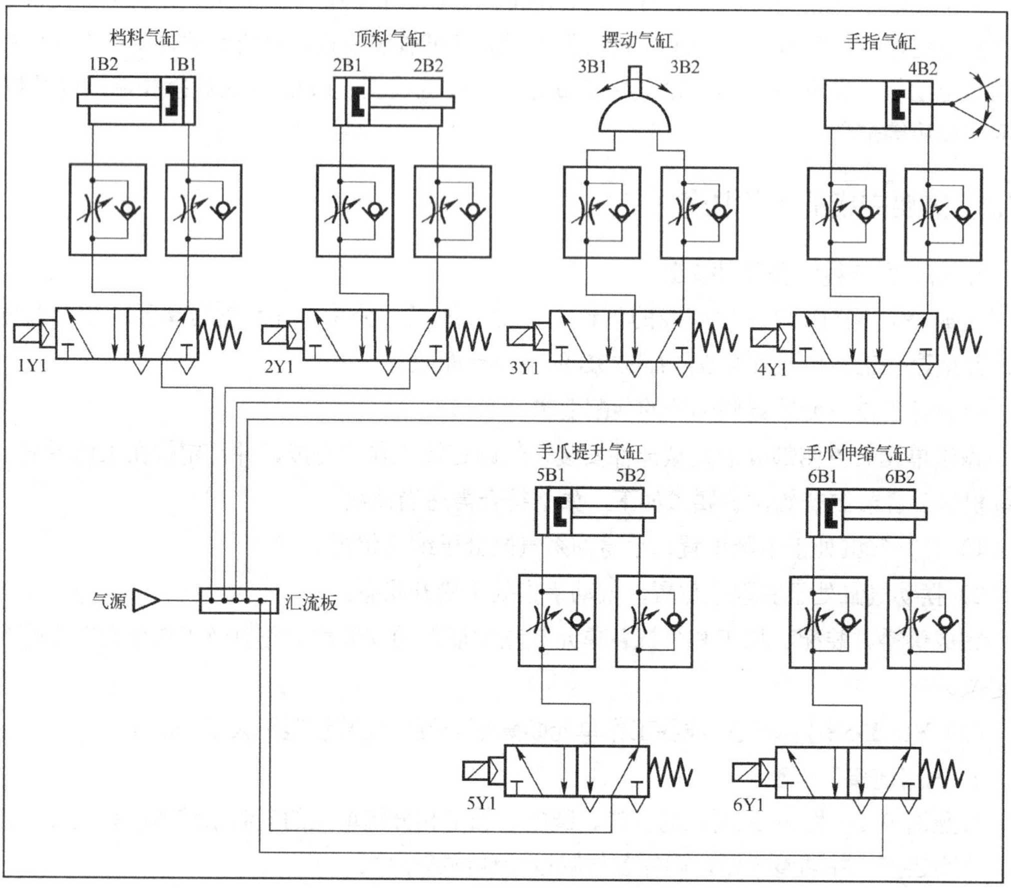

图 9-3　装配单元气动系统原理图

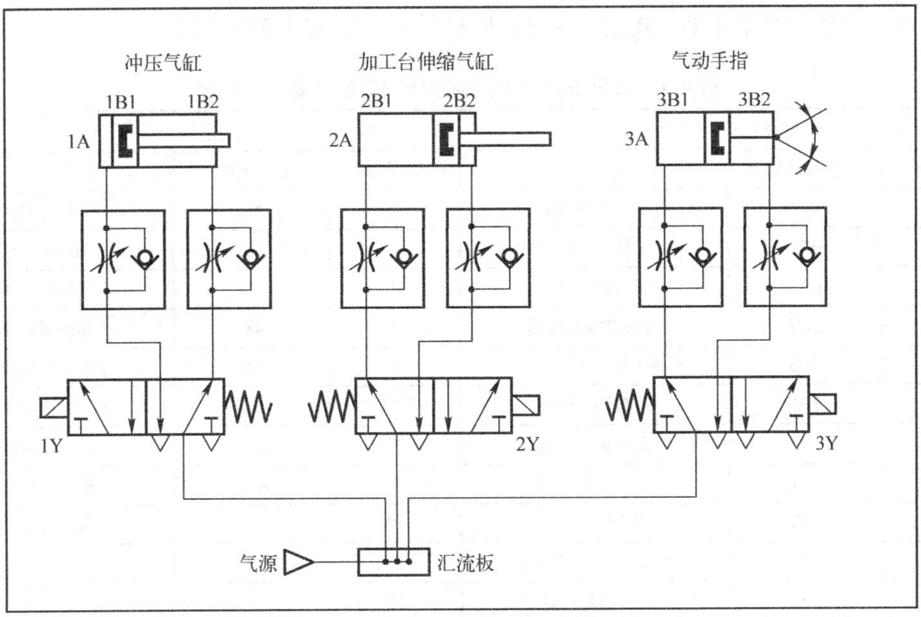

图 9-4　加工单元气动控制回路工作原理图

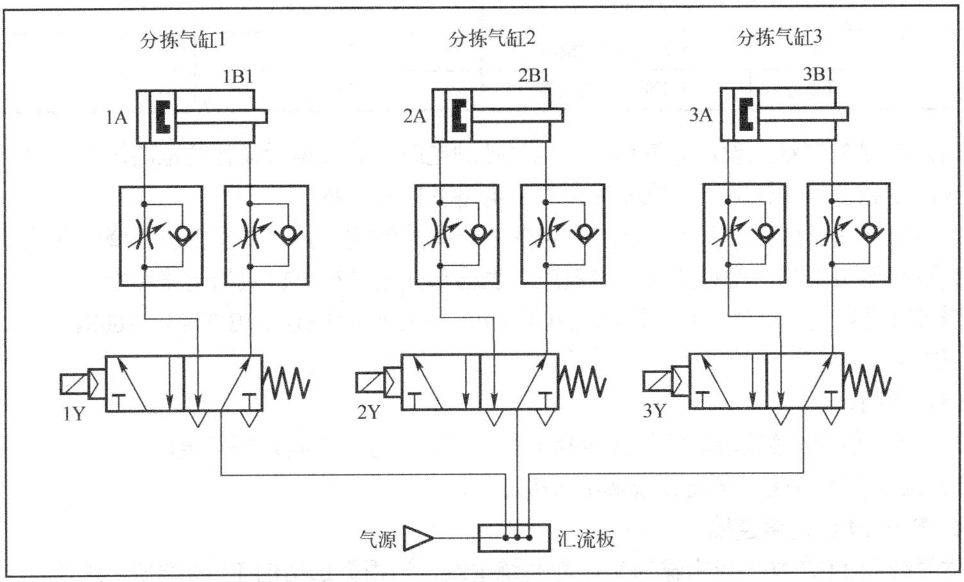

图 9-5　分拣单元气动控制回路工作原理图

3. 电路设计和电路连接

（1）输送单元的电气接线已经完成，根据实际接线确定 PLC 的 I/O 分配，作为程序编制的依据，并根据工作任务的要求，设置松下 A5 伺服驱动器的参数。

（2）根据工作任务的要求，完成供料和加工单元装置侧和 PLC 侧的电气接线，自行确定各工作单元装置侧的信号分配和 PLC 的 I/O 分配。

（3）完成装配单元装置侧和 PLC 侧的电气接线，要求该单元装置侧各传感器及电磁阀到接线端口上的信号端子的分配见表 9-1，PLC 的 I/O 分配需自行确定。

表 9-1 装配单元装置侧的接线端口信号端子的分配

输入端口中间层			输出端口中间层		
端子号	设备符号	信号线	端子号	设备符号	信号线
2	BG1	零件不足检测	2	1Y	挡料电磁阀
3	BG2	零件有无检测	3	2Y	顶料电磁阀
4	BG3	左料盘零件检测	4	3Y	回转电磁阀
5	BG4	右料盘零件检测	5	4Y	手爪夹紧电磁阀
6	BG5	装配台工件检测	6	5Y	手爪下降电磁阀
7	1B1	顶料到位检测	7	6Y	手臂伸出电磁阀
8	1B2	顶料复位检测	8	AL1	红色警示灯
9	2B1	挡料状态检测	9	AL2	橙色警示灯
10	2B2	落料状态检测	10	AL3	绿色警示灯
11	5B1	摆动气缸左限检测	11		
12	5B2	摆动气缸右限检测	12		
13	6B2	手爪夹紧检测	13		
14	4B2	手爪下降到位检测	14		
15	4B1	手爪上升到位检测			
16	3B1	手臂缩回到位检测			
17	3B2	手臂伸出到位检测			

（4）在 A3 图纸上设计分拣单元的电气控制电路，并根据所设计的电路图连接电路。电路图应包括 PLC 的 I/O 端子分配和变频器主电路及控制电路。

电路连接完成后应根据运行要求设定变频器有关参数（其中要求斜坡下降时间或减速时间参数不小于 0.8s），变频器有关参数应以表格形式记录在所提供的电路图上。所设计的图纸的图形符号和文字符号应符合国标 GB/T 6988.1—2008 或机标 JB/2740—2008、JB/2739—2008 的规定。

（5）说明

1）所有连接到接线端口的导线应套上标号管，标号的编制自行确定。

2）PLC 侧所有端子接线必须采用压接方式。

4. 各站 PLC 网络连接

本系统的 PLC 网络指定输送站作为系统主站。请根据选用的 PLC 类型，选择合适的网络通信方式并完成网络连接。

5. 连接触摸屏并组态用户界面

触摸屏应连接到系统中主站 PLC 的相应接口。在 TPC7062KS 人机界面上组态画面，要求用户窗口包括欢迎界面、安装测试界面和系统运行界面 3 个窗口。

（1）为生产安全起见，系统应设置操作员组和负责人组两个用户组别。具有操作员组以上权限（操作员组或负责人组）的用户才能启动系统。

（2）欢迎界面是启动界面，如图 9-6 所示，其中的位图文件存放在个人计算机的“桌面\技术文档\”文件夹中。

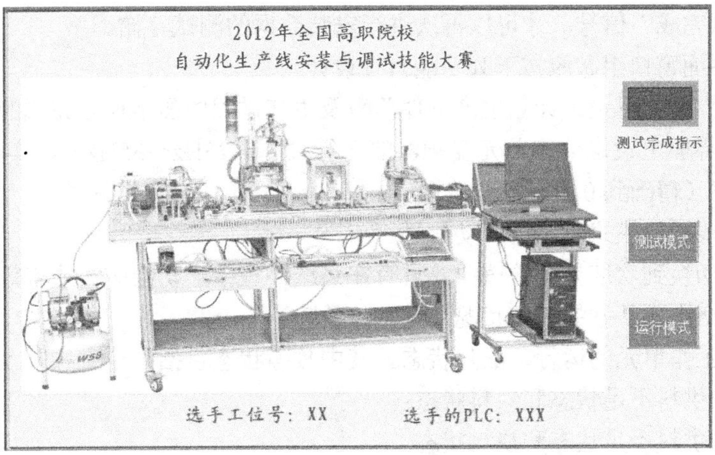

图 9-6　欢迎界面

欢迎界面在触摸屏通电并进行权限检查后运行，界面屏幕上方的标题文字向左循环移动，循环周期约 14s。具有负责人权限的用户可触摸“测试模式”按钮进入测试界面，但只有操作员权限则不能进入；如果装配、加工、分拣等单元的安装数据已经测试完成，则界面上的“测试完成”指示灯被点亮，这时具有操作员以上权限的用户均可进入运行界面。

（3）安装测试界面用以测试生产线设备在安装完成后各工作单元的精确位置，应按照下列功能要求自行设计（注：安装时已要求供料单元出料台纵向中心线与原点传感器中心线重合，不再进行测试）。

本界面上应设置复位按钮以及初始状态指示灯。当 PLC 通电后，需要进行初始状态检查和复位工作时，触摸复位按钮，PLC 执行复位程序，使抓取机械手各气缸处于初始位置，然后使装置返回到直线运动机构的原点位置，此位置位于原点开关的中心线处。复位完成后，初始状态指示灯被点亮。

仅当复位完成，装置返回初始状态后才能进行装配、加工、分拣等工作单元安装位置的精确测试。本界面上应设置适当的选择和操作开关，选择开关用于选定相应工作单元，点亮输送单元的按钮/指示灯模块上相应指示灯，以提示操作人员对该单元进行测试；操作开关用于单步控制抓取机械手动作以便抓取和放下工件，进行精确寻找定位点。如果复位过程尚未完成，初始状态指示灯尚在熄灭状态而触摸选择开关，则动作不予响应并且弹出相应的提示框。

界面中应设置供料、装配、加工、分拣等工作单元安装位置的显示构件，显示以脉冲数表示的绝对坐标数据；此外还应设置显示抓取机械手当前位置和当前速度的显示构件供调试用。（当前速度的显示单位为 mm/s，用正负号指示运动的方向）

接收到 PLC 发送的测试完成信号后，界面上的测试完成指示灯被点亮，同时弹出提示框，提示“各单元安装位置数据测试完毕！”。触摸提示框内“确定”按钮，提示框消失。这时可触摸“返回”按钮返回到欢迎窗口界面。

如果系统本次运行并非设备安装后的首次运行，则 PLC 的断电保持存储器中已保存了装配、加工、分拣等单元的安装数据和“测试完成”信号的置位状态。人机界面应读取上述安装数据并显示在触摸屏上。如果需要重新进行安装测试，须使用界面中的清零按钮清除安装数据和“测试完成”信号，才可以再次进行安装数据的测试存储。

（4）运行界面窗口组态应按下列功能自行设计。

1）在人机界面上可设定计划生产套件总数及生产过程中显示还须完成的套件总数。

2）在人机界面上设定分拣单元变频器的运行频率（25Hz～35Hz），实时显示变频器启动后的输出频率（精确到0.1Hz）。

3）提供全线运行模式下系统启动信号。

4）提供能切换到欢迎界面的按钮。只有在系统停止中，切换按钮才有效。

5）指示网络中各从站的通信状况（正常、故障）。

6）指示各工作单元的运行、故障状态。其中故障状态包括：

供料单元的供料不足状态和缺料状态；

装配单元的供料不足状态和缺料状态。

输送单元抓取机械手装置越程故障（左或右极限开关动作），以及工作单元运行中的紧急停止状态。发生上述故障时，有关的报警指示灯以闪烁方式报警。

6. 系统的工作模式

系统工作模式分为单站测试模式和全线运行模式。

（1）单站测试模式

单站测试模式包括在输送站进行安装数据测试；在供料、装配、加工和分拣站利用本站主令器件实现各站的功能测试。进行单站测试时，各站的方式转换开关SA应设置到单站位置。

输送站单站测试要求如下。

输送站单站测试必须在人机界面处于安装测试界面下进行。安装数据测试包括检查设备通电后输送站各气动装置是否处于初始位置和进行抓取机械手装置的复位操作，测试装配、加工、分拣等工作单元的安装数据。

1）初始位置检查和复位操作的主令信号来自HMI界面，其功能是执行使抓取机械手的摆动气缸和气动手指置于初始位置的操作，然后使装置返回到机构参考点位置。触摸安装测试界面上的复位按钮后，开始复位操作，返回原点的速度可自行设定。复位过程中，输送单元按钮/指示灯模块中指示灯HL1以每秒1次的频率闪烁，复位完成后HL1保持常亮，直到进入安装数据测试操作或进入运行模式。

2）安装数据测试操作用于设备安装完成后的首次运行，精确测定各工作单元绝对坐标数据（用脉冲数表示），测试结果存于PLC的断电保持单元内，并显示在人机界面上。

进行安装数据测试操作时，人机界面发出测试操作开始信号，并依次指定待测试单元为装配单元、加工单元、分拣单元。当待测试单元指定为装配单元时，指示灯HL3点亮；指定为加工单元时，指示灯HL2点亮；指定为分拣单元时，指示灯HL2和HL3同时以2Hz频率闪烁。

每当待测试单元被指定且抓取机械手在原点位置时，在供料单元出料台人工放置一个工件，通过人机界面上的相应开关，单步控制机械手抓取工件。然后操作者应根据人机界面指定的待测试单元，通过按钮/指示灯模块的按钮SB1、SB2和开关SA选择一定的速度，点动驱动抓取机械手装置沿直线导轨运动，精确寻找待测试单元的位置。到达后再通过人机界面上的相应开关，单步控制机械手放下工件。

其中，按钮SB1实现正向点动运转功能，按钮SB2实现反向点动运转功能；选择开关

SA1 指定 2 档速度选择，第 1 档速度要求为 50mm/s，第 2 档速度要求为 200mm/s。在按下 SB1 或 SB2 实现点动运转时，应允许切换 SA1，改变当前运转速度。

每当寻找一个待测试单元位置的操作完成时，可同时按下 SB1、SB2 2s 加以确认，测试结果应存入相应的断电保持存储器，并发送到人机界面显示该单元的安装数据，同时抓取机械手返回原点停止。

3）当各工作单元的安装数据测试完成，可再次同时按下 SB1、SB2 2s 加以确认，然后置位“测试完成信号”并传送到人机界面。

供料站单站测试要求如下。

1）设备通电和气源接通后，若工作单元的两个气缸满足初始位置要求，且料仓内有足够的待加工工件，出料台上没有工件，则“正常工作”指示灯 HL1 常亮，表示设备准备好。否则，该指示灯以 1Hz 频率闪烁。

2）若设备准备好，按下启动按钮 SB1，工作单元将处于启动状态。这时按一下推料按钮 SB2，表示有供料请求，设备应执行把工件推到出料台上的操作。每当工件被推到出料台上时，“推料完成”指示灯 HL2 亮，直到出料台上的工件被人工取出后才熄灭。工件被取出后，再按 SB2，设备将再次执行推料操作。

3）若在运行中料仓内工件不足，则工作单元继续工作，但“正常工作”指示灯 HL1 以 1Hz 的频率闪烁。若料仓内没有工件，则 HL1 指示灯和 HL2 指示灯均以 2Hz 频率闪烁。设备在本次推料操作完成后停止。除非向料仓补充足够的工件，否则工作站不能再启动。

装配站单站测试要求如下。

1）设备通电和气源接通后，若各气缸满足初始位置要求，料仓上已经有足够的小圆柱芯件（以下简称芯件）；工件装配台上没有待装配工件。则“正常工作”指示灯 HL1 常亮，表示设备准备好。否则，该指示灯以 1Hz 频率闪烁。

2）若设备准备好，按下启动按钮，装配单元启动，“设备运行”指示灯 HL2 常亮。如果回转台上的左料盘内没有芯件，就执行下料操作；如果左料盘内有芯件，而右料盘内没有芯件，执行回转台回转操作。

3）如果回转台上的右料盘内有芯件且装配台上有待装配工件，执行装配机械手抓取芯件，嵌入待装配工件中的操作。

4）完成装配任务后，装配机械手应返回初始位置，等待下一次装配。

5）若在运行过程中按下停止按钮，则供料机构应立即停止供料，在装配条件满足的情况下，装配单元在完成本次装配后停止工作。

6）在运行中发生“芯件不足”报警时，指示灯 HL3 以 1Hz 的频率闪烁，HL1 和 HL2 灯常亮；在运行中发生“芯件没有”报警时，指示灯 HL3 以亮 1s，灭 0.5s 的方式闪烁，HL2 熄灭，HL1 常亮。工作站在完成本周期任务后停止。除非向料仓补充足够的工件，否则工作站不能再启动。

加工站单站测试要求如下。

1）通电和气源接通后，若各气缸满足初始位置要求，则“正常工作”指示灯 HL1 常亮，表示设备准备好。否则，该指示灯以 1Hz 频率闪烁。

2）若设备准备好，按下启动按钮，设备启动，“设备运行”指示灯 HL2 常亮。当待加工工件送到加工台上并被检出后，设备执行将工件夹紧，送往加工区域冲压，完成冲压动作后返回待料位置的工件加工工序。如果没有停止信号输入，当再有待加工工件送到加工台上时，加工单元又开始下一周期工作。

3）在工作过程中，若按下停止按钮，加工单元在完成本周期的动作后停止工作。HL2 指示灯熄灭。

分拣站单站测试要求如下。

1）设备通电和气源接通后，若工作单元的 3 个气缸满足初始位置要求，传送带电动机处于停止状态，则“正常工作”指示灯 HL1 常亮，表示设备准备好。否则，该指示灯以 1Hz 频率闪烁。

2）若设备准备好，按下启动按钮 SB1，系统启动，“设备运行”（待料状态）指示灯 HL2 常亮。当传送带入料口人工放下已装配的工件并按下“确认”按钮 SB2 时，变频器启动，驱动传动电动机以频率为 35Hz 的速度，把工件带往分拣区。

3）满足第一种套件关系的工件（一个白色芯金属工件和一个白色芯塑料工件搭配组合成一组套件，不考虑两个工件的排列顺序）到达 1 号滑槽中间时，传送带停止，推料气缸 1 动作把工件推出；满足第二种套件关系的工件（一个黑色芯金属工件和一个黑色芯塑料工件搭配组合成一组套件，不考虑两个工件的排列顺序）到达 2 号滑槽中间时，传送带停止，推料气缸 2 动作把工件推出。不满足上述套件关系的工件到达 3 号滑槽中间时，传送带停止，推料气缸 3 动作把工件推出。工件被推出滑槽后，该工作单元的一个工作周期结束。仅当工件被推出滑槽后，才能再次向传送带下料，开始下一个工作周期。

如果每种套件均被推出 1 套，则测试完成。在最后一个工作周期结束后，设备退出运行状态，指示灯 HL2 熄灭。

说明：假设每当一套套件在分拣单元被分拣推出到相应的出料槽后，即被后序的打包工艺设备取出，打包工艺设备不属于本生产线控制。

（2）正常情况下系统全线运行模式

系统的启动：人机界面切换到运行界面窗口后，输送站 PLC 程序应首先检查网络通信是否正常，各工作站是否处于初始状态。初始状态是指：

1）各工作站的方式转换开关均置于联机方式；

2）输送单元抓取机械手装置在初始位置且已返回参考点停止；

3）供料单元和装配单元料仓内有足够的工件；

4）各从站均处于准备就绪状态。

若上述条件中任一条件不满足，则安装在装配站上的绿色警示灯以 0.5Hz 的频率闪烁。红色和黄色灯均熄灭，这时系统不能启动。

如果网络正常且上述各工作站均处于初始状态，则绿色警示灯常亮。若人机界面中设定的计划生产套件总数大于零，则允许启动系统。此时若触摸人机界面上的启动按钮，则系统启动。绿色和黄色警示灯均常亮，并且输送站、供料、装配、加工站和分拣站的指示灯 HL3 常亮，表示系统在全线方式下运行。

计划生产套件总数的设定：只能在系统未启动或处于停止状态时进行，套件数量一旦指定且系统进入运行状态后，在该批工件完成前，修改套件数量无效。

正常运行过程如下。

1）系统启动后，若装配单元装配台、加工单元加工台、分拣单元进料口没有工件，相应从站就向主站发出进料请求。主站则根据其抓取机械手装置是否空闲以及各从站进料条件是否满足给予响应。

2）若装配单元有进料请求，且输送站抓取机械手装置在空闲等待中，抓取机械手装置应立即前往原点，到达后，供料单元应推出工件到出料台。然后抓取机械手装置执行抓取供料单元出料台上工件的操作。动作完成后，伺服电动机驱动机械手装置以不小于400mm/s的速度移动到装配站装配台的正前方，把工件放到装配站的装配台上。机械手装置缩回到位后，恢复空闲状态。

3）若加工单元有进料请求，且输送站抓取机械手装置在空闲等待中，则主站接收到装配完成信号后，抓取机械手装置应立即前往装配单元装配台抓取已装配的工件，然后从装配站向加工站运送工件，到达加工站的加工台正前方，把工件放到加工台上。机械手装置的运动速度要求与2）相同。机械手装置缩回到位后，恢复空闲状态。

4）若分拣单元有进料请求，且输送站抓取机械手装置在空闲等待中，则主站接收到加工完成信号后，输送站抓取机械手装置应立即前往加工单元加工台执行抓取已压紧工件的操作。抓取动作完成后，机械手臂逆时针旋转 90°，然后伺服电动机驱动机械手装置以400mm/s 的速度移动到分拣站进料口，执行在传送带进料口上方把工件放下的操作。机械手装置完成放下工件的操作并缩回到位后，顺时针旋转90°，恢复空闲状态。

各从站的工艺工作过程与单站过程相同，但必须在主站机械手在相应工作台或进料口放置工件完成，手臂缩回到位后工作过程才能开始。

系统的正常停止：从分拣站 1 号滑槽和 2 号滑槽输出的总套件数达到指定数量时，一批生产任务完成，系统发出停止运行指令。

停止运行指令发出后的处理要求如下。

1）若输送站抓取机械手装置正在夹持工件向装配站或加工站运行，则达到目标站后，抓取机械手应执行在目标站放下工件的操作，然后以300mm/s的速度返回原点。

2）若输送站抓取机械手装置正在夹持工件向分拣站运动，则到达分拣站后，抓取机械手应执行在分拣站进料口放下工件的操作，手臂缩回后顺时针旋转 90°，然后以 350mm/s的速度返回原点。

此时，在分拣站进料口放下的工件不需要进行分拣处理而直接送入 3 号滑槽。

上述操作完成后，警示灯中黄色灯熄灭，绿色灯仍保持常亮，系统处于停止状态。这时可触摸界面上的返回按钮返回到欢迎界面。此外也可在输送单元按钮/指示灯模块上切换 SA开关到单站模式，3s 后触摸屏应能自动返回到欢迎界面。

停止后的再启动：在运行窗口界面下再次触摸启动按钮，系统又重新进入运行状态。

再次投入运行后，系统应根据前次运行结束时，供料单元的出料台，装配、加工站的装配台或加工台上，分拣站的进料口处是否有工件存在，确定系统的工作流程。

（3）全线运行模式下的异常工作状态

工件供给状态的信号警示：如果发生来自供料站或装配站的“工件不足够”的预报警信号或“工件没有”的报警信号，则系统动作如下。

1）如果发生“工件不足够”的预报警信号警示灯中红色灯以 1Hz 的频率闪烁，绿色和黄色灯保持常亮。系统继续工作。

2）如果发生“工件没有”的报警信号，警示灯中红色灯以亮 1s，灭 0.5s 的方式闪烁；

黄色灯熄灭，绿色灯保持常亮。

若“工件没有”的报警信号来自供料站，且供料站物料台上已推出工件，系统继续运行，直至完成该工作周期尚未完成的工作。当该工作周期工作结束，系统将停止工作，除非“工件没有”的报警信号消失，否则系统不能再启动。

若“工件没有”的报警信号来自装配站，且装配站回转台上已落下芯件，系统继续运行，直至完成该工作周期尚未完成的工作。当该工作周期工作结束，系统将停止工作，除非“工件没有”的报警信号消失，否则系统不能再启动

装配站急停与复位：系统运行中若装配站因故障需紧急停车（按下急停按钮），则装配站立即停止工作。在急停复位后，应从急停前的断点开始继续运行。若急停按钮按下时，输送站机械手正携带待装配工件前往装配站，则机械手装置应继续携带待装配工件向装配站运动。到达后停止向装配站供料操作，直至急停复位。

若装配站故障暂时无法修复，长按该站按钮 SB1 2s，装配站各执行部件将复位，并向系统发出“故障无法修复”信号，这时输送站机械手应将所携带的工件放回到供料站出料台上，然后系统停止运行。

9.2 组态用户界面的实现

9.2.1 工程分析和创建

1. 工程分析规划

（1）工程框架

有 3 个用户窗口，即欢迎画面、安装测试界面、系统运行界面，其中欢迎画面是启动界面。有 1 个策略，即循环策略。

（2）数据对象

各工作站的测试以及工作状态指示灯、各工作站的测试按钮、启动、停止、复位按钮、变频器输入频率设定、机械手当前位置、产品套件数量等。

（3）图形制作

1）欢迎画面窗口：①图片：通过位图装载实现；②文字：通过标签实现；③按钮、指示灯：由对象元件库引入。

2）安装测试界面：①文字：通过标签构件实现；②各工作站的工作状态指示灯、测试按钮：由对象元件库引入；③机械手当前位置：通过标签构件和滑动输入器实现。

3）系统运行界面：①文字：通过标签构件实现；②各工作站工作状态指示灯：由对象元件库引入；③启动、停止、复位按钮：由对象元件库引入；④输入频率设置：通过输入框构件实现；⑤机械手当前位置：通过标签构件和滑动输入器实现。

（4）流程控制

通过循环策略中的脚本程序策略块实现。

（5）安全机制

定义用户和用户组，设置操作权限。

2. 创建工程

（1）新建工程

运行“MCGS 嵌入版”组态环境软件，单击“新建工程”，弹出“新建工程设置”对话框，如图 9-7 所示。在“新建工程设置”窗口中选择触摸屏型号，TPC 类型中如果找不到“TPC7062KS”，则可选择“TPC7062K”，单击“确定”按钮后，如果 MCGS 嵌入版安装在 D 盘根目录下，则会在 D：\MCGSE\WORK\下自动生成新建工程，默认的工程名为“新建工程 X.MCE”（X 表示新建工程的顺序号，如 0、1、2 等）。选择“文件”菜单中的“工程另存为”菜单项，弹出“文件保存”对话框。选择好保存路径，并在“文件名”文本框内输入“2012 年技能大赛”，单击“保存”按钮，工程创建完毕。

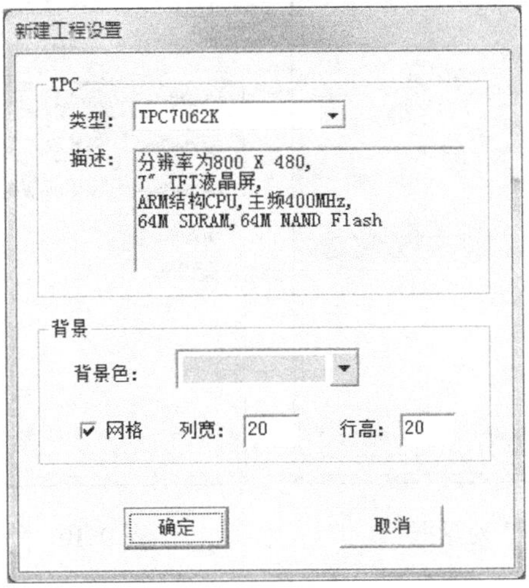

图 9-7 “新建工程设置”对话框

（2）新建窗口

MCGS 嵌入版用“工作台”对话框来管理构成用户应用系统的 5 个部分，工作台上的 5 个选项卡：主控窗口、设备窗口、用户窗口、实时数据库和运行策略，分别对应于 5 个不同的窗口界面，每一个界面负责管理用户应用系统的一个部分，用鼠标单击不同的选项卡可选取不同窗口界面，对应用系统的相应部分进行组态操作。“工作台”对话框如图 9-8 所示。在“用户窗口”选项卡中单击“新建窗口”按钮，建立“窗口 0”“窗口 1”“窗口 2”，然后分别设置 3 个窗口的属性。

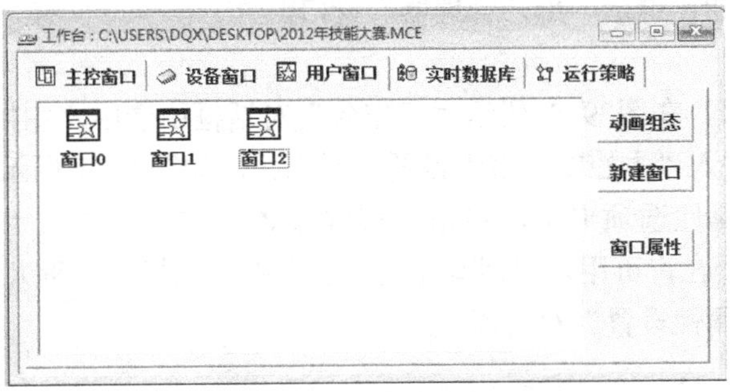

图 9-8 “工作台”对话框

9.2.2 安全机制

1. 定义用户和用户组

1）选择“工具”菜单中的“用户权限管理”，打开“用户管理器”对话框，如图 9-9 所示。默认定义的用户、用户组为：负责人、管理员组。

2）定义用户组。选中管理员组，单击“属性”按钮，打开“用户组属性设置”对话框，如图 9-10 所示，用户组名修改为“负责人组”。单击“新增用户组”按钮，弹出“用户组属性设置”对话框。进行如下设置。用户组名称：操作员组；用户组描述：成员仅能进行操作。单击“确认”按钮，回到“用户管理器”窗口。

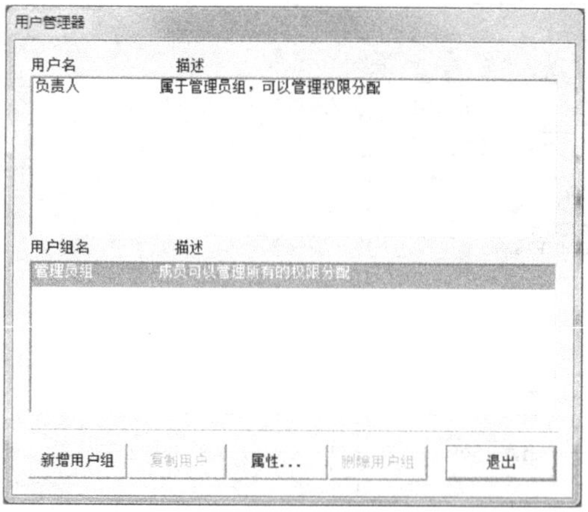

图 9-9 “用户管理器”对话框

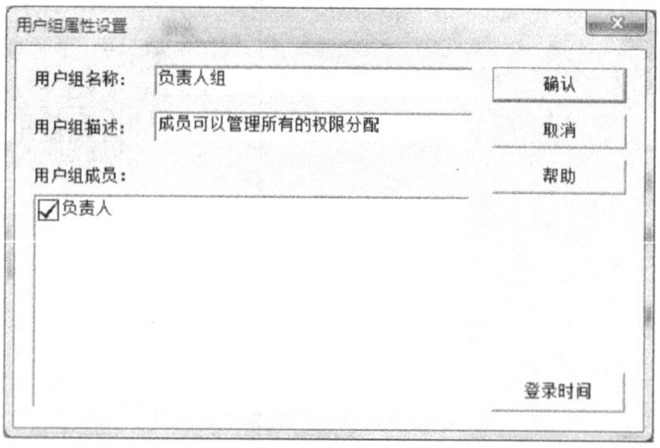

图 9-10 “用户组属性设置”对话框

3）定义用户。单击用户列表域，选中负责人，单击“属性”，弹出“用户属性设置”对话框。参数设置如下。用户名称：李总；用户描述：负责人具有一切权限；用户密码：BBBB；确认密码：BBBB；隶属用户组：负责人组。单击“确认”按钮，回到“用户管理器”窗口。再次进入用户组编辑状态，双击“负责人组”，在用户组成员中选择“李总”。

单击“新增用户”按钮，弹出“用户属性设置”对话框。参数设置如下。用户名称：张工；用户描述：操作员；用户密码：BBBB；确认密码：BBBB；隶属用户组：操作员组。单击“确认”按钮，回到“用户管理器”窗口。再次进入用户组编辑状态，双击“操作员组”，在用户组成员中选择“张工”。单击“确认”按钮。

单击“退出”按钮，退出“用户管理器”窗口。

2. 系统权限管理

1）进入主控窗口，在图 9-8 所示“工作台”对话框中选中“主控窗口”选项卡，单击“系统属性”按钮，进入“主控窗口属性设置”对话框，如图 9-11 所示。

2）在“基本”属性选项卡中，单击“权限设置”按钮，进入“用户权限设置”对话框，如图 9-12 所示。在许可用户组拥有此权限列表中，选择“负责人组”，单击“确认”按钮，返回“主控窗口属性设置”对话框。

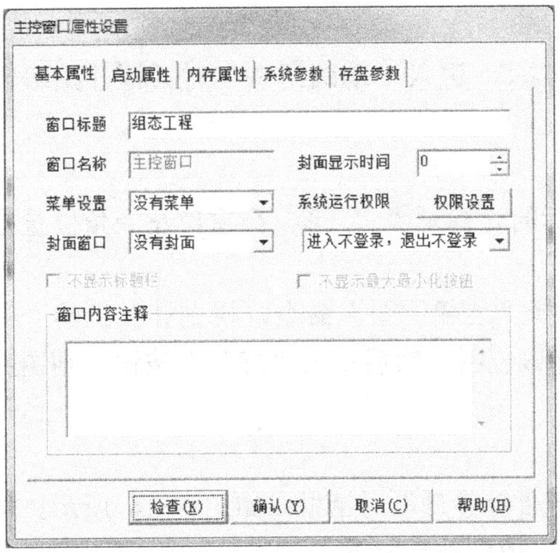

图 9-11　主控窗口属性设置

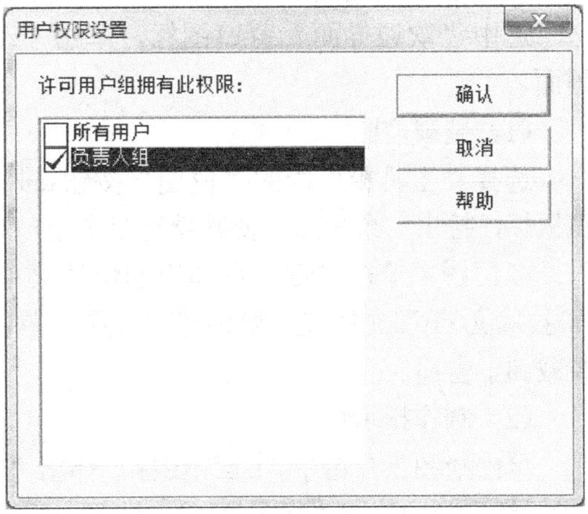

图 9-12　用户权限设置

3）在下方的选择框中选择“进入登录，退出不登录”，单击“确认”按钮，系统权限设置完毕。

9.2.3　欢迎界面组态

1. 建立欢迎界面

选中“窗口 0”，单击“窗口属性”，进入“用户窗口属性设置”对话框，如图 9-13 所示，其中内容包括：

1）窗口名称改为“欢迎界面”；

2）窗口标题改为：欢迎界面；

3）窗口背景改为：浅蓝色；

4）在“用户窗口”中，选中“欢迎界面”，单击鼠标右键，选择下拉菜单中的“设置为启动窗口”选项，将该窗口设置为运行时自动加载的窗口。

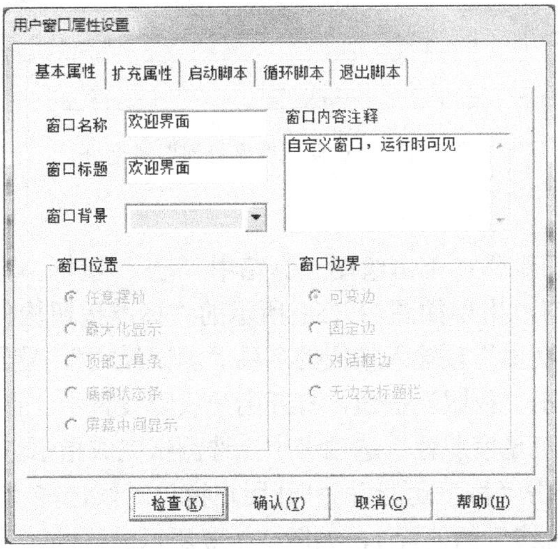

图 9-13　“用户窗口属性设置”对话框

2. 编辑欢迎画面

选中“欢迎界面”窗口图标，单击“动画组态”，进入“动画组态”对话框开始编辑画面。

（1）装载位图

选择“工具箱”内的“位图”按钮，鼠标的光标呈“+”形，在窗口左上角位置拖曳鼠标，拉出一个矩形，使其填充整个窗口。

在位图上单击右键，在弹出的快捷菜单中选择“装载位图”命令，找到计算机的“桌面\技术文档\”文件夹中要装载的位图，单击选择该位图，然后单击“打开”按钮，则图片装载到了窗口。

（2）制作指示灯

单击绘图工具箱中“”图标，弹出“对象元件库管理”对话框，如图 9-14 所示。从“指示灯”类中选取“指示灯 6”，调整为适当大小，放到适当位置。

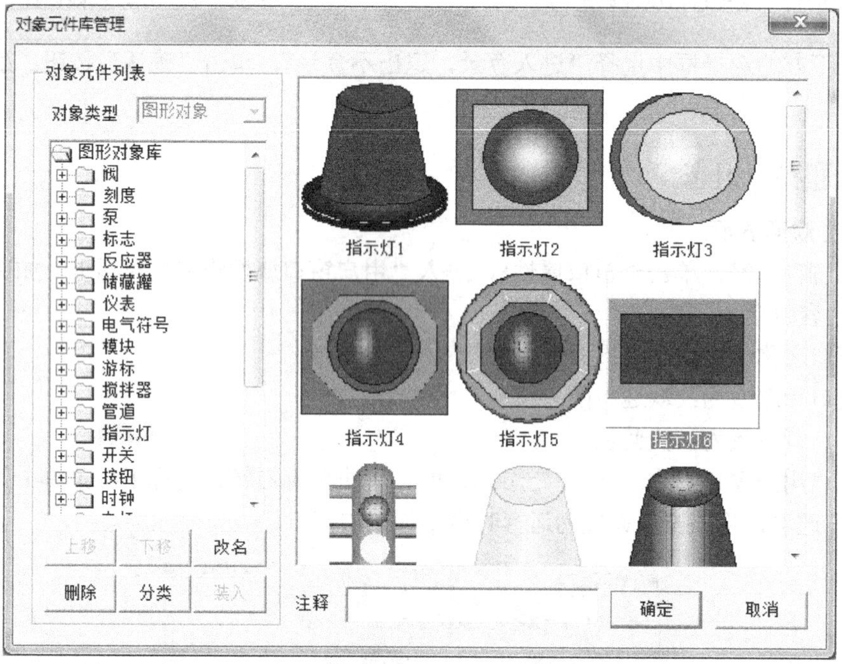

图 9-14 “对象元件库管理”对话框

（3）制作按钮

1）“测试模式”按钮制作：单击绘图工具箱中“”图标，在窗口中拖曳出一个大小合适的按钮，双击该按钮，出现如图 9-15a 所示的“标准按钮构件属性设置”对话框。在“基本属性”选项卡中“文本”项输入按钮的名称“测试模式”，背景色、文本颜色及字体参照图 9-6 所示设置。单击“权限”按钮，打开用户权限设置中“许可用户组拥有此权限”，选择“负责人组”。在“可见度属性”选项卡中点选测试完成指示灯非零时“按钮可见”；在“操作属性”选项卡中单击“按下功能”：打开用户窗口时候选择“安装测试界面”，并使数据对象值操作中“HMI 就绪”的值置 1，如图 9-15b 所示。

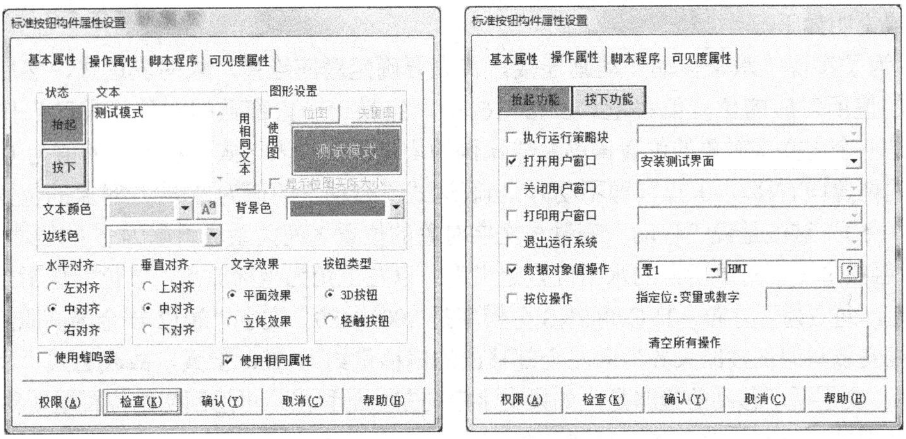

a)　　　　b)

图 9-15　欢迎界面按钮制作

a）“基本属性”选项卡　b）“操作属性”选项卡

2）“运行模式”按钮制作：参考上一步完成。

（4）制作循环移动的文字框图

1）选择“工具箱”内的“标签”按钮A，拖曳到窗口上方中心位置，根据需要拉出一个大小合适的矩形。在光标闪烁位置输入文字“2012 年全国高职院校自动化生产线安装与调试技能大赛”，按〈Enter〉键或在窗口任意位置用鼠标单击，完成文字输入。

2）静态属性设置。双击文字，打开“标签动画组态属性设置”对话框，设置如下。“静态属性”区域文本框的填充颜色：没有填充；文本框的边线颜色：没有边线；字符颜色：黑色；单击“字符颜色”选项右侧的A^a按钮，在打开的“字体”对话框总设置文字字符颜色：藏青色；文字字体：华文细黑；字形：粗体；大小：小二号。自行完成“测试完成指示”文字的制作。

3）为了使文字循环移动，在“位置动画连接”中勾选“水平移动”，这时在对话框上端就增添“水平移动”选项卡。“水平移动”选项卡的设置如图 9-16 所示。

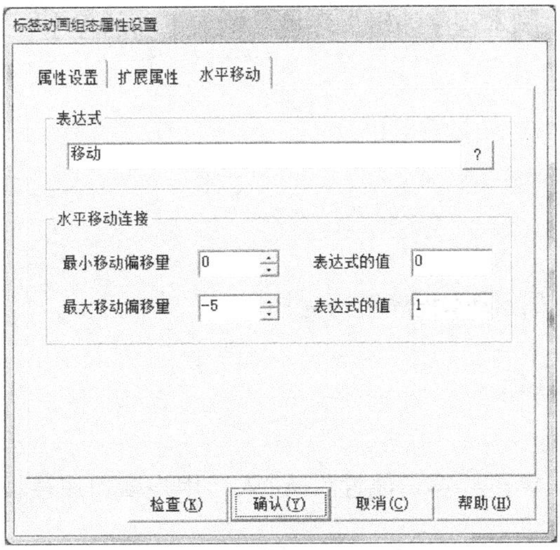

图 9-16　“水平移动”选项卡

设置说明如下。

1）为了实现“水平移动”动画连接，首先要确定对应连接对象的表达式，然后再定义表达式的值所对应的位置偏移量。图 9-16 中，定义一个内部数据对象“移动”作为表达式，它是一个与文字对象的位置偏移量成比例的增量值，当表达式“移动”的值为 0 时，文字对象的位置向右移动 0 点（即不动），当表达式“移动”的值为 1 时，对象的位置向左移动 5 点（-5），这就是说“移动”变量与文字对象的位置之间关系成斜率为-5 的线性关系。

2）触摸屏图形对象所在的水平位置定义为：以左上角为坐标原点，单位为像素点，向左为负方向，向右为正方向。TPC7062KS 分辨率是 800×480，文字“2012 年全国高职院校自动化生产线安装与调试技能大赛”向左全部移出的偏移量约为-700 像素，故表达式“移动”的值为 140。文字循环移动的策略是，如果文字串向左全部移出，再返回初始位置重新移动。

（5）组态“循环策略”的具体操作如下

1）在“运行策略”中，双击“循环策略”进入“策略组态”窗口。

2）双击图标进入“策略属性设置”，将循环时间设为 100ms，单击“确认”按钮。

3）在“策略组态”窗口中，单击工具条中的“新增策略行”图标，增加一策略行，如图 9-17 所示。

图 9-17　新增策略行操作

4）单击“策略工具箱”中的“脚本程序”，将鼠标指针移到策略块图标上，单击左键，添加脚本程序构件，如图 9-18 所示。

图 9-18　添加脚本程序构件

5）双击进入“策略条件设置”，表达式中输入 1，即始终满足条件。

6）双击进入“脚本程序编辑”环境，输入下面的程序

```
if 移动<=140 then
    移动=移动+1
else
    移动=-140
endif
```

7）单击“确认”按钮，脚本程序编写完毕。

9.2.4　安装测试界面组态

1. 建立安装测试界面

1）选中“窗口 1”，单击“窗口属性”，进入“用户窗口属性设置”对话框，如图 9-13 所示。

2）将窗口名称改为：安装测试界面；窗口标题改为：安装测试界面；在“窗口背景”

中，选择所需要的颜色。

2. 定义数据对象和连接设备

（1）定义数据对象

各工作站的工作状态指示灯、复位按钮、机械手当前位置等，都是需要与 PLC 连接，进行信息交换的数据对象。定义数据对象的步骤如下。

1）单击“工作台”中的“实时数据库”选项卡，进入“实时数据库”选项卡。

2）单击“新增对象”按钮，在窗口的数据对象列表中，增加新的数据对象。

3）选中对象，单击“对象属性”按钮，或双击选中对象，则打开“数据对象属性设置”对话框。然后编辑属性，最后单击确认。表 9-2 列出了测试界面与 PLC 连接的数据对象。

表 9-2 测试界面与 PLC 连接的数据对象

序号	对象名称	类型	序号	对象名称	类型
1	测试复位	开关型	10	测试完成指示灯	开关型
2	清除测试	开关型	11	抓取测试中指示灯	开关型
3	测试加工站	开关型	12	释放测试中指示灯	开关型
4	测试装配站	开关型	13	加工站位置	数值型
5	测试分拣站	开关型	14	装配站位置	数值型
6	运行按钮	开关型	15	分拣站位置	数值型
7	测试抓取	开关型	16	抓取周期	数值型
8	测试释放	开关型	17	释放周期	数值型
9	初始状态指示灯	开关型	18	机械手当前位置	数值型

（2）设备连接

把定义好的数据对象和 PLC 内部变量进行连接，步骤如下。

1）在设备窗口中双击“设备窗口”图标进入设备窗口，单击工具条中的 “工具箱”图标，打开“设备工具箱”，单击“设备工具箱”中的“设备管理”按钮，弹出如图 9-19 所示对话框。

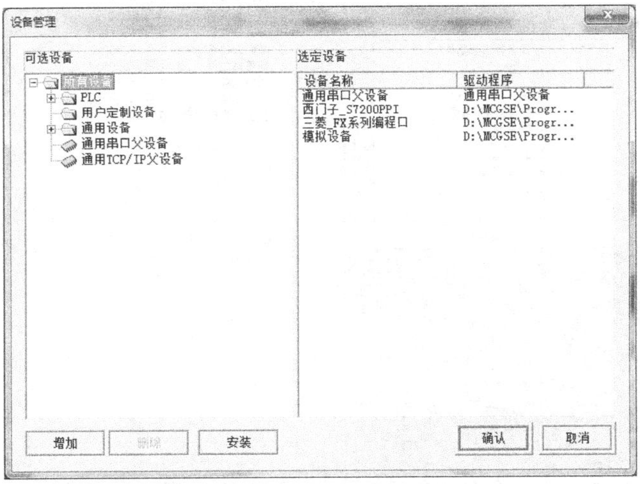

图 9-19 “设备管理”对话框

在“可选设备”列表中，双击“通用串口父设备”，然后双击“三菱_FX 系列编程口”，单击“确认”按钮，“三菱_FX 系列编程口”设备即被添加到“设备工具箱”中。

2）双击“设备工具箱”中的“通用串口父设备”“三菱_FX 系列编程口”，设备被添加到设备组态窗口中。设置通用串口父设备的基本属性，如图 9-20 所示。

图 9-20　设置通用串口父设备的基本属性

3）双击“三菱_FX 系列编程口”，进入设备编辑窗口，按表 9-2 的数据，逐个增加设备通道，如图 9-21 所示。

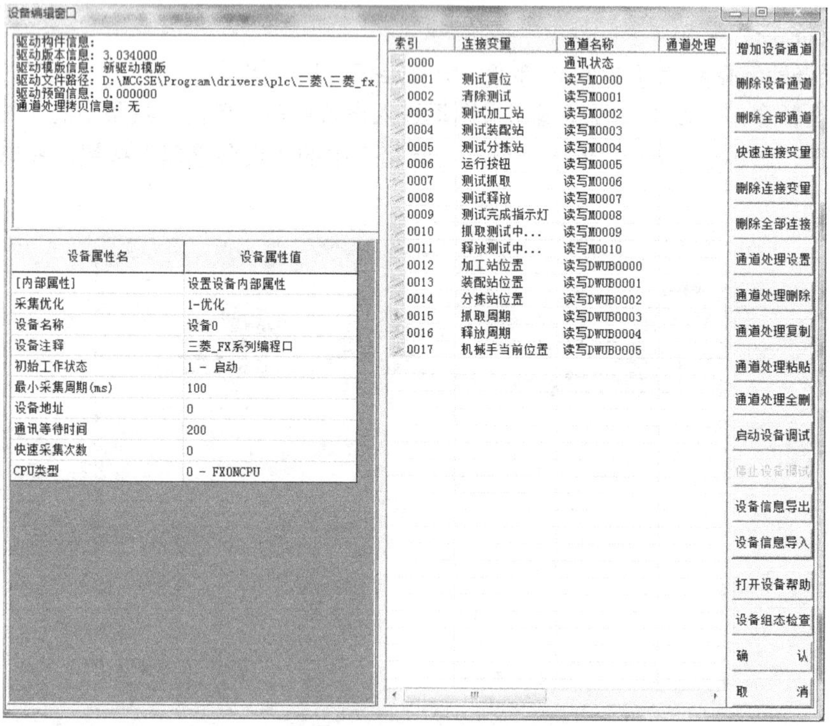

图 9-21　设备编辑窗口

3. 编辑测试画面

测试画面如图 9-22 所示，图中的按钮、指示灯、文字框等请参考 9.2.3 节完成。

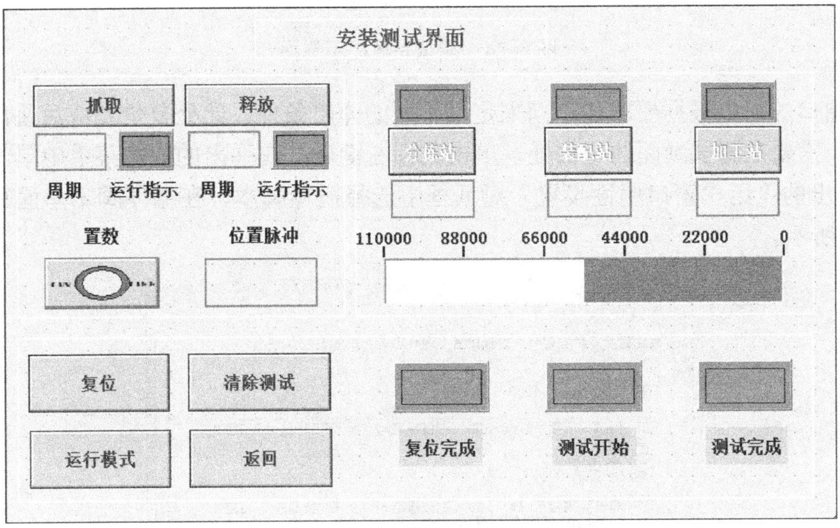

图 9-22　安装测试界面

下面以复位完成指示灯为例介绍动画连接。双击复位完成指示灯，打开“单元属性设置”对话框，“动画连接”选项卡中选中“标签”，单击 > 进入“标签动画组态属性设置”对话框，在“填充颜色”选项卡中表达式选中开关型变量“初始状态指示灯”，单击“确认”按钮完成设置，如图 9-23 所示。

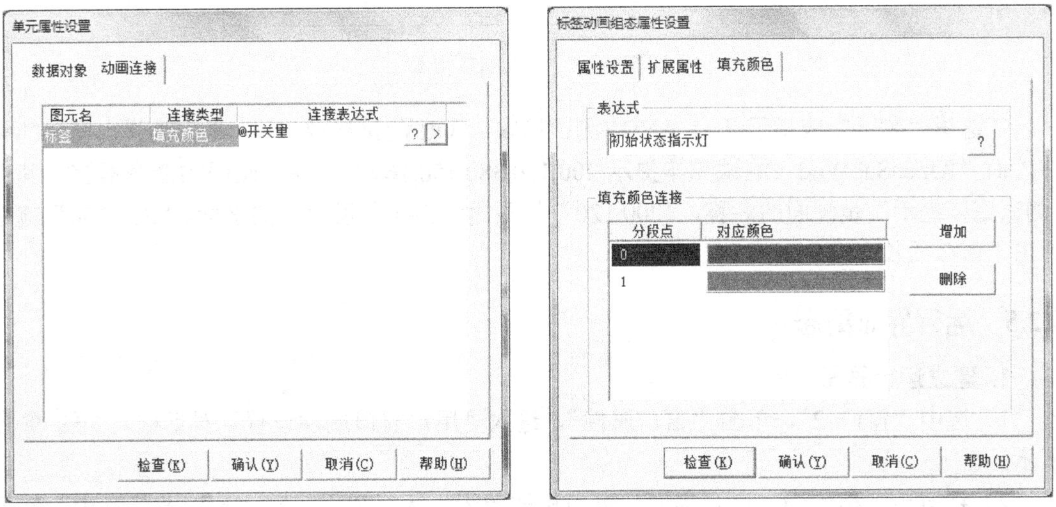

图 9-23　动画组态

对于不同的对象，根据需要完成相应的动画组态。

4. 创建提示界面

当测试完成时，需要弹出提示框。提示界面的大小设置为（380，150），提示界面中显示“各单元安装位置数据测试完毕！”文字以及“确定”和“返回”按钮，如图 9-24 所示。

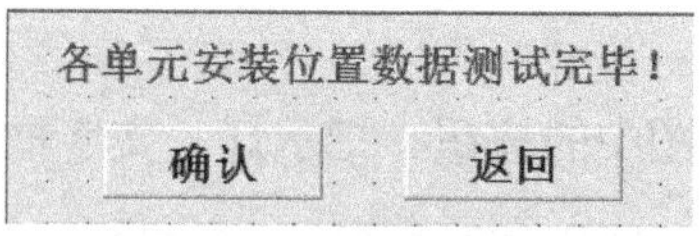

图 9-24　测试完毕提示界面

提示窗口的弹出根据要求的不同来定义不同的弹出条件，此处复位完成后跳出的复位完成提示框，需要在测试画面的空白处，单击鼠标右键后，在弹出的快捷菜单中单击“选择属性”，在弹出的“用户窗口属性设置”对话框中选择循环脚本，在循环脚本里面写入语句。如图 9-25 所示。

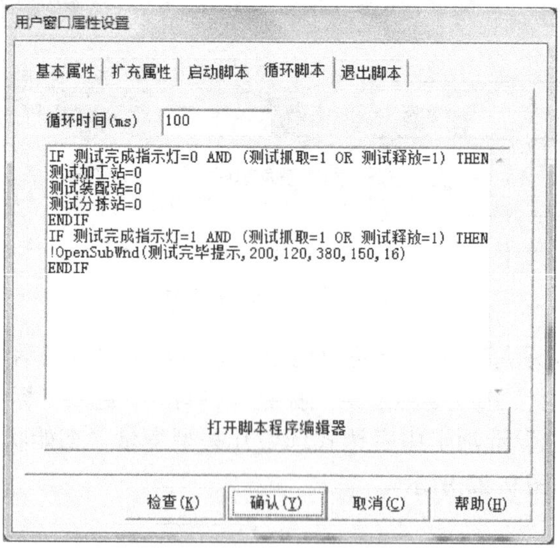

图 9-25　写入循环脚本

在这里“测试完成指示灯=1 AND (测试抓取=1 OR 测试释放=1)”是作为弹出窗口的条件，而“!OpenSubWnd（测试完毕提示,200,120,380,150,16）”是弹出画面的命令语言。其中“测试完毕提示”是画面的名称，“200,120”是画面弹出在主窗口上的坐标。“380,150”就是弹出子窗口的长宽。

9.2.5　运行界面组态

1. 建立运行界面

1）选中“窗口 2”，单击“窗口属性”，进入“用户窗口属性设置”对话框，如图 9-13 所示。

2）将窗口名称改为：运行界面；窗口标题改为：运行界面；在“窗口背景”中，选择所需要颜色。

2. 定义数据对象和连接设备

（1）定义数据对象

表 9-3 列出了运行界面与 PLC 连接的数据对象。

表 9-3　运行界面与 PLC 连接的数据对象

序　号	对象名称	类　型	序　号	对象名称	类　型
1	HMI 就绪	开关型	18	供料_单机全线	开关型
2	输送_越程故障	开关型	19	供料_运行	开关型
3	报警指示	开关型	20	供料_料不足	开关型
4	启动按钮	开关型	21	供料_缺料	开关型
5	停止按钮	开关型	22	加工_单机全线	开关型
6	急停按钮	开关型	23	加工_运行	开关型
7	参数清除按钮	开关型	24	装配_单机全线	开关型
8	全线_网络正常	开关型	25	装配_运行	开关型
9	全线_网络故障	开关型	26	装配_料不足	开关型
10	全线_运行	开关型	27	装配_缺料	开关型
11	输送_急停	开关型	28	分拣_单机全线	开关型
12	分拣_废品	开关型	29	分拣_运行	开关型
13	分拣_变频器频率	数值型	30	输送_机械手位置	数值型
14	反馈频率	数值型	31	总套件数	数值型
15	废品率	数值型	32	已完成套件数	数值型
16	废品数	数值型	33	尚需完成套件数	数值型
17	工作周期	数值型			

（2）连接设备

设备连接可参考 9.2.4 节自行完成。

3. 运行界面制作和组态

按如下步骤制作和组态运行界面。

（1）制作运行界面的标题文字。在“工具箱”中选择直线构件，把标题文字下方的区域划分为如图 9-26 所示的 4 部分。左边部分是各从站单元画面，右边是系统工作状态指示，中间是参数显示及输送单元画面，最下方是控制按钮。

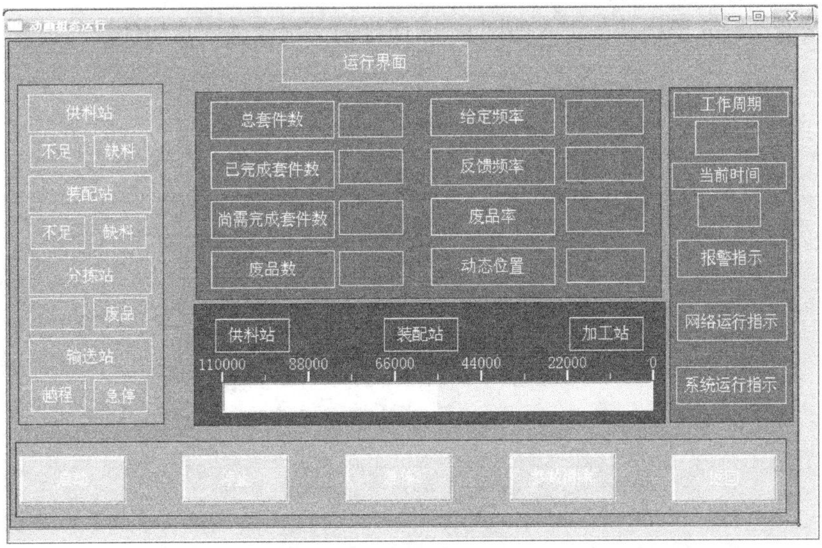

图 9-26　运行界面效果图

（2）制作各从站单元运行状态画面并组态。利用标签、矩形框等构件完成画面，如图 9-26 左侧部分所示。

与其他标签组态不同的是：缺料报警分段点 1 设置的颜色是红色，并且还需组态闪烁功能。步骤是：在标签动画组态“属性设置”选项卡的“特殊动画连接”框中勾选“闪烁效果”，“填充颜色”旁边就会出现“闪烁效果”选项卡，如图 9-27 所示。选择“闪烁效果”选项卡，表达式选择为“供料_缺料”；在“闪烁实现方式”框中选择“用图元属性的变化实现闪烁”；填充颜色选择“黄色”。

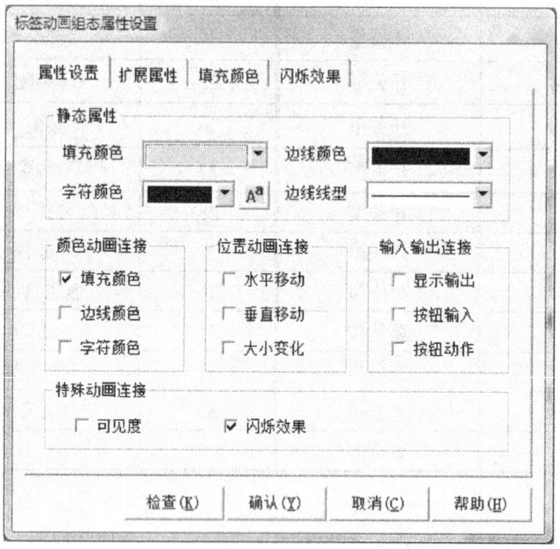

图 9-27 “标签动画组态属性设置”对话框

（3）制作主站输送单元画面，如图 9-26 中间部分所示。这里只着重说明滑动输入器的制作方法。其步骤如下。

1）选中“工具箱”中的滑动输入器图标，当鼠标呈“+”后，拖动鼠标到适当大小。调整滑动块到适当的位置。

2）双击滑动输入器构件，进入如图 9-28 所示的“滑动输入器构件属性设置”对话框。

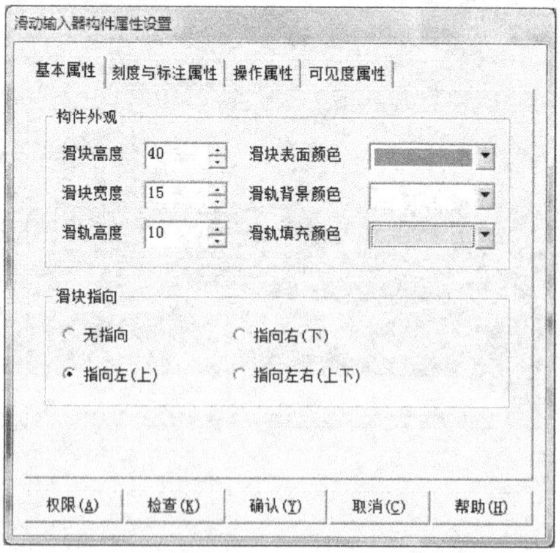

图 9-28 “滑动输入器构件属性设置”对话框

按照如下面的值设置各个参数。

“基本属性”选项卡中，滑块指向：指向左（上）；

“刻度与标注属性”选项卡中，主划线数目：11，次划线数目：2；小数位数：0；

“操作属性”选项卡中，对应数据对象名称：输送_机械手位置；滑块在最左（下）边时对应的值：1100；滑块在最右（上）边时对应的值：0；其他为默认值。

3）单击“权限”按钮，进入“用户权限设置”对话框，选择“管理员组”，单击“确认”按钮完成制作。

9.3 评分方式

1. 项目评分

依据选手完成工作任务的情况，参照国家职业资格“高级维修电工”和“可编程序系统设计师（三级）”的知识技能要求，按照技能大赛技术专家组制定的考核标准进行评分。评价方式采用过程评价与结果评价相结合，工艺评价与功能评价相结合，能力评价与职业素养评价相结合。满分为 100 分。

赋分架构：

1）机械机构及气动部件安装及调整 20 分；

2）控制电路设计、布线、气路连接及调整 20 分；

3）工作单元独立功能完成情况 30 分；

4）自动线整体功能完成情况 20 分；

5）职业素养与安全意识 10 分。

2. 违规扣分

选手有下列情形须从参赛成绩中扣分。

1）在完成工作任务的过程中，因操作不当导致事故，扣 10～20 分，情况严重者取消比赛资格。

2）因违规操作损坏赛场提供的设备，污染赛场环境等不符合职业规范的行为，视情节扣 5～10 分。

3）扰乱赛场秩序，干扰裁判员工作，视情节扣 5～10 分，情况严重者取消比赛资格。

指导教师在进入赛场进行口头指导过程中，有下列情形须从参赛成绩中扣分。

1）参与比赛操作，包括绘图、安装、编程等非口头指导行为，扣 10 分。情节严重者取消比赛资格。

2）指导时间超过规定时限不退出赛场工位，扣 10 分。情节严重者取消比赛资格。

3）携带与比赛有关的物品进入场地进行指导，扣 10 分。情节严重者取消比赛资格。

4）指导过程中影响其他参赛队，扣 10 分。情节严重者取消比赛资格。

3. 成绩评定

竞赛成绩相同时，完成工作任务所用时间少的名次在前；竞赛成绩和完成工作任务用时均相同时，人机界面组态项和 PLC 编程的成绩高的名次在前，控制系统选择国产品牌的和职业素养项的成绩高的名次在前。

参 考 文 献

[1] 袁秀英. 组态控制技术[M].北京：电子工业出版社，2003.

[2] 翟庆一. 典型工业生产过程的组态控制[M].天津：天津大学出版社，2009.

[3] 赵永君. 自动化技术综合应用[M].天津：天津大学出版社，2009.

[4] 廖常初. PLC 编程及应用[M]. 3 版. 北京：机械工业出版社，2014.

[5] 刘勇. 35t/h 工业链条炉计算机控制系统的设计[D]. 呼和浩特：内蒙古大学，2006.

[6] 孙振强. 可编程控制器原理及应用教程[M]. 2 版. 北京：清华大学出版社，2008.

[7] 张爱华. 基于组态王软件的泵站计算机监控系统研究[D]. 西安：西安建筑科技大学，2004.

[8] 祝瑞花，赵振. 自动线综合实训[M].上海：华东师范大学出版社，2014.